中国石油和化学工业优秀出版物奖　教材奖一等奖

普通高等教育"十三五"规划教材

新能源概论

第二版

杨天华　主编　　李延吉　刘　辉　副主编

化学工业出版社

·北京·

《新能源概论》(第二版)共分为9章，对各种新能源技术的理论、技术、产业现状及发展趋势进行了完整的介绍和分析，主要包括绪论、太阳能、生物质能、风能、水能、海洋能、地热能、核能、氢能等。

　　本书可作为高等院校能源、环境等专业师生的教材，也可供相关领域的技术人员、管理人员阅读参考。

图书在版编目（CIP）数据

新能源概论/杨天华主编. —2 版.—北京：化学工业
出版社，2020.2（2025.2 重印）
普通高等教育"十三五"规划教材
ISBN 978-7-122-35464-8

Ⅰ.①新…　Ⅱ.①杨…　Ⅲ.①新能源-高等学校-教材
Ⅳ.①TK01

中国版本图书馆 CIP 数据核字（2019）第 245368 号

责任编辑：满悦芝　　　　　　　　　　　文字编辑：王　琪
责任校对：宋　玮　　　　　　　　　　　装帧设计：张　辉

出版发行：化学工业出版社（北京市东城区青年湖南街 13 号　邮政编码 100011）
印　　装：三河市航远印刷有限公司
787mm×1092mm　1/16　印张 17　字数 416 千字　　2025 年 2 月北京第 2 版第 8 次印刷

购书咨询：010-64518888　　　　　　　售后服务：010-64518899
网　　址：http://www.cip.com.cn
凡购买本书，如有缺损质量问题，本社销售中心负责调换。

定　　价：45.00 元

前 言

《新能源概论》一书自2013年10月第一次出版以来，深受广大读者喜爱，对我国新能源领域相关专业教育具有重要的贡献，并在2023年、2014年荣获中国石油和化学工业联合会颁发的中国石油和化学工业优秀出版物奖·教材奖 一等奖和二等奖，在2020年荣获全国高校能源动力类专业精品教材和辽宁省优秀教材。

《新能源概论》问世已逾六载。无论在国际还是国内，新能源技术在此期间得到迅猛发展，人们对新能源的认识、解决相关技术问题的方法和能力上都有很大的变化，各种新能源的前沿技术也有不少更新。同时，党的二十大报告指出，推动经济社会发展绿色化、低碳化是实现高质量发展的关键环节。为此，我们决定对《新能源概论》第一版进行修订，在第一版的章节基础上，删除相对陈旧的材料，增补新的内容。

《新能源概论》第二版仍分为9章。第1章绪论主要阐述了新能源的重要意义、发展现状和宏观趋势。第2章主要讲述太阳能理论、技术及相关产业发展现状及趋势，着重介绍了新兴的光热发电技术及趋势。第3章对生物质能的转换、利用技术及趋势进行分析论述。第4章对风能利用技术及趋势进行阐述，着重介绍与风能匹配的储能技术。第5章重点分析水能利用原理、水能发电技术及趋势。第6章结合潮汐能、波浪能、温差能和盐差能四种新兴发电技术介绍海洋能利用技术及趋势。第7章讲解了地热能分布、利用技术、现状及趋势。第8章主要阐述核能利用的基础理论、原料、利用技术、安全性及发展趋势。第9章主要对氢能的制备、存储、运输、利用和安全性等环节进行系统论述，并特别介绍氢在燃料电池和内燃机中的应用。

参加本书各章节编写的人员包括：杨天华（第1章、第3章、第5章）；李延吉（第2章、第7章）；开兴平（第3章）；徐杰（第4章）；孙洋（第5章、第6章）；刘辉（第8章）；贺业光（第9章）。杨天华教授负责全书的统稿工作。

本书在编写过程中，得到化学工业出版社为本书再版给予的大力帮助，在此致以谢意。

由于编者时间和水平所限，疏漏之处在所难免，欢迎广大读者批评指正。

编 者

2024年1月

第一版前言

能源是国民经济发展的重要支柱，也是人类赖以生存的基本条件。长期以来，我国能源构成以化石能源为主，大量消耗化石能源使我国面临严重的资源环境问题，寻求新的可替代、无污染、可再生能源是我国现阶段亟待解决的问题。从能源格局演变来看，新型能源取代传统能源是大势所趋，其在我国能源结构中所占比例也逐步提高。能源发展轨迹和规律是从高碳走向低碳，从低效走向高效，从污染走向清洁，逐步实现可持续发展。开发利用风能、太阳能、核能、生物质能等新能源符合能源发展的轨迹，对建立可持续的能源系统，促进国民经济发展和环境保护发挥着重大作用。发展新能源可以逐步改变传统能源消费结构，减小对能源进口的依赖度，提高能源安全性，减少温室气体排放，有效保护生态环境，促进社会经济又好又快发展。因此，大力开发和利用新能源已成为我国的基本国策。

本书面向广泛的读者对各种新能源技术进行了完整的介绍和分析。全书共分为9章，第1章绪论从能源的发展现状和存在的问题着手，进而引入新能源的重要意义、分类、发展现状以及宏观趋势。第2章着重介绍太阳能理论、技术及相关产业发展现状及趋势，特别介绍了新兴的光热发电技术及趋势。第3章对生物质能的转换、利用技术及趋势进行分析论述。第4章对风能利用技术及趋势进行阐述，特别介绍与风能匹配的储能技术。第5章重点分析水能利用原理、水能发电技术及趋势。第6章结合潮汐能、波浪能、温差能和盐差能四种新兴发电技术介绍海洋能利用技术及趋势。第7章讲解了地热能分布、利用技术、现状及趋势。第8章主要阐述核能利用的基础理论、原料、利用技术、安全性及发展趋势。第9章主要对氢能的制备、存储、运输、利用和安全性等环节进行系统论述，并特别介绍氢在燃料电池、内燃机和喷气发动机中的应用。本书取材上力求资料新颖、涉猎面广、内容细致、叙述简洁，为读者提供新能源领域更多的知识信息。

本书的编者都是长期从事新能源教学与科研的高校教师，根据自身科研经历总结经验和收集大量资料，共同编写完成本书。参加本书各章节编写的人员包括：杨天华（第1章，第3章，第5章）；李延吉（第2章，第7章）；开兴平（第3章）；徐杰（第4章）；孙洋（第5章，第6章）；刘辉（第8章）；贺业光（第9章）。杨天华教授负责全书的统稿工作。

由于本书涉及的内容广泛，编写时参考了国内外相关领域最新资料和成果，在此谨向有关文献作者表示谢意。

　　由于编者时间和水平有限，疏漏之处在所难免，欢迎广大读者批评指正。

编　者

2013 年 8 月

目录

第3章 生物质能

第4章 风能

第5章 水 能

第6章 海洋能

第7章 地热能

第8章 核能

第9章 氢能

第1章 绪论

　　能源是社会进步和经济发展的重要基础，安全可靠的能源供应体系和高效、清洁、经济的能源利用，是支撑经济和社会持续发展的基本保证。能源的供应方式和技术水平决定了经济发展的水平，每次能源革命都伴随着经济结构调整。世界各国的经济腾飞和工业化必须以大量的能源消费作为支撑，由于各国历史背景不同，发展程度不同，经济积累不同，且地域各异，故展现出各国对能源的消费和需求是极不均衡的。当今世界新技术、新产业迅猛发展，孕育着新一轮产业革命，新兴产业正在成为引领未来经济社会发展的重要力量，世界主要国家纷纷调整发展战略，大力培育新兴产业，抢占未来经济科技竞争的制高点。

　　欧盟最新出台的能源规划中提出了到2050年构建完全可持续能源系统的构想，届时将使用可再生能源满足全部能源需求。为积极应对气候变化、调整能源结构、保障能源安全、实现可持续发展，我国政府提出争取到2020年非化石能源占一次能源消耗比重达到15%左右，单位国内生产总值的CO_2排放比2005年下降40%~45%，并作为约束性指标纳入国民经济和社会发展中长期规划。我国能源资源的格局是富煤、贫油、少气、可再生能源丰富，大力发展可再生能源，形成多种能源互补均衡发展的能源结构可以显著提高能源转化效率，是实现可持续发展的重要途径。2012年10月24日，《能源发展"十二五"规划》确定了"十二五"时期新能源的发展目标，并再次夯实了新能源地位的重要性。2016年12月，国家能源局发布了《能源发展"十三五"规划》，提出加快提升水能、风能、太阳能、生物质能等可再生能源比重，安全高效发展核能，优化能源生产布局。《可再生能源发展"十三五"规划》以实现2020年非化石能源比重目标为核心，以解决当前可再生能源发展所面临的主要问题为导向，明确了"十三五"期间可再生能源的发展目标、总体布局、主要任务和保障措施，充分体现了中国能源转型的大趋势以及中国政府践行清洁低碳能源发展路线的坚定决心。

1.1 能源含义、分类及发展现状

　　历史经验表明，每一次能源科学技术的突破，都会带来生产力的飞跃和社会的发展。世界能源环境科学技术研究正趋向于取代20世纪的传统能源技术，这将在能源和环境交叉方面带来革命性的突破。同时，大量使用化石能源也给地球环境造成了严重危害，使人类赖以生存的地球空间受到了空前的威胁。

人类从 19 世纪开始工业化进程以来，已经经历了两次能源构成的转型。第一次转型开始于 19 世纪，是由蒸汽机的发明和推广应用所促成的由薪柴为主的可再生能源向煤的转化。第二次转型是始于 20 世纪前 20 年，由于汽车和飞机的普及使得能源构成从煤转向石油，推动力是汽车和飞机的普遍使用。进入 21 世纪以来，人类将开始第三次能源大转型，即重点转向可再生能源，并且化石能源内部结构将进行重组。

1.1.1　能源的含义

能源是在自然界中能够为人类提供某种形式能量的物质资源，也被称为能量资源或能源资源。它是可产生各种能量（如热能、电能、光能和机械能等）或可做功的物质的统称，或者是能够直接取得以及通过加工、转换而取得有用能的各种资源。能源主要包括煤炭、石油、天然气、煤层气、水能、核能、风能、太阳能、生物质能、地热能等一次能源以及电力、热力、成品油等二次能源，还包括其他新能源和可再生能源。尚未开采的能量资源只称为资源，不能列入"能源"的范畴。能源是人类活动的物质基础，是社会发展和经济增长的基本驱动力。

1.1.2　能源的分类

人类可利用的能源多种多样，可从不同角度对其加以分类。按能源的形成条件、可否再生、利用历史状况与技术水平以及对环境的污染程度将其分为以下几种。

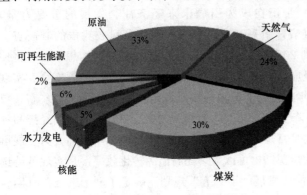

图 1-1　2011 年世界一次能源结构

1.1.2.1　一次能源与二次能源

一次能源是指自然界中存在的天然能源，如煤炭、石油、天然气、核燃料、太阳能、水力、风能、地热能、海洋能、生物质能等。2011 年世界一次能源结构如图 1-1 所示。

一次能源的一部分是来自天体的"吸入能量"，因此，其主要来自于太阳能和月球能，另一部分存在于地面或地球内部。来自太阳的能量除太阳能外，还包括用之不尽的水力、风能、生物质能、海洋流动动能等其他能源；月球能主要表现为潮汐能。目前被大量开发和利用的地球能源是化石燃料的化学能、核燃料和原子能（核能）以及地热能。

二次能源是指由一次能源直接或间接加工转换而成的人工能源，如热能、机械能、电能等。

1.1.2.2　化石能源与非化石能源

化石能源是指在漫长的地质年代里，由于海、陆相沉积和多次的构造运动以及温度和压力作用大而促使深部地层中长期保存下来的有机和无机物质转化为不可再生能源，如石油、天然气和煤炭。

非化石能源是指除化石能源外，其他一切可供利用的能源。

1.1.2.3 可再生能源与非可再生能源

可重复产生的一次能源称为可再生能源，如太阳能、水能、风能、海洋能、生物质能等。有些能源的形成必须经过亿万年的时间，短时间无法得到补充，被称为非可再生能源，如化石燃料、核燃料、地热能等。

1.1.2.4 常规能源与新能源

常规能源是指技术上已经成熟、已大量生产并广泛利用的能源，如化石燃料、水能等。

新能源是指技术上正在开发、尚未大量生产并广泛利用的能源，如太阳能、风能、海洋能、生物质能等。核燃料及地热能也常被看作新能源。

1.1.2.5 清洁能源与非清洁能源

在开发和利用中对环境无污染或污染程度很轻的能源称为清洁能源，否则称为非清洁能源。清洁能源主要包括太阳能、水能、核能、风能、生物质能、海洋能等。气体燃料中的氢是一种清洁能源。

1.1.3 能源危机

随着农业生产的发展和人民生活水平的提高，要消耗的燃料和电力越来越多。如果能源的开发和建设跟不上需求，就会造成能源危机。这种危机可能出现在一个地区、一个国家，甚至整个世界范围内。一个地区和国家能源储量匮乏，能源技术落后，或能源政策失误，都有可能导致能源危机。能否解决能源危机关系到整个地区或国家的兴衰，甚至关系到整个人类的命运。这种由于石油、煤炭等目前使用的传统化石能源枯竭，同时新的能源生产供应体系又未能建立，而在交通运输、金融业、工商业等方面造成的一系列问题统称能源危机。

从能源本身来讲，我们目前所使用的能源，特别是常规能源，其储量往往是有限的。因为它们是亿万年前动植物的残骸在地壳演变中，经高温高压的作用而逐渐形成的。这种能源不可能在短期内重新产生出来，具有不可再生性。风能、水能、生物质能、太阳能等可再生能源的利用则在技术或商业上尚未成熟，所以无论是不可再生能源还是可再生能源，都存在着潜在的危机。

目前，世界人口已经突破70亿，比19世纪末期增加了两倍多，而能源消费据统计却增加了16倍多。能源的供应始终跟不上人类对能源的需求。当前世界能源消费以化石资源为主，其中我国等少数国家是以煤炭为主，其他国家大部分是以石油和天然气为主。按目前的消耗量预测，石油、天然气最多只能维持不到半个世纪，煤炭也只能维持一个多世纪。人类面临的能源危机日趋严重。除了能源自身的储量以及开发利用上存在的问题，能源所引发的诸多问题更是不容小觑。

两次世界大战中，能源跃升为影响战争结局、决定国家和地区命运的重要因素。20世纪70年代爆发的两次石油危机使能源安全的内涵得到极大拓展，特别是1974年成立的国际能源署正式提出了以稳定石油供应和价格为中心的能源安全概念，西方国家也据此制定了以能源供应安全为核心的能源政策。在此后的二十多年里，在稳定能源供应的支持下，世界经济规模取得了较大的增长。但是，人类在享受能源带来的经济发展、科技进步等利益的同时，也遇到了一系列无法避免的能源安全挑战。能源短缺、资源争夺以及过度使用能源造成的环境污染等问题威胁着人类的生存与发展。

据估计，到 21 世纪中叶，石油资源将会开采殆尽，其价格将升得很高，不适于大众化普及使用，如果新的能源体系尚未建立，能源危机将席卷全球，尤以欧美极大依赖于石油资源的发达国家和地区受害严重。能源危机的后果，将导致工业大幅度萎缩，或甚至因为抢占剩余的石油资源而引发战争。

1.1.4 世界及中国能源发展现状

目前，全球每年一次能源的消耗量超过 5×10^{20} J，其中化石燃料约占 80%，可再生能源仅为 14%。但据世界能源理事会（World Energy Council）预测分析，至 2050 年，随着一次能源消耗量的几何式递增，可再生能源占世界能源消耗量的比例将上升至 20%～40%；到 2100 年，这一数字将达到 30%～80%。因此，寻找新型的、可再生清洁能源成为世界各国在今后数十年间的首要发展难题。

近年来英国能源消费趋于下降。法国化石能源极度匮乏，在 20 世纪 70 年代以后突出发展核能体系，成为世界上唯一以核能为主要能源的国家（占一次能源的 40% 以上）。美国是化石能源消费第一大国，每年耗油量达 9 亿吨，人均 3t 左右。日本的能源极为缺乏，对外依存度达 95%。韩国为能源高消费国家，2007 年为 2.4 亿吨，人均为 4.9t 油当量，其人均消费量和强度均高于英国、法国、德国、日本等国家，趋于世界平均水平。

俄罗斯为能源生产大国，探明剩余石油储量为 109 亿吨，占世界总量的 6.4%，天然气储量为 44.65 万亿立方米，占世界总量的 25.2%，而且其煤炭资源、铀矿资源、地热资源和电力资源均十分丰富，不仅能自给，而且有一定量的资源可以出口。

中国是新崛起的能源大国，处于经济快速发展阶段，对能源的需求不仅日益增长，而且需求十分迫切。

保证能源供给是人类社会赖以生存和发展的重要条件之一，但由于化石能源的地理分布极不均匀，供应的地区性和结构性矛盾将会长期存在。以中东为例，中东地区的人口不足世界人口的 3%，仅占全球陆地面积的 4.21%，而其石油探明剩余可采储量为 1022 亿吨，占世界储量的 60.5%，是亚太地区的 8.4 倍，是欧洲及欧亚大陆的近 8 倍，为此能源供应的地区性短缺将长期存在。当今全球范围内，欧洲（不含俄罗斯）的化石能源产量为 7.5 亿吨油当量，消费量则达到了 16.7 亿吨油当量，进口量达近 10 亿吨油当量；亚洲（不含中东）化石能源产量为 26.4 亿吨油当量，消费量则接近 36 亿吨油当量，进口量近 10 亿吨油当量；北美化石能源进口量约 5 亿吨油当量。与此呈现出明显反差的是，中东地区、俄罗斯、非洲和拉丁美洲则扮演着能源供应者的角色，如欧洲能源进口量的一半，天然气进口量的 40%来自前苏联地区，并且主要是俄罗斯，亚洲石油进口主要来自中东地区，其数量超过中东地区石油出口量的 64%。

作为世界上最大的发展中国家，中国是一个能源生产和消费大国，能源生产量仅次于美国和俄罗斯，居世界第三位。20 世纪中、下叶，中国由一个能源自给自足的国家一跃成为能源进口国，进入 21 世纪以来，中国已成为世界上能源消费增长最快的国家之一，基本能源消费约占世界总消费量的 1/10，仅次于美国，居世界第二位。图 1-2 为世界一次能源消费结构变化趋势。过去的 100 年间，中国一次能源累计消费量不足 300 亿吨油当量，只有美国同期能源消费量（1300 亿吨）的 22%，而且其中的 60% 乃是近 15 年来消费的，这进一步预示着中国未来能源消费的巨大增长潜力（表 1-1）。

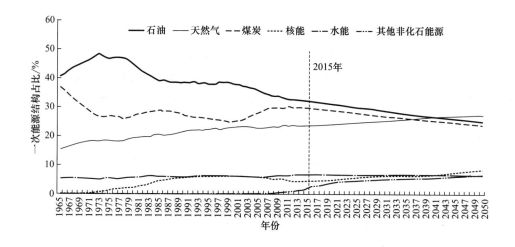

图 1-2　世界一次能源消费结构变化趋势

表 1-1　中国一次能源消费趋势预测（不含非商品生物质能）

预测机构及时间	基准年份	基准值/亿吨油当量	预测值/亿吨油当量		年增长率/%
			2020 年	2030 年	
EIA（2006）	2003	11.43	26.8	34.9	4.2
EIA（2007）	2004	12.48	28.3	36.5	4.2
IEA（2007）	2005	15.15	31.2	35.9	3.5
国家发改委能源所,2004	2000	9.7	17.5～23.3		
中国工程院,2004	2000	9.7	24.5～27		
中国地质科学院战略中心,2002	2000	9.7	14.7～15.2		

注：EIA（国际能源组织）预测基于中国经济未来 25 年的平均增速为 6.5％的假定；IEA 依据的经济平均增速为 6％。

1.2　新能源的分类及其发展

1.2.1　新能源的特征

新能源是相对于常规能源，特别是相对于石油、天然气和煤炭化石能源而言的。在广义上它们通常应具有以下特征。

① 尚未大规模作为能源开发利用，有的甚至还处于初期研发阶段。

② 资源赋存条件和物理化学特征与常规能源有明显区别。

③ 可以再生与持续发展，但开发利用或转化技术较复杂，成本尚较高的能源。

④ 清洁环保，可实现二氧化碳等污染物零排放或低排放的各类节约型能源。

⑤ 这类能源通常资源量大、分布广泛，但大多具有能量密度低和发热量小的缺点，根据技术发展水平和开发利用程度，不同历史时期以及不同国家和地区对新能源的界定也会有所区别。

1.2.2 太阳能

太阳能是指地球所接收的来自太阳的辐射能量。每年到达地球表面的太阳辐射能约为 1.8×10^{14} t 标准煤，即约为目前全世界所消费的各种能量总和的 1 万倍。因地理位置以及季节和气候条件的不同，不同地点和在不同时间里所接收到的太阳能有所差异，北回归线附近夏季晴天中午的太阳辐射强度最大，平均为 $1.1\sim1.2kW/m^2$，冬季大约只有其一半，而阴天则往往只有其 1/5 左右。北欧地区约为 $2kW/m^2$，大部分沙漠地带和大部分热带地区以及太阳光充足的干旱地区约为 $6kW/m^2$。目前人类所利用的太阳能尚不及能源总消耗量的 1%。

中国太阳能资源大致在 $930\sim2330MJ/m^2$ 之间，以 $1630MJ/m^2$ 为等值线，自大兴安岭南麓至滇藏交界处，把中国分为两大部分。大体上说，我国有三分之二的地域太阳能资源较好，特别是青藏高原和新疆、甘肃、内蒙古一带，利用太阳能的条件尤其有利。

太阳辐射能与煤炭、石油、天然气等相比，有以下独特的优点。

① 普遍。太阳光普照大地，处处都有太阳能，可以就地利用，不需到处寻找。

② 无害。利用太阳能作为能源，没有废渣、废料、废水、废气排出，没有噪声，不产生对人体有害的物质，因而不会污染环境。

③ 长久。只要太阳存在，就有太阳辐射。因此利用太阳能作为能源，可以说是取之不尽，用之不竭。

④ 巨大。一年内到达地面的太阳辐射能的总量，要比地球上现在每年消耗的各种能源的总量大几万倍。

但太阳能存在两个缺点，一是能流密度低，二是受昼夜和天气条件的限制较强，因而产生收集和利用的不稳定性和不连续性。人类早在数千年前就已对太阳能进行了最初级的利用，在第二次世界大战之后，对太阳能的大规模开发和利用才真正开始。鉴于太阳能上述特点，研究太阳能的收集、转换、储存以及输送等技术问题，已成为太阳能研究领域的热点。

目前太阳能利用技术主要包括太阳能热利用技术、太阳能光伏发电技术、太阳能制冷与热泵技术等。

1.2.3 风能

当太阳照射到地球表面，地球表面各处受热不同，产生温差，从而引起大气的对流运动形成风，而这种空气流动产生的动能称为风能。风能是一种可再生能源，究其产生的原因是由于太阳辐射引起的，实际上是太阳能的一种能量转换形式。风能的大小取决于风速和空气密度。据估计到达地球的太阳能中虽然只有大约 2% 转化为风能，但其总量仍十分可观。全球的风能总量约为 2.74×10^9 MW，其中可利用风能为 2×10^7 MW。1981 年，在为世界气象组织（WMO）所进行的一项研究中，太平洋西北实验室（PNL）绘制了一份世界范围的风能资源图。据估计，地球陆地表面 1.06×10^8 km^2 中约有 27% 的地区年平均风速高于 5m/s（距地面 10m 处）。

风力发电是世界上公认的最接近商业化的可再生能源技术之一，是可再生能源的发展重点，也是最有可能大规模发展的能源资源之一。全球风电发展正在进入一个迅速扩张的阶段，风能产业将保持每年 20% 以上的增速，风能的利用主要是以风能作为动力和风力发电两种形式，其中以风力发电为主。风力发电机从 19 世纪开始提出，到 20 世纪 80 年代开始飞速发展。近20余年，风机功率增大了100倍，成本也大幅度下降。风能发电主要有三种形式：一是独立运行；二是风力发电与其他发电方式（如柴油机发电）相结合；三是风力并网发电。小型独立风力发电系统一般不并网发电，只能独立使用，单台装机容量为100W～5kW，通常不超过10kW。

1.2.4 生物质能

生物质一般是指源于动物或植物，积累到一定量的有机类资源，包括地球上所有动物、植物和微生物。作为一种能量可以利用的生物质，90%来源于植物。植物的成长通过光合作用，绿色植物的叶绿素吸收的太阳光与植物吸收的CO_2和水合成碳水化合物，把太阳能转变成生物质的化学能固定下来。因此，生物质能在本质上是来源于太阳，即为太阳能的有机储存。生物质能的突出特点如下。

① 生物质能蕴藏量巨大，是可再生能源。

② 生物质能具有普遍性、易取性。

③ 可再生能源中，生物质能是唯一可以储存与运输的能源，这给其加工转换与连续使用带来一定的方便。

④ 与矿物能源相比，生物质能在燃用过程中，对环境污染小。

⑤ 生物质挥发组分高，炭活性高，易燃。在400℃左右的温度下，可释放出大部分挥发组分。

生物质能一直是人类赖以生存的重要能源之一。人类从发现火开始就以生物质能的形式利用太阳能来做饭和取暖。在世界能源消费中，它仅次于煤炭、石油和天然气，居于世界能源消费总量的第四位，约占14%，生物质能极有可能成为未来可持续能源系统的重要组成部分。到21世纪中叶，采用新技术生产的各种生物质替代燃料将占全球总能耗的40%以上。

生物质能来源于植物，地球上植物的光合作用每年生产大约2200亿吨生物质（干基），相当于全球能源消费总量的10倍左右。可作为能源开发利用的有农业生产副产物（如秸秆、玉米芯、稻壳等）、原木采伐及木材加工剩余物（如枝杈、树皮、锯末、树叶等）、农副产品加工的废弃物和废水、人畜粪便、城镇有机垃圾与污水、水生植物等。

虽然地球上的生物质资源量丰富，然而每年新产生的生物质不可能全部用于生物质能的生产，人类能够开发利用的只是其中一小部分。根据有关研究表明：到2050年全球生物质能资源潜力为10亿～262亿吨油当量，即平均为60亿～119亿吨油当量，相当于生物质每年产生量的10%～20%。在理论上，如果把生物质的最大潜力充分发挥，能够满足人类对能源的全部需求，但受生态环境、可获得性、开发成本、粮食安全等多种因素的制约，可被利用的生物质资源也许只能达到表1-2的下限。

表1-2 2050年全球生物质能开发潜力

种类	现有耕地	边际性土地	农业废弃物	林业废弃物	畜禽粪便	有机废弃物	总计
潜力 /亿吨油当量	0～167 （平均24～72）	14～36	4～17	7～36	1～13	1～10	10～262 （平均60～119）

1.2.5 水能

水能是指水体的动能、势能和压力能等所具有的能量资源。广义的水能资源包括水能、潮汐能、波浪能和海洋能等能量资源；狭义的水能资源是指河流的水能资源。本书水能是指狭义水能资源。

世界各大洲的水能资源见表 1-3。其中理论蕴藏量没有考虑河流分段长短、水文数据选择、地形地貌及淹没损失条件等因素的影响，也没有考虑转变为电能的各种效率和损失。理论蕴藏量是按全年平均出力计算，平均出力乘以 8760h 便为理论的年发电量。技术上可开发的水能资源是根据河流的地形、地质条件进行河流的梯级开发规划，将各种技术上可能开发的水电厂装机容量和年发电量总计而得。

表 1-3　世界各大洲的水能资源

地区	水能理论蕴藏量		技术上可开发的水能资源		经济上可开发的水能资源	
	电量 /$\times 10^{12}$kW·h	平均出力 /$\times 10^4$MW	电量 /$\times 10^{12}$kW·h	装机容量 /$\times 10^4$MW	电量 /$\times 10^{12}$kW·h	装机容量 /$\times 10^4$MW
亚洲	16.486	188.2	5.34	106.8	2.67	61.01
非洲	10.118	115.3	3.14	62.8	1.57	35.83
南美洲	5.67	64.7	3.78	75.6	1.89	43.19
北美洲	6.15	70.2	3.12	62.4	1.56	35.64
大洋洲	1.5	17.1	1.71	7.8	0.197	4.5
欧洲	8.3	94.8	3.62	72.4	1.807	41.3
全世界合计	48.224	550.5	20.71	387.8	9.7	221.5

世界各国水能资源理论蕴藏量和可开发的水能资源见表 1-4。

表 1-4　世界各国水能资源理论蕴藏量和可开发的水能资源

国家	理论蕴藏量		可开发的水能资源		可开发的水能资源占理论蕴藏量的比例	
	容量 /$\times 10^4$kW	水能资源 /($\times 10^8$kW·h/a)	装机容量 /$\times 10^4$kW	年发电量 /($\times 10^8$kW·h/a)	容量/%	电量/%
俄罗斯	45000	39400	26900	10950	59.8	27.8
巴西	15000	13200	20900	9680	139.3	73.3
美国	12130	10630	20550	7931	169.4	74.6
加拿大	12000	10500	15200	5252	127.4	51
印度	8620	7560	7000	2800	81.2	37
瑞典	2250	1970	2010	1003	89.3	50.9
挪威	2100	1840	2960	1210	141	65.8
日本	1880	1650	1650	1300	263.8	78.8
西班牙	1787	1560	1560	675	164.1	43.3
意大利	1500	1310	1310	506	128	38.6
法国	1200	1050	2100	630	175	60
奥地利	700	614	614	492	264.4	80.1
英国	188	165	165	42	130.92	25.5

1.2.6 地热能

地热是一种来源于地球内部的巨大热能资源。地热的产生受两种因素控制，即地幔流体的热对流作用和地壳中放射性元素的衰变。据测算，在地球的大部分地区，从地表向下每深入 100m 温度就约升高 3℃，地面下 35km 处的温度为 1100～1300℃，地核的温度则更高，达 2000℃ 以上。估计每年从地球内部传到地球表面的热量，约相当于燃烧 370 亿吨煤所释放的热量。如果只计算地下热水和地下蒸汽的总热量，就是地球上全部煤炭所储藏的热量的 1700 万倍。而且地热能拥有数倍于风能、太阳能的能量转化率，这使得地热能被广泛应用于能源工业中。地热的利用方式一般包括高温地热发电和中低温地热能直接应用。不同品质的地热能，可用于不同的目的。流体温度为 200～400℃ 的地热能，主要可用于发电和综合利用；150～200℃ 的地热能，主要可用于发电、工业热加工、工业干燥和制冷；100～150℃ 的地热能，主要可用于采暖、工业干燥、脱水加工、回收盐类和双循环发电；50～100℃ 的地热能，主要可用于温室、采暖、家用热水、工业干燥和制冷；20～50℃ 的地热能，主要用于洗浴、养殖、种植和医疗等。人类应用地热发电已经有超过 100 年的历史。1904 年，Conti 在 Larderello（Italy）建立了世界上第一座地热发电机，并于 10 年后（1914 年）以 250kW 的产能正式商业性投产。而后，世界各国相继在高温地热田中开展地热发电项目。1980—2005 年，世界地热发电装机总量每隔 5 年平均增长 1GW。截至 2015 年末，全球地热发电累计装机容量已经达到 13.5GW。至 2020 年、2030 年、2050 年，全球地热装机容量将分别达到 25.9GW、51GW、150GW。虽然全球范围内地热发电量目前仅占总发电量的 0.5%，但随着地热开发技术的不断革新，地热发电必将在未来能源结构中占有重要地位。

1.2.7 海洋能

海洋能包括潮汐能、波浪能、海流能和海水温差能等，这些都是可再生能源。

海水的潮汐运动是月球和太阳的引力所造成的，经计算可知，在日月的共同作用下，潮汐的最大涨落在 0.8m 左右。由于近岸地带地形等因素的影响，某些海岸的实际潮汐涨落还会大大超过一般数值，例如我国杭州湾的最大潮差为 8～9m。潮汐的涨落蕴藏着很可观的能量，据测算全世界可利用的潮汐能约 10^9kW，大部分集中在比较浅窄的海面上。潮汐能发电是从 20 世纪 50 年代才开始的，现已建成的最大的潮汐发电站是法国朗斯河口发电站，它的总装机容量为 24 万千瓦，年发电量 5 亿度。

海流亦称洋流，有一定的宽度、长度、深度和流速，一般宽度为几十海里到几百海里，长度可达数千海里，深度约几百米，流速通常为 1～2n mile/h，最快的可达 4～5n mile/h。太平洋上有一条名为"黑潮"的暖流，宽度在 100n mile/h 左右，平均深度为 400m，平均日流速为 30～80n mile/h，它的流量为陆地上所有河流总和的 20 倍。现在一些国家海流发电的试验装置已在运行之中。

水是地球上热容量最大的物质，到达地球的太阳辐射能大部分都为海水所吸收，它使海水的表层维持着较高的温度，而深层海水的温度基本上是恒定的，这就造成海洋表层与深层之间的温差。依据热力学第二定律，存在着一个高温热源和一个低温热源就可以构成热机对外做功，海水温差能的利用就是根据这个原理。20 世纪 20 年代就已有人做过海水温差能发电的试验。1956 年在西非海岸建成了一座大型试验性海水温差能发电站，它利用 20℃ 的温差发出了 7500kW 的电能。

1.2.8 氢能

氢的资源丰富，在地球上的氢主要以其化合物（水和烃）形式存在。氢的来源具有多样性，可以通过一次能源（化石燃料，如天然气、煤、煤层气，或者可再生能源，如太阳能、风能、生物质能、地热能等）或者二次能源（如电力）获得氢能。氢气具有可储存性和可再生性，可以同时满足资源、环境和可持续发展的要求。

氢能的主要特点是资源丰富、热值高和无污染。氢能除在化工、炼油和食品工业等领域的常规用途外，作为一种清洁能源，也获得了更为广泛的应用。按氢能释放形式（化学能和电能），可将氢的应用分为直接燃烧和燃料电池两类。

1.2.9 核能

核能与传统能源相比，其优越性极为明显。1kg 铀 235 裂变所产生的能量大约相当于 2500t 标准煤燃烧所释放的热量。现代一座装机容量为 100 万千瓦的火力发电站每年需 200 万～300 万吨原煤，大约是每天 8 列火车的运量，同样规模的核电站每年仅需含铀 235 3％的浓缩铀 28t 或天然铀燃料 150t。所以，即使不计算把节省下来的煤用作化工原料所带来的经济效益，只是从燃料的运输、储存上来考虑就便利得多和节省得多。据测算，地壳里有经济开采价值的铀矿不超过 400 万吨，所能释放的能量与石油资源的能量大致相当。如按目前的速度消耗，充其量也只能用几十年。不过，在铀 235 裂变时除产生热能之外还产生多余的中子，这些中子的一部分可与铀 238 发生核反应，经过一系列变化之后能够得到钚 239，而钚 239 也可以作为核燃料，运用这些方法就能大大扩展宝贵的铀 235 资源。

目前，核反应堆还只是利用核的裂变反应，如果可控热核反应发电的设想得以实现，其效益必将极其可观。核能利用的一大问题是安全问题。核电站正常运行时不可避免地会有少量放射性物质随废气、废水排放到周围环境，必须加以严格控制。现在有不少人担心核电站的放射性物质会造成危害，其实在人类生活的环境中自古以来就存在着放射性。数据表明，即使人们居住在核电站附近，它所增加的放射性照射剂量也是微不足道的。事实证明，只要认真对待，措施周密，核电站的危害远小于火电站。据专家估计，相对于同等发电量的电站来说，燃煤电站所引起的癌症致死人数比核电站高出 50～1000 倍，遗传效应也要高出 100 倍。

核能发电总量已经连续 17 年稳定在 16％左右。发展核电对缓解化石燃料危机、满足能源需求、改善能源结构以及控制环境污染等方面做出了显著贡献。核电与水电、火电一起构成世界能源的三大支柱。但发展核能的国家所关注的问题主要包括三方面：一是安全问题；二是核能及其燃料循环的经济问题；三是核能持续发展的铀资源保证问题。世界上共有 100余个国家开展铀资源勘查工作，40 多个国家公布了探明铀资源量，铀主要分布在澳大利亚、加拿大和哈萨克斯坦等国家。世界各类铀资源总量见表 1-5。

表 1-5　世界各类铀资源总量

项目		成本＜40 美元/kg	成本＜80 美元/kg	成本＜130 美元/kg	成本未定
已知常规储量/万吨	可靠资源	173	245.8	316.9	
	估算附加资源	79.3	107.9	141.9	
	小计	252.3	353.7	458.8	

续表

项目		成本＜40 美元/kg	成本＜80 美元/kg	成本＜130 美元/kg	成本未定
待查明资源/万吨	估算附加资源		147.5	225.5	
	推算资源			443.7	310.2
总计/万吨		252.3	501.2	1128	310.2

注：引自 2003 IAEA 红皮书。

1.3　新能源利用发展现状和趋势

新能源产业发展从发达国家开始，通过对新能源的开发利用，打破了以石油、煤炭为主体的传统能源观念，开创了能源的新时代。长期以来，欧美等发达国家和地区一直关注低碳能源与环境友好能源，并成为利用新能源的主力军。但各国受制于资源、技术、产业影响的侧重方向有所区别。其中基于可再生能源、氢能与互联网技术相结合的能源产业被称为第三次工业革命，受到多国的普遍关注。风能、太阳能、生物质能、地热能等可再生能源得到开发和利用，并已形成运行良好的产业。以风电为例，欧洲的风电装机占了全球装机总额的60%以上，核心风电技术也集中在欧洲。不过随着全球环保意识提高，欧美等发达国家和地区对新能源产业支持力度的下滑，中国、印度等国家也成为新能源发展的重要力量。

2030—2050 年间，新能源的利用将更加重要，届时随着科技的进步，新能源开发成本将大幅度降低，可供应量大大增加，占一次能源的百分比也将大大提高。

国际能源署（IEA）对 2000—2030 年国际电力的需求进行了研究，研究表明，来自新能源的发电总量年平均增长速度将最快。在未来 30 年内非水利的可再生能源发电将比其他任何燃料的发电都要增长得快，年增长速度近 6%。在 2000—2030 年间其总发电量将增加 5 倍，到 2030 年，它将提供世界总电力的 4.4%，其中生物质能将占其中的 80%。

目前新能源在一次能源中的比例总体上偏低，一方面与不同国家的重视程度与政策有关，另一方面与新能源技术的成本偏高有关，尤其是技术含量较高的太阳能、生物质能、风能等。据 IEA 的预测研究，在未来 30 年新能源发电的成本将大幅度下降，从而增加它的竞争力。

对于中国来说，新能源产业的目标是积极推进可再生能源技术产业化，大力发展技术成熟的核电、风电、太阳能、生物质能等。截至 2016 年底，中国全口径发电装机容量 16.5 亿千瓦，可再生能源电力总装机容量 6.0 亿千瓦，占总发电装机容量的 36%。其中水电装机容量 3.3 亿千瓦，并网风电装机容量 1.5 亿千瓦，并网太阳能发电装机容量 7742 万千瓦（绝大部分为光伏发电），核电装机容量 3364 万千瓦。

如果将大水电装机计算在内，中国是世界上新能源开发规模最大的国家，可再生能源（包括水电、风电、太阳能、生物质能、核电）占总装机容量的 23% 左右，但如果去掉大水电，2008 年新能源装机只有 3%。2004 年之前，我国新能源发展速度一直比较缓慢，2006 年的《中国可再生能源法》的出台实施，为新能源发展注入强心剂。中国可再生能源应用规模和目标见表 1-6。

表 1-6　中国可再生能源应用规模和目标

类型	2007 年容量	2020 年目标	类型	2007 年容量	2020 年目标
水电	145GW	300GW(含 75GW 小水电)	生物固体燃料	—	5000 万吨
太阳能光伏	100MW	1.8GW	燃料乙醇	16 亿升(包括粮食乙醇)	127 亿升
风电	6GW	30GW	生物柴油	1.19 亿升	24 亿升
太阳能热水器	130Mm^2	300Mm^2	地热(发电和供热)	32MW(发电)	1200 万吨标准煤(发电和供热)
生物质能发电	3GW	30GW	潮汐能	—	100MW(潮汐能应用)
沼气	99m^3	440m^3			

思考题

1. 什么叫能源?

2. 我国能源存在哪些问题? 应如何具体解决?

3. 简述能源的分类。

4. 简述新能源的定义和其主要特征。

5. 新能源的具体分类方法有哪几种? 具体怎么划分?

6. 发展新能源的重大战略意义是什么。

参考文献

[1] 滕吉文,张永谦,阮小敏. 发展可再生能源和新能源与必须深层次思考的几个科学问题——非化石能源发展的必由之路. 地球物理学进展,2010,25 (4):1115-1152.

[2] 张伟波,潘宇超,崔志强,张卫东. 我国新能源发电发展思路探析. 中国能源,2012,34 (4):26-28,47.

[3] 顾忠茂. 氢能利用与核能制氢研究开发综述. 原子能科学技术,2006,40 (1):30-35.

[4] Rybach L. Geothermal energy: Sustainability and the environment. Geothemics, 2003, 32 (4): 463-470.

[5] 吴楠,刘显凤. 地热能:一种清洁与可再生能源的应用展望//第三届能源科学家论坛论文集. 2012:640-645.

[6] Rethinking 2050-A 100% Renewable Energy Vision for the European Union, European Renewable Energy Council, 2010.

第2章　太阳能

在新能源的应用领域，太阳能是一种清洁、高效和永不衰竭的新能源。一方面包括煤炭和石油在内的常规能源日趋减少，且这些能源的利用一般会破坏人类生存环境；另一方面其不受区域限制，且太阳能无味，不会产生二氧化碳和噪声污染，其利用可作为化石能源的替代，对于缓解供暖季的雾霾污染问题，提高能源自给率，具有重要意义。但其也存在一些不足，如能量密度低、不稳定性和间歇性等，造成其接收、利用和储存方面的难度以及特殊性。

微课：太阳能

2.1 概述

2.1.1 太阳能简介

太阳能一般是指太阳光的辐射能量，在现代一般用作发电。太阳能是各种可再生能源中最重要的基本能源，生物质能、风能、海洋能、水能等都来自太阳能，广义地说，太阳能包含以上各种可再生能源。太阳能作为可再生能源的一种，则是指太阳能的直接转化和利用。因此，狭义的太阳能则限于太阳辐射能的光热、光电和光化学的直接转换。

中国的太阳能资源储量十分丰富，发展潜力巨大，面对当前中国传统能源短缺和环境污染问题的日益显现，作为清洁、可再生能源的太阳能，越来越受到关注。中国与世界一次能源的探明剩余储量比较如图2-1所示。

2.1.1.1 太阳辐射能

为了表征太阳对地球的辐射强度，人们提出了"太阳常数"这一概念。所谓太阳常数，是指在平均日地距离，垂直于太阳辐射的大气外层平面上，单位时间、单位面积上所接收的太阳辐射能，可用符号 I_{sc} 表示，其单位为 W/m^2。1981年，世界气象组织（WMO）公布的太阳常数值是 $1368W/m^2$，2004年，Gueymard 给出的最新测得的太阳常数值为 $1366W/m^2$。

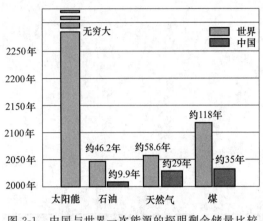

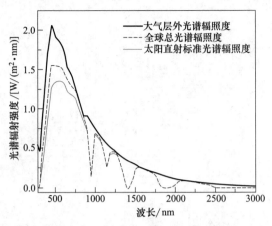

图 2-1　中国与世界一次能源的探明剩余储量比较　　　　图 2-2　太阳辐射光谱能量分布曲线

太阳辐射能量主要集中在 $300\sim3000$ nm 的波段内（图 2-2），这一波段内的能量约占太阳辐射总能量的 99%，其中紫外光波段约占 9%，可见光波段约占 43%，红外光波段约占 48%。因此在太阳能利用过程中，$300\sim3000$ nm 的波段是主要的研究对象。

2.1.1.2　太阳能资源和开发潜力

（1）我国太阳能资源的分布　中国地处北半球欧亚大陆的东部，主要处于温带和亚热带，具有比较丰富的太阳能资源。根据全国 700 多个气象台站长期观测积累的资料表明，中国各地的太阳辐射年总量大致在 $3.35\times10^3\sim8.40\times10^3$ MJ/m^2，其平均值约为 5.86×10^3 MJ/m^2。根据各地接收太阳总辐射量的多少，可将全国划分为五类地区，见表 2-1。

表 2-1　我国主要地区按太阳能资源分布分类

类别	全年日照时数 /h	年总辐射量 /(kJ/cm^2)	主 要 地 区
1	3200～3300	670～837	青藏高原、甘肃北部、宁夏北部、新疆东部
2	3000～3200	586～670	河北西北部、山西北部、内蒙古南部、宁夏南部、甘肃中部、青海东部、西藏东南部和新疆南部
3	2200～3000	502～586	山东、河南、河北东南部、山西南部、新疆北部、吉林、辽宁、云南、陕西北部、甘肃东北部、广东南部、福建南部、江苏北部、安徽北部等
4	1400～2200	419～502	长江中下游、福建、浙江和广东的部分地区
5	1000～1400	335～419	四川、贵州

一类地区：为我国太阳能资源最丰富的地区，年太阳辐射总量为 6680～8400MJ/m^2，相当于日辐射量 5.1～6.4kW·h/m^2。这些地区包括宁夏北部、甘肃北部、新疆东部、青海西部和西藏西部等地。

二类地区：为我国太阳能资源较丰富地区，年太阳辐射总量为 5850～6680MJ/m^2，相当于日辐射量 4.5～5.1kW·h/m^2。这些地区包括河北西北部、山西北部、内蒙古南部、宁夏南部、甘肃中部、青海东部、西藏东南部和新疆南部等地。

三类地区：为我国太阳能资源中等类型地区，年太阳辐射总量为 5000～5850MJ/m^2，相当于日辐射量 3.8～4.5kW·h/m^2。这些地区主要包括山东、河南、河北东南部、山西南部、新疆北部、吉林、辽宁、云南、陕西北部、甘肃东北部、广东南部、福建南部、江苏北部、安徽北部、台湾西南部等地。

四类地区：是我国太阳能资源较差地区，年太阳辐射总量为 $4200 \sim 5000 MJ/m^2$，相当于日辐射量 $3.2 \sim 3.8 kW \cdot h/m^2$。这些地区包括湖南、湖北、广西、江西、浙江、福建北部、广东北部、陕西南部、江苏南部、安徽南部以及黑龙江、台湾东北部等地。

五类地区：主要包括四川、贵州两省，是我国太阳能资源最少的地区，年太阳辐射总量为 $3350 \sim 4200 MJ/m^2$，相当于日辐射量只有 $2.5 \sim 3.2 kW \cdot h/m^2$。

(2) 世界太阳能资源的分布 太阳辐射的分布因纬度、季节、一天时间的不同而变化。根据太阳辐射地理分布将地球南北半球分别划分为四个地域带（图 2-3）。以北半球为例（同样适用于南半球），最有利的地域带为北纬 $15°N \sim 35°N$，是太阳能应用最有利的地区，特点是：属于半干旱地区，具有最大的太阳辐射量，超过 90%，一般年光照时间为 3000h。中度有利的地域带为介于赤道和北纬 15°N，其特点是：湿度高，云量频繁，散射辐射的比例相当高，年日照小时数大约为 2500h，且四季变化不大。较差的地域带为北纬 $35°N \sim 45°N$，虽然太阳的强度平均与另外两个地域带几乎一样，由于有两个明显的季节性变化，在冬季辐射强度相对较低和日照时间相对较短。最不利的地域带位于北纬 45°N 以上，这里在冬季时间较长，约一半的辐射为漫辐射。值得关注的是，多数发展中国家位于比较有利的地区之间，即北纬 $15°N \sim 35°N$。

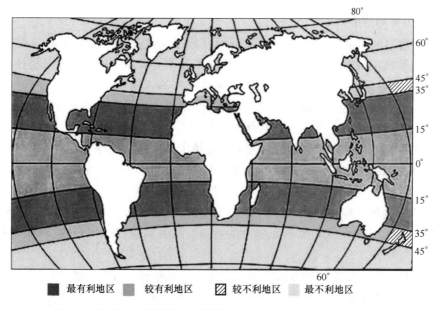

图 2-3 世界太阳能资源分布情况（来源：美国国家航空航天局）

2.1.2 太阳能的特点

2.1.2.1 太阳能的优点

① 普遍。太阳光普照大地，没有限制，处处皆有，可直接开发利用；且无须开采和运输。

② 无害。开发利用太阳能不会污染环境，它是最清洁的能源之一。

③ 巨大。每年到达地球表面上的太阳辐射能约相当于 130 万亿吨标准煤，其总量属世界上可以开发的最大能源。

④ 长久。根据 21 世纪初太阳产生的核能速度估算，氢的储量足够维持上百亿年，而地球的寿命约为几十亿年，从这个意义上讲，可以说太阳的能量是用之不竭的。

2.1.2.2　太阳能的缺点

① 分散性。到达地球表面的太阳能辐射的总量尽管很大，但是能流密度很低。因此，在利用太阳能时，想要得到一定的转换功率，往往需要面积相当大的一套转换设备，造价较高。

② 不稳定性。由于受到昼夜、季节、地理纬度和海拔高度等自然条件的限制，以及晴、阴、云、雨等随机因素的影响，所以，到达某一地面的太阳能辐射照度既是间断的，又是极不稳定的，这给太阳能的大规模应用增加了难度。

③ 效率低和成本高。截至 21 世纪初太阳能利用的发展水平，有些方面在理论上是可行的，技术上也是成熟的。但有些太阳能利用装置，因为效率偏低、成本较高，总的来说，其经济性还不能与常规能源相竞争。

2.1.3　太阳能利用形式

目前，人类对太阳能的利用主要包括光热利用和光伏发电两个大方面。

2.1.3.1　太阳能热利用

（1）太阳能热水器　太阳能热水器系统是利用太阳辐射能对水进行加热的装置，它是目前太阳能利用领域中技术发展最为成熟的绿色能源技术。世界上第一台太阳能热水器诞生于 1891 年，是由美国马里兰州的肯普发明的顶峰太阳能热水器。在其之后，经历了沃克太阳能热水器、保温式太阳能热水器、防冻式太阳能热水器、平板集热器型太阳能热水器、真空管集热器型太阳能热水器，至今，太阳能热水器已有 100 多年的历史。

平板集热器型太阳能热水器是第二代太阳能热水器产品。所谓平板型太阳能集热器，是指其吸收太阳辐射能的面积与其采光窗口的面积相等。与聚光太阳能集热器相比，平板型太阳能集热器具有结构简单、安装固定、可以采集太阳直射辐射和散射辐射且成本低等优点。热管平板型太阳能集热器是在传统的平板型集热器的基础上结合热管技术发展起来的，它具有平板型集热器承压能力强和吸热面积大的特点，而且启动快，传热性能好，并有防冻的功能。

（2）太阳房　太阳房是一种直接利用太阳能进行采暖或空气调节的节能建筑。它是人类利用太阳能的最早形式之一，但有目的的研究和设计则开始于 20 世纪 30 年代。

第一座太阳能采暖房诞生于 1931 年的美国麻省理工学院，在其之后各种类型的太阳房陆续出现，各种太阳房的功能包括采暖、热水、照明、空调等，其中以采暖为最多。太阳房利用太阳能进行采暖的基本原理是温室效应。

太阳房一般分为被动式太阳房和主动式太阳房两大类。被动式太阳房是指仅依靠建筑物朝向和周围环境的布置，通过窗子、墙以及屋顶等建筑构件的专门设计和选用性能优良的材料，以自然交换的方式来获取太阳能的一类建筑。被动式太阳房按照采集太阳能的方式不同，又可分为直接受益式、集热墙式、附加阳光间式和组合式几种类型。主动式太阳房是指在被动式太阳房对建筑结构及环境要求的基础上，以太阳能集热器作为主要热源的一种建筑。它是用太阳能集热器来替代锅炉，通过热水（或者热风）对太阳房内进行供暖。近年来，主动式太阳房的建设有了较大的发展。

（3）太阳能热发电　太阳能热发电是指先将太阳辐射能转变为热能，再将热能利用发电机转变为电能的一种发电方式。较为常见的热发电方式包括半导体温差发电、太阳能蒸汽热动力发电、热声发电、太阳烟囱和太阳池发电。

太阳能蒸汽热动力发电系统是利用聚光装置将太阳能会聚后对工质进行加热使之成为蒸汽，蒸汽再推动发电机组进行发电。太阳能蒸汽热动力发电是太阳能热发电中最重要的一种形式，如塔式热发电系统和槽式热发电系统，且已有运行的大型发电系统，如美国的 Solar One 和 Solar Two，欧盟的 Gemasolar 等。

热声发电基于热声效应而工作，可将热能转化为声能并直接由直线发电机等换能设备产生电能。热声发电机可以分为行波型、驻波型、行波-驻波混合型三种。目前，第三类热声发电机的实验室效率已达到了 30%，此效率与内燃机的热效率相当。

太阳烟囱是一种新的太阳能热发电模式，它是让空气在一个很大的玻璃天棚下被加热，热空气在天棚中央的烟囱中上升。上升的空气流带动烟囱底部的空气透平发电机组产生电能。它的优点是不需要对太阳进行跟踪和聚焦，结构简单，不需水冷，运行维护成本很低。缺点是占地面积太大，发电热效率低，通常小于 1.5%。

太阳池是一种盐水池，太阳池蓄热发电的原理为：将池底的热水通过泵输送到蒸发器中，在蒸发器中加热低沸点工质产生蒸汽，蒸汽推动汽轮机做功发电，然后返回到冷凝器。在冷凝器中采用池面较冷的水作为冷源，冷凝之后的液体再回到蒸发器循环工作。这种发电方法的效率较低，通常低于 2%，但其结构简单，运行费用低。在澳大利亚，已建成了一个面积为 3000m^2 的太阳池，并将用它发电，用以为偏僻地区供电并进行海水淡化和温室供暖等。日本农林水产省土木试验场已建有四个 8m 见方、深 2.5～3m 的太阳池，用来为温室栽培和水产养殖提供热能。

（4）太阳能制冷与空调　太阳能制冷原理是直接利用热能来驱动制冷机而达到制冷的目的。常用的太阳能制冷系统有以下几种：太阳能吸附式制冷系统；太阳能吸收式制冷系统；太阳能蒸汽喷射式制冷系统；太阳能除湿制冷系统。

（5）太阳灶　太阳灶是一种太阳能高温利用的装置。由于它要求的温度比较高，所以采用普通的直射式太阳能集热器是无法满足要求的，必须采用聚焦型太阳能集热器。

太阳灶是利用太阳辐射进行炊事作业的器具。根据其收集太阳能的方式不同，主要分为两种类型：聚光式太阳灶和热箱式太阳灶。聚光式太阳灶是利用抛物面、圆锥面、球面或者菲涅耳面等曲面的聚光性将太阳光会聚；而热箱式太阳灶是一个箱体，上部有 1～2 层玻璃或透明板，底部内表面涂上高吸收率的涂层，四周和底部需进行保温。它结构简单，造价低，通常用于蒸煮和消毒灭菌。

（6）太阳能干燥　利用太阳能来进行干燥一直是为人们所广泛应用的最简单和经济的干燥途径。为了满足大众的工农业产品的干燥需求，发展出了多种成熟的太阳能干燥装置。主要包括以下三种：集热器型太阳能干燥装置、温室型太阳能干燥装置和集热器-温室复合型太阳能干燥装置。

2.1.3.2　太阳能光伏发电

太阳能电池是指利用光生伏打效应（简称为光伏效应）将太阳辐射能直接转变为电能的器件。光伏效应是在 1839 年由法国物理学家 Edmond Becquerel 发现并提出的。1880 年，

Charles Fritts 开发出以硒为基础的光伏电池。1954 年，美国贝尔实验室的 Gerald Pearson 等研制出效率为 6％的太阳能电池。到 1958 年，单晶硅太阳能电池在地球表面的光电转换效率已经达到了 14％，并被广泛应用于空间电源。在 1977 年，GaAs 电池被应用在人造卫星上，其价格较单晶硅电池更为昂贵，但光电转换效率却高出许多。其后出现的太阳能电池还包括染料敏化太阳能电池、有机薄膜太阳能电池、多结太阳能电池、纳米晶太阳能电池和塑料太阳能电池等。

根据国家能源局的调查结果显示，2017 年，全球新增太阳能光伏发电装机容量约 99GW，同比新增 26％。我国光伏发电市场从 2000 年至今一直处于持续、快速的发展过程中，据统计，2015 年中国超越德国成为世界光伏装机容量最大的国家，光伏新增容量创新高达到 15.28GW，全国的光伏累计发电达到 383 亿千瓦·时，相比 2014 年增长率达到 64％，截止到 2017 年底，我国全国范围内的光伏发电累计装机容量已突破 100GW，达到 130GW。

2.2 太阳能传热理论

从传热来说，对太阳能利用所面临的问题是：尽管在主要方面已经有所了解，但还需要利用结合太阳能问题的更切合实际的边界条件来求得新解。低温太阳能应用需要体积庞大和价格昂贵的太阳能换热器，以便能够制造效率更高而体积紧凑的换热器。

2.2.1 经典黑体辐射基本定律

太阳能是以辐射能的形式来传递能量的，对于黑体热辐射，普朗克（Planck）推导出了描述黑体的光谱辐射力随光子波长变化的普朗克定律（Planck law）：

$$E_{b,\lambda,T} = \frac{c_1 \lambda^{-5}}{e^{c_2/(\lambda T)} - 1} \tag{2-1}$$

式中，c_1 和 c_2 分别为第一和第二辐射常数；T 为黑体温度；λ 为辐射光子的波长。斯蒂芬-玻耳兹曼（Stefan-Boltzmann）推导出了描述黑体辐射力 E_b 与黑体热力学温度 T 之间关系的黑体辐射四次方定律，即：

$$E_b = \sigma T^4 \tag{2-2}$$

式中，σ 为斯蒂芬-玻耳兹曼常数。维恩（Wien）则发现了最大光谱辐射力的波长 λ_{max} 与黑体温度 T 之间的关系，即维恩位移定律：

$$\lambda_{max} = b = 2.8976 \times 10^{-3} \, \text{m} \cdot \text{K} \tag{2-3}$$

式中，b 为维恩位移常数。以上这些研究工作奠定了经典的辐射传热学基础。

2.2.2 太阳能传输到达地面接收器的照射辐射强度理论

从太阳表面发射出来的太阳辐射能，经过一定距离的传输后到达辐射能接收器。定义照射到辐射接收器表面某一点处的面元上的太阳辐射通量除以该面元的面积为照射辐射强度，可以表示为：

$$G = \frac{\partial \phi}{\partial A} \tag{2-4}$$

其单位为 W/m^2。太阳辐射在穿过大气层到达地面的过程中，必然要受到大气层介质的吸收和散射作用而减弱。由于可将密度差异不大的一段大气层视为均质大气，因此可以利用

Bouguer-Lambert 定律来计算经过大气的太阳辐射通量：

$$\phi = \phi_0 e^{-\mu L} \tag{2-5}$$

式中，L 为太阳辐射穿过的大气层厚度；ϕ_0 为初始辐射通量；μ 为线性衰减系数。对于整个大气层，可以将其分为若干层，然后用 Bouguer-Lambert 定律分别计算，最后进行累计。对于太阳直射辐射来说，应该有：

$$G_m = G_0 \tau^m \tag{2-6}$$

这里，G_0 为大气层的初始入射照射辐射强度，也可认为是太阳常数 I_{sc}；τ 为大气透射系数；m 为大气光学质量。对于不同辐射波长其对应的照射辐射强度可以表示为：

$$G_{m,\lambda} = G_{0,\lambda} \tau_\lambda^m \tag{2-6（a）}$$

辐射接收器的放置对到达辐射接收器表面的太阳辐射量有重要的影响。首先须对几个参数进行说明：δ 为太阳赤纬角，即太阳入射线与赤道面的夹角；s 为辐射接收器表面与海平面的夹角，也就是接收器接收面的倾斜角；γ 为辐射接收器表面的方位角，即接收面法线方向与正南方向的夹角；ω 为时角，正午为 $0°$，每小时变化 $15°$，上午为正，下午为负；θ 为入射角，太阳入射线与辐射接收面法线的夹角；A_s 为太阳方位角；α 为太阳高度角。

太阳赤纬可以由下式求出：

$$\delta = 23.45 \sin\left(2\pi \times \frac{284+n}{365}\right) \tag{2-7}$$

这里，n 为一年中的某天，取值为 $0\sim365$。

太阳高度角可由下式给出：

$$\sin\alpha = \sin\varphi\sin\delta + \cos\varphi\cos\delta\cos\omega \tag{2-8}$$

其中，φ 为辐射接收器所在纬度。

太阳方位角可由下式求出：

$$\sin A_s = \cos\delta\sin\omega / \cos\alpha \tag{2-9}$$

对于倾斜面，应该有：

$$\cos\theta_T = \cos(\varphi-s)\cos\delta\cos\omega + \sin(\varphi-s)\sin\delta \tag{2-10}$$

式中，θ_T 为倾斜接收面上的太阳入射角。

此时，到达辐射接收器表面的直射辐射量应为：

$$G_{b,T} = G_{b,n}\cos\theta_T \tag{2-11}$$

其中，$G_{b,T}$ 为到达辐射接收器表面的直射日射量；$G_{b,n}$ 为此时的入射太阳直射辐射量。

如果辐射接收器为水平放置，那么其表面的直射辐射量应为：

$$G_b = G_{b,n}\cos\theta_g \tag{2-12}$$

这里，θ_g 为入射光线与接收面法线的夹角。

利用式（2-6）、式［2-6（a）］、式（2-11）和式（2-12）四式可对受不同位置的太阳影响时不同放置情况的辐射接收面上的太阳直射辐射量进行计算。如果将太阳漫辐射部分也考虑进来，那么倾斜面得到的全部太阳辐射可以表示为：

$$G_T = G_{b,T} + G_d\frac{1+\cos s}{2} + (G_b+G_d)\left(\frac{1-\cos s}{2}\right)\rho_c \tag{2-13}$$

式中，G_d 为到达辐射接收面的漫辐射量，为地面建筑、地面或者水面的反射率。

式（2-13）理论上全面考虑了到达辐射接收面的直射辐射、天空漫射和地面及其四周物体反射辐射三部分之和，可对具有一定倾角的辐射接收面上的全部太阳辐射进行理论计算。

2.2.3 辐射接收器的辐射性质

在光热利用中，材料表面的热辐射性质包括吸收率 α、反射率 ρ、透过率 τ 和发射率 ε 四种，吸收率、反射率和透过率分别为接收器吸收、反射和透射的投射辐射的份额，而发射率是接收器表面发射的辐射能与同温度黑体发射的辐射能之比。由于辐射能具有频率和方向特性，所以又把所述的表面热辐射分别细分为光谱定向的吸收率、反射率、透过率和发射率，分别用脚注 λ 和 θ 来表示。

由投射光谱能量方程可以得到：

$$\alpha_\lambda + \rho_\lambda + \tau_\lambda = 1 \qquad (2\text{-}14)$$

对于非透明辐射接收器，应有：

$$\alpha_\lambda + \rho_\lambda = 1 \qquad (2\text{-}15)$$

式（2-15）主要用于表面辐射性质测量时，通过测定光谱反射率 ρ_λ 求出光谱吸收率 α_λ。

对于全波长半球向的吸收率 α、反射率 ρ、透过率 τ 采用对定向光谱吸收率 $\alpha_{\lambda,\theta}$、反射率 $\rho_{\lambda,\theta}$、透过率 $\tau_{\lambda,\theta}$ 进行全波长和半球立体角的投射辐射积分获得；全波长半球向的发射率 ε 是对定向光谱发射率进行全波长和半球立体角的积分得到。

另外，一个没有限制条件的基尔霍夫定律的最一般光谱定向辐射性质的关系是：

$$\alpha_{\lambda,\theta} = \varepsilon_{\lambda,\theta} \qquad (2\text{-}16)$$

对热利用的太阳能集热器而言，由于太阳能量主要集中在波长 $< 3\mu m$ 的谱段，所以在波长 $< 3\mu m$ 时应当采用高光谱吸收率，在波长 $> 3\mu m$ 时采用低吸收率的选择性表面涂层材料。理想的太阳能集热器表面涂层材料的吸收率如图 2-4 所示。

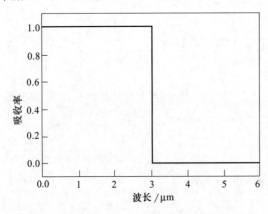

图 2-4 理想的太阳能集热器表面涂层材料吸收率

2.2.4 太阳能利用中的其他基础理论知识

2.2.4.1 太阳能的品位属性和热力学表征问题

太阳能利用中存在的困难是太阳辐射的能流密度低，利用效率不高。为了提高太阳能利用的效率，降低成本，必须研究太阳能的可用能，而这属于辐射能的可用能问题。太阳能作为辐射能量的一种，与常见的热能的性质存在较大差别，最显著的差别就是辐射具有频率特性，辐射能的转换如光伏效应即具有频率选择特性。

2.2.4.2 地面上利用太阳能转化为电能的极限效率

在光热发电方法中，辐射能在传输扩散时，有效能会损失。莫松平等分析了太阳能电池光电转换的理论效率极限，给出能量效率随电池截止波长和能带隙的变化曲线图如图 2-5 所示。经过计算，给出了全波长光电跃迁平均能量效率的极值为 0.4388，此即地面上利用太阳能转化为电能的极限效率。其对应的最佳截止波长为 $1.15\mu m$，对应的最佳能带隙值为 $1.08eV$。

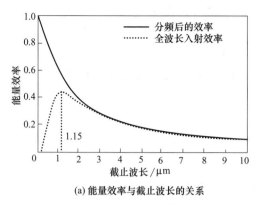
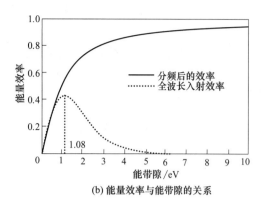

(a) 能量效率与截止波长的关系　　　　　　(b) 能量效率与能带隙的关系

图 2-5　能量效率与截止波长和能带隙之间的关系曲线

2.2.4.3　光与物质作用的能量转换

目前，对于辐射光子与物质的相互作用，常见的理论包括光与非金属内简谐振子相互作用的洛伦兹模型，光与金属物质内简谐振子作用的德鲁德模型和能带理论。其中，洛伦兹模型较好地解释了部分非金属固体、气体和液体与光的相互作用，但对于半导体物质与光作用现象的解释存在一定问题；德鲁德模型是一种特殊的洛伦兹模型，用它可以较好地对光与金属的相互作用进行分析；用能带理论可以很好地解释许多物质与光的相互作用现象，但是因为它没有给出光与物质之间能量转换的作用机制，因此无法较好地利用此理论研究物质参数对光与物质间作用的影响。

2.2.4.4　分频和综合利用太阳能的理论

在太阳能利用中，太阳能辐射接收器对于太阳全光谱光子的吸收往往带有选择性，这是由辐射接收器的辐射性质参数决定的，特别是光伏利用中的太阳能电池，对太阳辐射的选择性吸收作用十分明显。也就是说，太阳辐射接收器，特别是太阳能电池，只能对某一波段的太阳辐射进行有效利用，而其余波段的太阳辐射是无效的，一旦被太阳能电池吸收就会造成太阳能电池温度上升，从而使太阳能电池的光电转换效率降低。以上即是太阳能利用中需采用分频技术的理论依据。采用太阳能分频技术可以有效地减少无效辐射进入太阳能电池，进而降低太阳能电池温度，提高太阳能电池光电转换效率。

2.2.4.5　太阳能聚光技术理论

采用聚光的方法是有效提高太阳辐射能流密度且减少太阳能电池使用数量的有效途径。目前，用于太阳能聚光光伏发电的聚光方法主要有两种，即反射聚光和透射聚光。反射聚光是利用槽式、塔式或者碟式等反光设备进行聚光，而透射聚光方法通常采用不同类型的菲涅耳透镜对太阳光进行会聚。传统的聚光装置所会聚的太阳光强在太阳能电池上的分布均匀性较差，而文献表明光照均匀的太阳能电池比光照不均匀的太阳能电池发电效率更高。因此研究人员提出了对称式玻璃板反射聚光器和新型菲涅耳透镜等聚光装置，可以使会聚的太阳光强在太阳能电池表面均匀分布。

2.3　太阳能供暖技术

我国北方供暖运行能耗约占建筑能源消耗总量的 40%，且以燃煤锅炉等传统供暖形式为主,污染严重。充分利用可持续能源供暖,不仅可以有效降低供暖能耗,亦有利于改善农户冬季室内热环境。太阳能供暖能流密度低,供暖强度受到地域、气候等因素影响,需加设辅助热源联合供暖,以满足稳定的室内热环境需求。随着 2009 年国家颁布的《太阳能供热采暖工程技术规范》(GB 50495—2009)的实施,太阳能供暖系统工程的利用更加规范化。

2.3.1 太阳能供暖利用研究

2.3.1.1 国外研究

早在 20 世纪 40 年代,美国麻省理工学院就开始了利用太阳能集热器作为热源的供暖、空调系统研究,先后建成了一些实验太阳房。这些实验太阳房,即是最早的主动式太阳房。到 20 世纪 70 年代,又有华盛顿近郊的托马森太阳房和科罗拉多州丹佛市的洛夫太阳房等主动式太阳房的示范建筑建成。

大型太阳能供热系统起始于 20 世纪 70 年代末,是在开发太阳能供热系统的季节性储能技术过程中发展起来的,瑞典、荷兰与丹麦在太阳能供热领域的早期试验过程中扮演着领导者的角色。到 20 世纪 90 年代中期,已经有大约 100 座太阳能集热器超过 $500m^2$ 的新建太阳能供热厂投入运行。到目前为止,欧洲大约有 120 座太阳能集热器超过 $500m^2$ 的太阳能供热厂在运行之中。

德国早在 20 世纪 80 年代就开始大规模应用太阳能供热技术,建筑中利用太阳能供暖和供应热水,该技术已经在德国居住区供热设施改造与配套建设中得到广泛推广和应用。德国汉堡 Bramfeld 区域供热工程,1996 年建成,联排别墅总计 124 户,年热负荷为 1550MW·h,共安装 $3000m^2$ 太阳能集热器,年平均太阳能保证率为 50%。从 2000 年开始,德国联邦教育科技部和经济技术部实施了太阳能区域供热政府项目,至 2003 年已建成 12 个太阳能区域供热示范工程、8 座季节蓄热小区热力站和 4 座短期蓄热小区热力站。

丹麦的大型太阳能供热厂都是用于小型区域供热系统中,所有的集热器都是地面安装。1987 年丹麦建立了第一个太阳能供热厂,其地面安装的太阳能集热器为 $1000m^2$。1996 年,丹麦 Marstal Fjernvarme 公司建造了一个 $8000m^2$ 太阳能采集器并配备 $2100m^3$ 热水储罐的供热厂,用来负担整个城市 15% 的热负荷,目前这个供热厂的太阳能集热器已经扩大到 $18300m^2$(供热能力 12.8MW),是目前世界最大的太阳能供热厂。最近一个建立的是 Bradstrup 公司太阳能供热厂,其占地面积约为 $8000m^2$,供热能力为 4MW。

瑞典 Kungalv 市的太阳能热力站,是城市供热系统的组成部分,太阳能总集热面积为 $10048m^2$,每年供热能力近 90GW·h,2001 年开始运行。该区域热力站由设计能力为 5MW 的太阳能热力站与一个 12MW 的燃木屑锅炉、两个 12MW 的燃油锅炉相连,配备了 $1000m^3$ 的蓄热水箱,800 个面积为 12.5 m^2 的平板型集热器按阵列布置在一块废弃的农田上。

2002 年,位于芬兰赫尔辛基北部的维埃基新城,建成了“生态维埃基(Ekoviikki)”居住区大型太阳能热力站系统,系统由 8 个多层住宅系统复合而成,每个多层住宅系统有 80~$250m^2$ 的集热面积,总集热面积共 $1248m^2$,为 368 户、$35625m^2$ 的住宅提供生活热水和供暖。

近年来,欧洲等发达国家开始针对“太阳能与建筑一体化”进行研究,并且建造了一些示范工程项目,经济效益比较显著。

2.3.1.2 国内研究

广州大学建筑学院的裴清清对西北边疆某哨所楼进行了建筑热工分析和计算，计算出围护结构的得热量和耗热量，对平板型空气集热器、卵石床蓄热器及其他系统设备进行了设计与计算，简述了太阳能供暖系统集热、蓄热、供暖的运行控制方法；中房集团新技术中心有限公司的齐政新和中国建筑标准设计研究所的李岩研究了辅助太阳能的地板采暖的系统形式，对不同的系统形式做了分析。上海理工大学的于国清等，以一个 $100m^2$ 的房间为研究对象，采用 10～15 年内逐日气象数据对太阳能采暖系统进行模拟，根据模拟的结果，分析其初投资，寿命周期内的总能耗、总运行费用，综合热价等指标。近年来，随着我国各类建筑节能设计标准的陆续发布及太阳能热利用产品性能日益提高，太阳能采暖越来越受到人们的重视，相继建成了一些太阳能采暖示范项目，如北京平谷新农村建设项目的新农村住宅、北京清华阳光公司办公楼、北京太阳能研究所办公楼、河北省唐山迁安市太阳能农村住宅、拉萨火车站等。但目前已建成试点绝大部分为单体建筑太阳能采暖工程，太阳能区域采暖（小区热力站）工程还没有应用实践。太阳能区域采暖、跨季节蓄热供暖技术被列入"十一五"国家科技支撑计划项目中，中国建筑科学研究院科技园太阳能热水采暖和季节蓄热系统工程已基本完成示范项目建设。

2006 年 5 月，财政部、建设部启动"可再生能源建筑应用示范推广项目"，其中包括了较多的太阳能供热、采暖工程。在 2006—2007 年申报通过的 212 个项目中，太阳能+热泵综合的项目占 25％。这些项目的实施，将极大地带动我国太阳能采暖技术的发展和提高。2006 年 9 月，国家设立可再生能源建筑应用专项资金，与建筑一体化的太阳能供热、采暖系统是专项资金支持的重点领域之一。

在国家发改委和建设部联合召开"2007 年全国太阳能热利用大会"后，很多省市地方政府颁布实施了促进太阳能热水器推广应用的激励政策，包括海南省、江苏省、河北省、河南省、深圳市、济南市、烟台市、青岛市、邢台市、秦皇岛市、呼和浩特市、南京市、武汉市等。各个地方政府强制安装的范围多为 12 层及以下的民用建筑，包括住宅建筑以及宾馆、餐厅等公共建筑，要求太阳能热水器与建筑同步设计、同步施工、同步验收。但我国的大型区域太阳能供暖工程项目（太阳能热力站）还没有得到大范围应用。

2.3.2 太阳能供暖的分类

太阳能供暖系统按水循环的动力，可以分为自然循环式和强制循环式两种。

① 自然循环式热水系统（图 2-6）是依靠集热器和储水箱中的温差，形成系统的热虹吸压头，使水在系统中循环，与此同时，将集热器的有用能量收益通过加热水，不断蓄入储水箱内，运行过程是在集热器中受太阳辐射能加热，温度升高，加热后的水从集热器的上循环管进入储水箱的上部，与此同时，储水箱底部的冷水由下循环管流入集热器，经过一段时间后，水箱中的水形成明显的温度分层，上层水达到可使用的温度。用热水时，由补给水箱向储水箱底部补充冷水，将储水箱上层热水顶出使用，其水位由补给水箱内的浮球阀控制。

② 强制循环式太阳能供暖系统分为设置或不设置换热器两种方式。这就是说，在寒冷地区，为了防止集热器在冬季被冻坏，在集热器与储水箱之间设置换热器，构成双循环系统，集热器一侧采用防冻液，从而解决了集热器的防冻问题，图 2-7 所示为设置换热器的强制循环式太阳能供暖系统，这两种强制循环式太阳能供暖系统有时也简称为直接加热和间接加热方式。

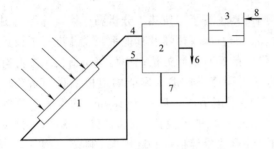
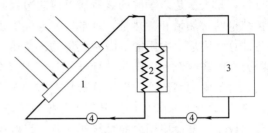

图 2-6　自然循环式太阳能供暖系统简图

1—集热器；2—循环水箱；3—补给水箱；4—上循环管；
5—下循环管；6—供热水管；7—补给水管；8—自来水管

图 2-7　设置换热器的强制循环
式太阳能供暖系统简图

1—集热器；2—换热器；3—水箱；4—循环水泵

太阳能采暖系统与常规能源采暖系统相比，有如下几个特点。

① 系统运行温度低。由于太阳能集热器的效率随运行温度升高而降低，因此应尽可能降低集热器的运行温度，即尽可能降低采暖系统的热水温度。若采用地板辐射采暖或顶棚辐射板采暖系统，则集热器的运行温度在 30～38℃ 之间就可以了，所以可使用平板集热器；而若采用普通散热器采暖系统，则集热器的运行温度必须达到 60～70℃ 或以上，所以应使用真空管集热器。

② 有储存热量的设备。照射到地面的太阳辐射能受气候和时间的支配，不仅有季节之差，一天之内也有变化，因此太阳能不是连续、稳定的能源。要满足连续采暖的需求，系统中必须有储热设备。对于液体太阳能采暖系统，储热设备可用储热水箱；对于空气太阳能采暖系统，储热设备可用岩石堆积床。

③ 与辅助热源配套使用。由于太阳能不能满足采暖需要的全部热量，或者在气候变化大而储存热量又很有限时，特别在阴雨雪天和夜晚几乎没有或根本没有日照，因此太阳能不能成为独立的能源。太阳能采暖系统的辅助热源可采用电力、燃煤、燃气、燃油和生物质能等。

④ 适合在节能建筑中应用。由于地面上单位面积能够接收的太阳辐射能有限，因此要满足建筑物采暖的需求且达到一定的太阳能保证率，就必须安装足够多的太阳能集热器。如果建筑围护结构的保温水平低，门窗的气密性又差，那么有限的建筑围护结构面积不足以安装所需的太阳能集热器。

2.3.3　太阳能供暖的原理

太阳能供暖系统由太阳能集热系统、水循环系统、风循环系统及控制系统组成（图 2-8）。在太阳能集热系统中集热器按最佳倾角放置，防冻介质在太阳能集热器吸收热量后从集热器的上集管流入板式换热器，在板式换热器中与来自水箱的水循环进行换热后，经过水泵后由集热器的下集管进入太阳能集热器继续加热，板式换热器的另一侧与蓄热水箱相连，当蓄热水箱从板式换热器吸收热量后，蓄热水箱内温度上升，水温也随之升高。这样不断对流循环，水温逐渐提高，直到集热器吸收的热量与散失的热量相平衡时，水温不再升高。补给水箱供给蓄热水箱所需的冷水。

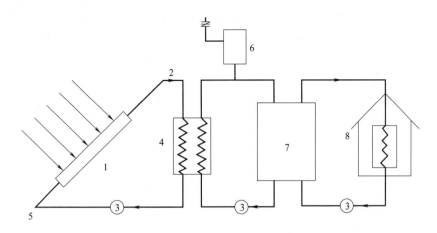

图 2-8　太阳能供暖系统简图

1—集热器；2—上水管；3—水泵；4—板式换热器；5—下水管；6—补给水箱；7—蓄热水箱；8—用户

2.3.4　太阳能集热系统关键设计基础

太阳能集热系统一般包括太阳能集热器、储水箱及连接管线和调节控制阀门等，强制循环系统包括水泵，间接系统包括换热器，闭式系统还包括膨胀罐。

2.3.4.1　太阳能集热器的定位

在太阳能系统设计时，集热器面积计算涉及一个很关键的参数——集热器安装倾斜面的年平均日辐射量，它除了与安装地点的太阳能资源有关外，还与集热器安装倾斜面的倾角和方位角有关。

为了保证有足够的太阳光照射在集热器上，集热器的东、南、西方向不应有遮挡的建筑物或树木；为了减少散热量，整个系统宜尽量放在避风口，如尽量放在较低处；最好设阁楼层等将储水箱放在建筑内部，以减少热损失；为了保证系统总效率，连接管路应尽可能短，对自然循环式这一点格外重要。

太阳能系统集热器安装位置的选择，应根据建筑物类型、使用要求、安装条件等因素综合确定，一般安装在屋面、阳台或朝南外墙等建筑围护结构上；根据计算得到的集热器总面积，在建筑围护结构表面不够安装时，可按围护结构表面最大容许安装面积确定集热器总面积。

（1）太阳能集热器的安装方位和倾角　太阳能集热器采光面上能够接收到的太阳光照会受集热器安装方位和安装倾角的影响，根据集热器安装地点的地理位置，对应有一个可接收最多的全年太阳光照辐射热量的最佳安装方位和倾角范围，该最佳范围的方位是正南，或南偏东、偏西 10°，倾角为当地纬度±10°；当安装方位偏离正南向的角度再扩大到南偏东、偏西 30°时，集热器表面接收的全年太阳光照辐射热量只减少了不到 5%，所以，推荐的集热器最佳安装范围是正南，或南偏东、偏西 30°，倾角为当地纬度±10°。

全年使用的太阳能热水系统，集热器安装倾角等于当地纬度。如系统侧重在夏季使用，其安装倾角推荐采用当地纬度减 10°；如系统侧重在冬季使用，其安装倾角推荐采用当地纬度加 10°。

（2）太阳能集热器的前后排间距　如果太阳能集热器的位置设置不当，受到前方障碍物或前排集热器的遮挡，系统的实际运行效果和经济性都会大受影响，所以，需要对放置在建筑外围护结构上太阳能集热器采光面上的日照时间做出规定。冬至日太阳高度角最低，接收太阳光照的条件最不利，规定此时集热器采光面上的日照时数不少于 4h。由于冬至前后 10 点之前和 14 点之后的太阳高度角较低，系统能够接收到的太阳能热量较少，对系统全天运行的工作效果影响不大；如果增加对日照时数的要求，则安装集热器的屋面面积要加大，在很多情况下不可行，所以，取冬至日日照时间 4h 为最低要求。集热器遮挡问题分为两类：一类是集热器前方有建筑物，在某一时刻建筑物遮挡投射到集热器的太阳光；另一类是平行安装的集热器阵列，前排对后排的遮挡。前一类，由于建筑物相对于集热器的方位和建筑物宽度对遮挡均有影响，很难用简单公式描述相关关系，可以利用软件进行分析。当建筑物与集热器平行且宽度较大时，可以类同于第二类遮挡问题处理。

2.3.4.2 太阳能集热器的连接

集热器连接方式对太阳能系统中各个集热器的流量分配和换热均有影响。集热器的连接方式主要有三种。

① 串联。一台集热器出口与另一台集热器入口相连。

② 并联。一台集热器的出、入口与另一台集热器的出、入口相连。

③ 混联。若干集热器并联，各并联集热器组之间再串联，这种混联称为并串联；若干集热器串联，各串联集热器组之间再并联，这种混联称为串并联。

并联连接方式的系统流动阻力较小，适宜用于自然循环系统，但并联的组数不宜过多，否则会造成集热器之间流量不平衡。12 片集热器组成的并联系统，在流量大时，集热器间工作温度可相差 22℃，会影响集热器平均效率。

强制循环系统，动力压头较大，可根据安装需要灵活采用并串联或串并联。集热器组并联时，各组并联的集热器数应该相同，这样有利于各组集热器流量的均衡。对于每组并联的集热器组，集热器的数量不宜超过 10 片，否则始末端的集热器流量过大，而中间的集热器流量很小，造成系统效率下降。

集热器组中集热器的连接尽可能采用并联，串联的集热器数目应尽可能少。根据工程经验，平板型集热器每排并联数目不宜超过 16 个；热管真空管集热器串联时，集热器的联箱总长度不宜超过 20m；全玻璃真空管东西向放置的集热器，在同一斜面上多层布置时，串联的集热器的联箱总长度不宜超过 6m。对于自然循环系统，每个系统全部集热器的数目不宜超过 24 个，大面积自然循环系统，可以分成若干子系统。

2.3.4.3 太阳能集热器面积的确定

（1）直接式太阳能采暖系统集热器面积的确定　直接式太阳能采暖系统集热器面积根据集热器性能、当地辐射条件、采暖需求工况等参数确定：

$$A_c = \frac{3600 T Q_H f}{J_T \eta_{cd}(1 - \eta_L)} \tag{2-17}$$

式中，A_c 为直接式太阳能采暖系统集热器总面积，m^2；T 为每日采暖时间，h；Q_H 为日平均采暖负荷，W；J_T 为系统使用期当地在集热器平面上的平均日太阳能辐照量，J/m^2；f 为太阳能保证率，可参考表 2-2 选取；η_{cd} 为系统使用期的平均集热效率；η_L 为管道及储水箱热损失率，一般取值 0.2～0.3。

表 2-2　不同地区采暖系统太阳能保证率的推荐选用值

太阳能资源	等级	太阳能保证率 f/%	
		短期蓄热系统	季节蓄热系统
丰富区	Ⅰ	≥50	≥60
较富区	Ⅱ	30～50	40～60
一般区	Ⅲ	10～30	20～40
贫乏区	Ⅳ	5～10	10～20

（2）间接式太阳能系统集热器面积的确定　间接系统与直接系统相比，换热器内外存在温差，系统加热能力相同时，太阳能集热器平均工作温度高于直接系统，集热器效率降低。所以，获得相同热水，间接系统集热器面积要大于直接系统。间接系统集热器面积可按式（2-18）计算：

$$A_{IN} = A_c \left(1 + \frac{F_R U_L A_c}{U_{hx} A_{hx}} \right) \tag{2-18}$$

式中，A_{IN} 为间接系统集热器总面积，m^2；$F_R U_L$ 为集热器总热损系数，$W/(m^2 \cdot ℃)$；U_{hx} 为换热器传热系数，$W/(m^2 \cdot ℃)$；A_{hx} 为换热器换热面积，m^2。

2.3.5　太阳能集热器与供暖方式的搭配分析

目前国内太阳能集热器主要有平板型、全玻璃真空管、热管真空管三种类型。供暖方式主要有散热器供暖、低温地板辐射供暖和风机盘管供暖三种。由于每种集热器和供暖方式均有各自的运行温度，因此如何搭配太阳能集热器和供暖方式，决定了系统是否能够有效运行。

2.3.5.1　从保热性能上分析

集热器的选择主要从保热性能来分析，各种供暖方式采用不同的太阳能集热器，详见表 2-3。

表 2-3　供暖方式和太阳能集热器的搭配

供暖方式	低温热水地板辐射供暖 （35～45℃）	风机盘管供暖 （50～60℃）	散热器供暖 （70～95℃）
太阳能集热器	平板型集热器、全玻璃真空管集热器、热管真空管集热器	全玻璃真空管集热器、热管真空管集热器	热管真空管集热器

注：括号中为工作温度。

2.3.5.2　从系统运行安全可行性考虑

在非供暖季，由于系统所需负荷减少，太阳能集热器会长时间处于空晒、闷晒的不利条件下，太阳能系统会产生过热问题。在这种环境下要保证集热器长时间安全、可靠地运行，必须选择合适的太阳能集热器，并采取相应的保护措施。

根据太阳能集热器的集热特性，平板型集热器冬季在 75℃左右，夏季在 90℃左右，集热效率接近于 0，达到吸热与散热自平衡状态，本身就解决了系统的过热问题。而其他两种真空管集热器，则必须加装相应的散热装置才能解决系统的过热问题，增加了系统的复杂程度和造价。因此，从系统运行安全可靠性考虑，平板型集热器是太阳能供暖系统的最佳选择。

2.3.5.3 太阳能供暖系统应用效果注意事项

太阳能供暖系统应用效果主要考虑两个问题:太阳能集热器面积与供暖面积的配比;太阳能供暖系统与建筑的结合。

(1)太阳能集热器面积与供暖面积的配比 太阳能集热器面积与供暖面积的配比要考虑以下三个问题:太阳能的节能率;建筑的供暖负荷;系统的经济效益。太阳能集热面积太小,起不到应有的作用;面积太大,经济效益降低。因此,综合考虑各种因素,太阳能供暖系统的供暖贡献率宜取 60% 以下,太阳能集热器面积与供暖面积的配比应控制在(1:10)~(1:5)。

(2)太阳能供暖系统与建筑的结合

① 在实际的太阳能供暖项目中,太阳能集热器可采用嵌入屋面瓦中、安装在屋面瓦上、安装在南立面上、安装在大倾角坡屋面上等多种方式。

② 在实际工程项目中,如果在建筑设计时没有考虑太阳能系统的安装,在施工中会遇到诸如屋顶集热器安装预理、管道布置、设备间选取、供水供电等各种问题。因此,在建筑设计时必须同步考虑太阳能系统的设计、安装,才能保证施工的顺利进行及系统的质量。

2.4 太阳能光伏发电技术

太阳能光伏发电(PV)已经成为可再生能源领域中继风力发电之后产业化发展最快、最大的产业。与水电、风电、核电等相比,太阳能发电拥有无噪声、无污染、制约少、故障率低、维护简便等优点,并且应用技术逐渐成熟,安全可靠。除大规模并网发电和离网应用外,太阳能还可以通过抽水、超导、蓄电池、制氢等多种方式储存,太阳能和蓄能几乎可以满足中国未来稳定的能源需求。太阳光辐射能经太阳能电池转换为电能,再经过能量存储、能量变换控制等环节,向负载提供合适的直流或者交流电能。根据我国出台的《能源发展战略行动计划2014—2020》可知,在不久的未来传统石化能源消费所占比例将会逐渐减小,甚至在未来的某一天将会被清洁能源所代替,而清洁能源所占的比例将会逐渐增大。

太阳能光伏发电技术有以下不可比拟的优势。

① 是真正的无污染排放、不破坏环境的可持续发展的绿色能源。

② 能量具有广泛性,随处可得,不受地域的限制。

③ 由于无机械传动部件而运行可靠,故障率低。

④ 维护简单,可以无人值守。

⑤ 应用场合广泛和灵活,既可以独立于电网运行,也可以与电网并网运行。

⑥ 无须架设输电线路,可以方便地与建筑物相结合。

⑦ 建站周期短,规模大小随意,发电效率不随发电规模的大小而变。

2.4.1 太阳能光伏发电利用研究

2.4.1.1 国外研究

经过几十年的发展,澳大利亚新南威尔士人研制的单晶硅光伏电池效率已达 23.7%,

多晶硅电池效率突破19.8%。薄膜电池是在廉价衬底上采用低温制备技术沉积半导体薄膜的光伏器件，材料与器件设备同时完成，工艺技术简单，便于大面积连续化生产；设备能耗低，缩短了回收期。太阳能电池实现薄膜化，大大节省了昂贵的半导体材料，具有大幅度降低成本的潜力，是当前国际上研究开发的主要方向。

产业化方面，光伏发电发展的初期主要是依靠各国政府在政策及资金方面的大力支持，现在已逐步商业化，进入了一个新的发展阶段。光伏发电的市场前景吸引了一批国际知名企业或企业财团介入光伏电池制造业。这些大公司的介入，使产业化进程大大加快。预计今后10年，光伏组件的生产将以每年增长20%～30%甚至更高的递增速度发展，国际光伏产业在过去10年中的平均年增长率为20%，1998年世界太阳能电池组件生产量为155MW，2000年增长到288MW，2002年达到540MW。截至2016年底，我国光伏发电累计装机容量7742万千瓦，同样我国的总装机容量占据全球第一。预计到2050年左右，太阳能光伏发电将达到世界总发电量10%～20%，成为人类的基本能源之一。目前，世界光伏产业正以31.2%的平均年增长率高速发展，是全球增长率最高的产业，已成为当今世界最受关注、增长幅度最大的能源产业之一。

1993年，德国首先开始实施由政府补贴支持的"2000个光伏屋顶计划"，同时制定了《可再生能源电力供应法》，极大地刺激了光伏发电市场。日本在光伏发电与建筑相结合的市场方面已经做了十几年的努力，到2010年光伏屋顶发电系统总容量达到7600MW。日本光伏屋顶发电系统的特点是：太阳能电池组件和房屋建筑材料形成一体，如"太阳能电池瓦"和"太阳能电池玻璃幕墙"等。1997年6月，美国前总统克林顿宣布实施"百万个太阳能屋顶计划"，计划到2010年安装100万套太阳能屋顶。许多其他发达国家也都有类似的光伏屋顶发电项目或计划，如荷兰、瑞士、芬兰、奥地利、英国、加拿大等。

2.4.1.2　国内研究

技术方面，经过十多年的努力，我国光伏发电技术有了很大的发展，光伏电池技术不断进步，与发达国家相比有差距，但差距在不断缩小。光伏电池转换效率不断提高，目前单晶硅电池实验室效率达20%，批量生产效率为14%，多晶硅电池实验室效率为12%。

产业化方面，2003年国内光伏电池的生产能力约20MW，但光伏组件的封装能力约50MW，远大于光伏电池的生产能力。虽然到2002年底，我国已有近20MW的光伏电池生产能力，但实际生产量仅为4MW左右，占世界光伏电池实际生产量的1%左右。在2002—2003年国家实施的总装机容量20MW的"光明工程"项目中，国内生产的光伏电池的应用量不足10%，错过了这一市场时机。我国的光伏产业得到了飞速的发展，2015年我国在光伏发电中的光伏装机跃居世界首位，2016年我国的光伏发电累计装机又创新高，同时其总累计装机超过77GW。

到2020年前，我国太阳能光伏发电产业将会不断地完善和发展，成本将不断下降，太阳能光伏发电市场将发生巨大的变化：2005—2010年，我国的太阳能电池主要用于独立光伏发电系统，发电成本到2010年约为1.20元/(kW·h)；2010—2020年，太阳能光伏发电将会由独立光伏发电系统转向并网发电系统，发电成本到2020年将约为0.60元/(kW·h)。我国借鉴发达国家发展的经验和结合国内的实际情况，在经济发达的沿海及内陆的一线和二线水平的城市中推广使用与建筑结合的光伏发电计划，计划至未来几年内，我国将要建设总容量5万千瓦的屋顶光伏发电项目，这样不仅可以增加发电量，还可以节约用电输送过程中的消耗量，同时还有环保作用和空间资源的充分利用。

2.4.2　太阳能光伏发电系统分类

太阳能光伏发电系统是利用太阳能电池的光伏效应，将太阳光辐射能直接转换成电能的一种新型发电系统。一套基本的光伏发电系统一般是由太阳能电池板、太阳能控制器、逆变器和蓄电池（组）构成。根据不同场合的需要，太阳能光伏发电系统一般分为独立供电的光伏发电系统、并网光伏发电系统、混合型光伏发电系统三种。

2.4.2.1　独立供电的光伏发电系统

独立供电的太阳能光伏发电（离网光伏发电）系统如图 2-9 所示。整个独立供电的光伏发电系统由太阳能电池板、蓄电池、控制器、逆变器组成。太阳能电池板作为系统的核心部分，其作用是将太阳能直接转换为直流形式的电能，一般只在白天有太阳光照的情况下输出能量。根据负载的需要，系统一般选用铅酸蓄电池作为储能环节，当发电量大于负载时，太阳能电池通过充电器对蓄电池充电；当发电量不足时，太阳能电池和蓄电池同时对负载供电。控制器一般由充电电路、放电电路和最大功率点跟踪控制组成。逆变器的作用是将直流电转换为与交流负载同相的交流电。一个单体太阳能电池只产生 0.5V 的电压，只有将一定数量的单体太阳能电池通过导线串、并联连接和严密封装成组件，才能形成具有输出功率的太阳能电池组件。电池组件是光伏发电系统中的核心，占发电系统成本的 60% 以上。

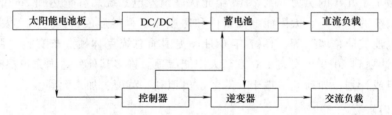

图 2-9　独立供电的太阳能光伏发电（离网光伏发电）系统结构框图

2.4.2.2　并网光伏发电系统

并网光伏发电系统如图 2-10 所示，光伏发电系统直接与电网连接，其中逆变器起很重要的作用，要求具有与电网连接的功能。目前常用的并网光伏发电系统具有两种结构形式，其不同之处在于是否带有蓄电池作为储能环节。带有蓄电池环节的并网光伏发电系统称为可调度式并网光伏发电系统，由于此系统中逆变器配有主开关和重要负载开关，使得系统具有不间断电源的作用，这对于一些重要负荷甚至某些家庭用户来说具有重要意义；此外，该系统还可以充当功率调节器的作用，稳定电网电压、抵消有害的高次谐波分量从而提高电能质量。不带有蓄电池环节的并网光伏发电系统称为不可调度式并网光伏发电系统。

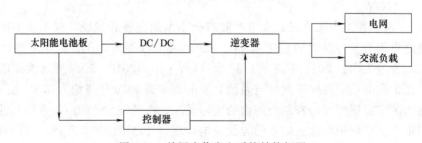

图 2-10　并网光伏发电系统结构框图

2.4.2.3 混合型光伏发电系统

图 2-11 为混合型光伏发电系统，它区别于以上两个系统之处是增加了一台备用发电机组，当光伏阵列发电不足或蓄电池储量不足时，可以启动备用发电机组，它既可以直接给交流负载供电，又可以经整流器后给蓄电池充电，所以称为混合型光伏发电系统。

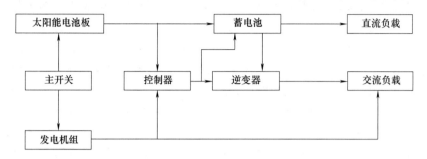

图 2-11　混合型光伏发电系统结构框图

2.4.3 太阳能电池光伏发电原理

2.4.3.1 发电原理

光伏发电是利用半导体界面的光生伏特效应，将光能直接转化为电能的一种技术。太阳能电池芯片是具有光电效应的半导体器件，半导体的 PN 结被光照后，被吸收的光激发被束缚的高能级状态下的电子，使之成为自由电子，这些自由电子在晶体内向各方向移动，余下空穴（电子以前的位置）。空穴也围绕晶体飘移，自由电子（—）在 N 结聚集，空穴（＋）在 P 结聚集，当外部环路被闭合，产生电流。太阳能电池发电原理如图 2-12 所示。

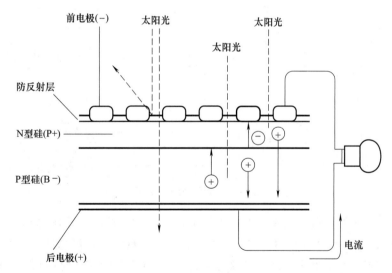

图 2-12　太阳能电池发电原理

2.4.3.2 太阳能电池分类

（1）太阳能电池的分类

① 单晶硅太阳能光伏电池。单晶硅电池实验室效率达到了 24.7%，商业化的单晶硅组件的转换效率为 15%～20%。单晶硅制作以 99.99% 的高纯硅作为原材料，选取范围较广，

可以用半导体单晶硅的头料、尾料，半导体用不合格的单晶硅，导体硅碎片。单晶硅电池通常用钢化玻璃和防水树脂密封，使用寿命为 15 年，最高达 25 年。单晶硅电池使用的硅结构完美，稳定性相当高，如 20 世纪 80 年代美国、欧洲多国、中国建设了很多 10kW 和 1MW 以上的光伏电站，单晶硅组件目前仍然很稳定，30 多年的衰减率不足 20%。单晶硅电池主要用 P 型，日照 2～3 周，衰减率 2%～3%，但退火后，太阳能电池的功率会在一段时间恢复，第 1 年功率为 97%，第 25 年功率为 83.8%，第 2～25 年平均每年衰减只有 0.5%。

② 非晶硅薄膜太阳能光伏电池。由于非晶硅薄膜太阳能光伏电池材料资源丰富、制造过程简单且成本低，便于大规模生产，普遍受到人们的重视并得到迅速发展，但是与晶体硅太阳能光伏电池相比，光电转换效率较低，稳定性较差。

③ 多晶硅薄膜太阳能光伏电池。通常的晶体硅太阳能电池是在厚度 $350～450\mu m$ 的高质量硅片上制成的，为了节省材料，人们采用化学气相沉积法制备多晶硅薄膜电池，通常先用低压化学气相沉积在衬底上沉积一层较薄的非晶硅层，再将这层非晶硅层退火，得到较大的晶粒，然后再在这层籽晶上沉积厚的多晶硅薄膜，因此，再结晶技术无疑是很重要的一个环节。多晶硅电池的实验室转换效率为 20.3%，商业化的多晶硅组件的转换效率为 13%～18%。多晶硅电池使用寿命短于单晶硅电池，但制作成本更加便宜，材料制作简单，能耗低，性价比略好于单晶硅太阳能电池，因此多晶硅太阳能电池在光伏产业市场一直占绝对优势。但多晶硅电池由于位错缺陷和高杂质浓度，日照时电池持续衰退 3% 左右，而且不会恢复。市场上多晶硅组件功率第 1 年为 97%～97.5%，第 25 年为 80%，从第 2 年开始平均每年衰减 0.71%～0.73%。

太阳能电池分类如图 2-13 所示。三种电池如图 2-14 所示。

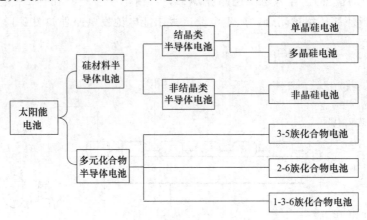

图 2-13　太阳能电池分类

（2）太阳能电池的材料　在现在的太阳能电池产品中，以硅半导体材料为主，即单晶硅与多晶硅电池板。由于它们原材料的广泛性、较高的转换效率和可靠性，被市场广泛接受。其中多晶硅太阳能电池性价比最高，是结晶类太阳能电池的主流产品，占现有市场份额的 70% 以上。非晶硅在民用产品中也有广泛的应用（如电子手表、计算器等），但是它的稳定性和转换效率劣于结晶类半导体材料。

（3）太阳能电池板　太阳能电池板从上至下分别由白玻璃、EVA（粘接膜）、减反射涂层、太阳能电池板芯片、EVA（粘接膜）、TPT（聚氟乙烯复合膜）与外边框组成（图 2-15）。

(a) 非晶硅电池

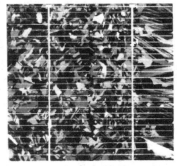
(b) 多晶硅电池

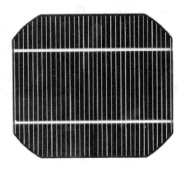
(c) 单晶硅电池

图 2-14　三种电池示意图

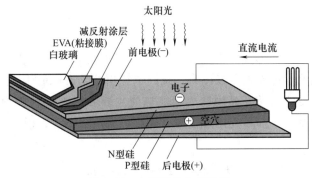

图 2-15　太阳能电池板结构

2.4.4　太阳能光伏发电系统设计原则

为了有效地节省线缆成本、减少发电量在线缆上的损失，大规模光伏电站一般以 1MW 为一个小的发电单元，这个小的光伏发电单元称为子方阵。在太阳能电池阵列子方阵设计时，应遵循以下原则。

① 太阳能电池板串联形成的组件串，其输出电压的变化范围必须在逆变器正常工作的允许输入电压范围内。

② 每个子方阵的总功率应不超过逆变器的最大允许输入功率。

③ 太阳能电池板串联后，其最高输出电压不允许超过太阳能电池组件自身要求的最高允许系统电压。

④ 各太阳能电池板至逆变器的直流部分通路应尽可能短，以减少直流损耗。

2.4.5　太阳能光伏发电系统设计程序

太阳能光伏发电系统设计一般分为以下几个程序：收集当地气象参数、计算负载分布情况、根据阵列倾斜面上的太阳辐射量确定光伏总功率、根据系统稳定性等因素确定蓄电池容量（离网）、选择控制器（离网）和逆变器等。

2.4.5.1　当地太阳能辐照数据及气象数据收集

在进行光伏发电系统设计前需要对项目建设地太阳能辐照资源及气象资源情况进行了解，以便设计合理、安全、可靠，又尽可能满足负载需求。需要收集的基本资料包括地点、气候、纬度、经度、平均日照、平均温度、降雨量、湿度、浮尘量、风荷载和地质条件等。

在设计计算前,需要收集当地的太阳能辐照及气象资料,包括当地的太阳能辐射量以及温度变化等。一般来说,气象资料无法做长期观测,只能根据以往 10~20 年的平均值作为设计依据。即使能够从当地气象部门得到辐照及气象数据资料,一般也只有水平面的太阳辐射量,需要根据理论计算换算出太阳能电池板倾斜面的实际辐射量。

对于在不能从当地或附近气象观测站获得太阳能辐照及气象资料的地方建设光伏发电项目时,一般参考美国国家航空航天局(NASA)气象数据库的资料,但根据以往设计经验以及和实际数据比较后发现,NASA 气象数据库的数据要比实际数据高约 20%。基于以上实际情况,只能依靠建立健全太阳能辐照资源及气象数据观测制度,广泛建设高精度观测站,方可解决目前尴尬的状况。

2.4.5.2 太阳能电池组件选择

(1)太阳能电池组件选型 太阳能电池组件选择的基本原则是:在产品技术成熟度高、运行可靠的前提下,结合电站站址的气象条件、地理环境、施工条件、交通运输等实际因素,综合考虑对比确定组件形式。再根据电站所在地的太阳能资源状况和所选用的太阳能电池组件类型,计算出光伏电站的年发电量,最终选择出综合指标最佳的太阳能电池组件。

(2)太阳能电池类型选择 商用的太阳能电池主要有以下几种类型:单晶硅太阳能电池、多晶硅太阳能电池、非晶硅太阳能电池、碲化镉太阳能电池、铜铟硒太阳能电池等,见表 2-4。

表 2-4 太阳能电池分类汇总

种类	电池类型	商用效率/%	实验室效率/%	使用寿命/年	特点	目前应用范围
晶硅电池	单晶硅	14~17	24.7	25	效率高 技术成熟	中央发电系统 独立电源 民用消费品市场
	多晶硅	13~15	20.3	25	效率较高 技术成熟	中央发电系统 独立电源 民用消费品市场
薄膜电池	非晶硅	6~8	13	25	弱光效应较好 成本相对较低	民用消费品市场 中央发电系统
	碲化镉	9~11	16.5	25	弱光效应好 成本相对较低	民用消费品市场
	铜铟硒	9~11	19.5	20	弱光效应好 成本相对较低	民用消费品市场 少数独立电源

单晶硅、多晶硅太阳能电池由于制造技术成熟、产品性能稳定、使用寿命长、光电转换效率相对较高的特点,被广泛应用于大型并网光伏电站项目。非晶硅薄膜太阳能电池稳定性较差、光电转换效率相对较低、使用寿命相对较短,但由于其拥有良好的弱光发电能力和温度特性,在某种程度上可减少电网的波动。

2014 年我国多晶硅占据市场份额的 80%,单晶硅只有 10%,原料主要来自亚洲和欧洲，价格受原料太阳能级硅价格影响。2015 年，单晶硅与多晶硅量产的最高效率分别为25％和 20％，用户更加重视组件的效率，而且单晶硅组件价格下调，价格差距由原来的0.4～0.5 元/W 降低为 0.1～0.2 元/W，产能提高使单晶硅能供应大批量的客户。目前对于60 片封装组件中，单晶硅和多晶硅量产功率分别为 275W 和 260W，组件价格分别为 4.1 元/W和 4.0 元/W。由于每个方阵中使用较少数量的单晶硅组件，这样节约了支架、汇流箱、基础工程、安装工程等，因此单晶硅系统与多晶硅系统在总的投资成本上基本持平。2015 年，多晶硅产量约为 16.5 万吨，同比增长 21％。

2.4.5.3　太阳能电池组件的串并联设计

太阳能电池组件串并联设计的基本原则如下。

① 太阳能电池组件串联的数量由逆变器的最高输入电压和最低工作电压以及太阳能电池组件允许的最大系统电压所确定。太阳能电池组件的并联数量由逆变器的额定容量确定。

② 目前，500kW 逆变器的最高允许输入直流工作电压为 880V（随着逆变技术及大容量开关器件的发展，逆变器已经可以做到最大输入 1000V 的直流系统电压），MPPT 输入电压范围为 450～820V 或更宽。在进行光伏系统组、串设计时，尽量保证在温度和辐照变化时，使光伏阵列电压工作在逆变器的 MPPT 范围内，保证光伏系统发电量最高。

③ 电池组件串联数量计算。计算方法为：

$$\text{INT}(V_{dcmin}/V_{mp}) \leqslant N \leqslant \text{INT}(V_{dcmax}/V_{oc})$$

式中，V_{dcmax} 为逆变器输入直流侧最大电压；V_{dcmin} 为逆变器输入直流侧最小电压；V_{oc} 为电池组件开路电压；V_{mp} 为电池组件最佳工作电压；N 为电池组件串联数。

④ 太阳能电池组件输出可能的最低电压条件。太阳辐射强度最小，这种情况一般发生在日出、日落时，组件工作温度最高。

⑤ 太阳能电池组件输出可能的最高电压条件。太阳辐射强度最大，组件工作温度最低，这种情况一般发生在冬季中午至下午时段。

2.4.5.4　太阳能电池组件的排列方式

将一个或几个太阳能电池组件固定在一个支架单元上称为太阳能电池组、串单元。一个太阳能电池组、串单元中太阳能电池组件的排列方式有多种，但是为了接线简单，线缆用量少，施工难度低，在以往工程计算的基础上，确定晶硅组件排列方式分为：将 20 块组件分成 1 行 20 列，每块纵向放置，再将 2 组 20 块组、串纵向叠加放置；由于大尺寸薄膜组件可以两块或三块组件串联使用，因此大尺寸薄膜组件排列方式为 18 块或 24 块单排放置，既可以两块组件串联使用，也可以三块组件串联使用；小尺寸薄膜组件视具体尺寸以方便安装、节省支架成本为好。

2.4.5.5　太阳能电池阵列的运行方式

在太阳能光伏发电系统设计中，光伏组件方阵的安装形式对系统接收到的太阳总辐射量有很大的影响，从而影响到光伏供电系统的发电能力。光伏组件的安装方式有固定安装式和自动跟踪式两种。自动跟踪系统包括单轴跟踪系统和双轴跟踪系统。单轴跟踪（东西方位角跟踪和极轴跟踪）系统以固定的倾角从东往西跟踪太阳的轨迹，双轴跟踪（全跟踪）系统可以随着太阳轨迹的季节性位置的变换而改变方位角和倾角。

对于自动跟踪系统，其倾斜面上能最大限度地接收太阳总辐射量，从而增加了发电量。

2.4.5.6 太阳能电池阵列最佳倾角的计算

与光伏组件方阵放置相关的有下列两个角度参量：太阳能电池组件倾角；太阳能电池组件方位角。

太阳能电池组件的倾角是太阳能电池组件平面与水平地面的夹角。光伏组件方阵的方位角是方阵的垂直面与正南方向的夹角（向东偏设定为负角度，向西偏设定为正角度）。一般在北半球，太阳能电池组件朝向正南（即方阵垂直面与正南的夹角为0°）时，太阳能电池组件的发电量是最大的。

电池阵列的安装倾角对光伏发电系统的效率影响较大，固定式电池阵列最佳倾角即是并网光伏发电系统全年发电量最大时的倾角，使离网光伏发电系统全年月发电较平均时的倾角。一般来说，并网光伏发电系统的最佳倾斜角度为项目建设地的纬度，离网光伏发电系统根据建设地月度辐照之间的差异，在纬度的基础上加一个合适的角度作为其最佳倾斜角度。

2.4.5.7 固定式阵列前后排间距计算

太阳能方阵必须考虑前、后排的阴影遮挡问题，应计算确定方阵间的距离或太阳能电池方阵与建筑物的距离，一般的确定原则是：冬至日当天早晨9：00至下午3：00的时间段内，太阳能电池方阵不应被遮挡，计算公式为式（2-19）。

光伏电池方阵间距或可能遮挡物与方阵底边的垂直距离应不小于：

$$D = \cos\beta \times H / \tan[\sin^{-1}(\sin\varphi\sin\delta + \cos\varphi\cos\delta\cos\omega)] \tag{2-19}$$

式中，D 为遮挡物与阵列的间距，m；H 为遮挡物与可能被遮挡组件底边的高度差，m；φ 为当地纬度，(°)；δ 为太阳赤纬角，(°)；β 为太阳方位角，(°)；ω 为时角，(°)。

2.4.5.8 光伏专用防雷汇流箱

光伏专用防雷汇流箱能使多个太阳能电池组件的连接井然有序，维护、检查时将线路分离使操作容易进行，而且当太阳能电池阵列发生故障时可以把停电的范围缩小。因此，汇流箱通常安装在比较容易维护、检查的地方。汇流箱内装有直流输出开关、避雷元件、防逆流元件及端子板等。

避雷元件是防止雷电浪涌侵入到太阳能电池阵列或逆变器的保护装置。通常，在汇流箱内为了保护太阳能电池阵列，每一个组件串中都要安装避雷元件。有些场合，在太阳能电池阵列的总输出端上安装。值得注意的是，避雷元件接地侧的接线要尽量短。避雷元件接地侧的接线可以一并接到接线箱的主接地端子上，如果测量太阳能电池阵列的绝缘电阻，可以暂时不考虑。

太阳能电池组件，如果树叶等附着在其上或因附近物体的阴影几乎不发电，这时如果该太阳能电池组件构成太阳能电池阵列或组件串回路，那么在太阳能电池阵列的组件串之间产生输出电压的不平衡，输出电流的分配发生变化。如果这个不平衡电压达到一定值以上时，受到其他组件串供给的电流的作用，形成与原有方向相反的电流。为防止这种反向电流，在各组件串上安装防止逆流元件。防止逆流元件一般使用二极管。

2.4.5.9 逆变器

（1）逆变器的分类 逆变器也称逆变电源，是将直流电能转换成交流电能的变流装置。逆变器的分类方法很多。

① 按输入直流电源的性质分类，可分为电压源型逆变器和电流源型逆变器。一般并网光伏发电系统中的逆变控制技术是有源逆变，其运行条件需依赖强大的电网支撑。为了获得

更优的控制性能，并网逆变器应采用输出电流源的方式并网。

② 按光伏系统的应用来划分，光伏发电系统可分为独立光伏发电系统、光伏微网发电系统、并网光伏发电系统。逆变器控制技术是将光伏阵列输出不稳定的直流电转换为满足电网参数要求的交流电，它是整个光伏发电系统的核心与基础。

（2）逆变器的主要技术指标

① 可靠性和可恢复性。逆变器应具有一定的抗干扰能力、环境适应能力、瞬时过载能力及各种保护功能，如故障情况下，逆变器必须自动从主网解列。

② 逆变器输出效率。大功率逆变器在满载时，效率必须在 90% 或 95% 以上。中小功率的逆变器在满载时，效率必须在 85% 或 90% 以上。在 $50W/m^2$ 的日照强度下，即可向电网供电，即使在逆变器额定功率 10% 的情况下，也要保证 90%（大功率逆变器）以上的转换效率。

③ 逆变器输出波形。为使光伏阵列所产生的直流电源逆变后向公共电网并网供电，就必须使逆变器的输出电压波形、幅值及相位与公共电网一致，实现无扰动平滑电网供电，输出电流波形良好，波形畸变以及频率波动低于门槛值。

④ 逆变器输入直流电压的范围。要求直流输入电压有较宽的适应范围，由于太阳能光伏电池的端电压随负载和日照强度的变化范围比较大，就要求逆变器在较大的直流输入电压范围内正常工作，并保证交流输出电压稳定。输出电流同步跟随系统电压。

2.5　太阳能热发电技术

太阳能光热发电是指将太阳光聚集并将其转化为工作流体的高温热能，然后通过常规的热机或其他发电技术将其转换成电能的技术。光伏发电目前发展遇到了一些瓶颈，因为原材料对于环境污染依旧很大，不能有效解决环境污染问题。光热发电与我国燃煤电站的设计与制造产业结合更加紧密，更有利于电力系统的稳定和调节，使整体发电效率高于光伏发电，综合价格比光伏发电便宜。太阳能光热发电比光伏发电更适合多样化的技术应用，例如制冷、海水淡化或污水净化等多个领域。对于我国来说，2016 年是光热发电产业的元年，在未来一段时间内，国家政策激励扶持下，我国光热发电装机容量将迅速增多。

2.5.1　太阳能热发电利用研究

自从 20 世纪 70 年代初石油危机后，世界主要发达国家如美国、西班牙、德国、瑞士、法国、意大利及日本等都将太阳能热发电技术作为国家研究开发的重点，逐步开始规模发展太阳能热发电，并从 20 世纪 80 年代以来建立了大量的试验电站，在最近 20 多年间，全世界建造的太阳能热发电站（500 kW 以上）约有 20 余座，有些电站已投入商业运行。美国的研究机构表明，在将来市场中，利用热发电技术的机组要早于光伏发电的机组进入市场。对于全年太阳辐射高于 $1300kW \cdot h/m^2$ 的地区，采用太阳能热发电的经济性要高于光伏发电系统。

2.5.2　太阳能热发电系统分类

太阳能热发电主要包括两大类型：太阳能间接热发电，即太阳热能通过热机带动常规发电机发电；太阳能直接热发电，太阳热能利用半导体或金属材料的温差发电、真空器件的热电子和热离子发电等。前者已有 100 多年的发展历史，而后者尚处于原理性试验阶段。通常所说的太阳能热发电技术主要是指太阳能间接热发电。

由于太阳能热发电系统的复杂性，现有的系统形式多种多样，可以有很多分类方法，归纳起来主要有以下几项。

① 按照太阳能聚光集热方式的不同，可划分为槽式、碟式、塔式、太阳能热气流和太阳能热池等。

② 按照太阳能热功转换的热力循环方式不同，可以分为 Rankine 循环（汽轮机）、Brayton 循环（燃气轮机）、Stirling 循环（斯特林机）、Otto 和 Diesel 循环（内燃机）及联合循环等。

③ 按照太阳能热利用模式或各种能源转化利用模式的不同，可以分为单纯太阳能发电系统、太阳能与化石能源互补综合发电系统以及太阳能热化学整合的多能源互补的发电系统。

2.5.3 太阳能热发电系统原理

太阳能热发电，通常称为聚光式太阳能发电，通过聚集太阳光的辐射，从而获得热能，然后将热能转化成高温高压蒸汽，再利用高温高压蒸汽通过汽轮发电机组，实现热能到机械能再到电能的转换。而从汽轮机出来的乏汽，其压力和温度已大大降低，或经冷凝器凝结成液体后，被重新泵入换热器，开始新的循环；或产生高温高压的空气，驱动汽轮机，再带动发电机发电。从热力学角度讲，太阳能热发电系统与常规的化石能源热力发电方式的热力学工作原理相同，都是通过 Rankine 循环、Brayton 循环或 Stirling 循环将热能转换为电能，区别仅在于两者的热源不同，且太阳能电站一般带有储热装置。

2.5.4 太阳能热发电系统技术

2.5.4.1 塔式太阳能热发电

塔式太阳能热发电系统主要由定日镜系统、吸热与热能传递系统（热流体系统）、发电系统三部分组成。定日镜系统实现对太阳的实时跟踪，并将太阳光反射到吸热器。位于高塔上的吸热器吸收由定日镜系统反射来的高热流密度辐射能，并将其转化为工作流体的高温热能。高温工作流体通过管道传递到位于地面的蒸汽发生器，产生高压过热蒸汽，推动常规汽轮机发电。由于使用了高塔聚焦，典型的塔式太阳能热发电系统可以实现 $200 \sim 1000$ 以上的聚焦比，投射到塔顶吸热器的平均热流密度可达 $300 \sim 1000 kW/m^2$，工作温度可高达 $1000℃$ 以上，电站规模可达 $200MW$ 以上。塔式太阳能热发电系统主要有熔盐系统、空气系统和水/蒸汽系统。无论采用哪种工质，系统的蓄热至关重要。

(1) 塔式熔盐系统 熔盐吸热、传热系统一般以熔融硝酸盐为工作介质，系统低温侧一般为 $290℃$，高温侧为 $565℃$。低温熔盐通过熔盐泵从低温熔盐储罐被送至塔顶的熔盐吸热器，吸热器在平均热流密度约 $430kW/m^2$ 的聚焦辐射照射下将热量传递给流经吸热器的熔盐。熔盐吸热后温度升高至约 $565℃$，再通过管道送至位于地面的高温熔盐罐。来自高温熔盐罐的熔盐被输送至蒸汽发生器，产生高温过热蒸汽，推动传统的汽轮机做功发电。

以熔盐为吸热、传热介质，主要有以下几个优点。

① 除克服流动阻力外，系统无压运行，安全性提高。

② 传热工质在整个吸热、传热循环中无相变，且熔盐热容量大，吸热器可承受较高的热流密度，从而使吸热器可做得更紧凑，减少制造成本，降低热损。

③ 熔盐本身是很好的蓄热材料，系统传热、蓄热可共用同一工质，使系统极大地简化。

但是，熔盐介质也有其缺点。

① 熔盐的高温分解和腐蚀问题，相关材料必须耐高温和耐腐蚀，使系统成本增加、可靠性降低。

② 熔盐的低温凝固问题，在夜间停机时高、低温熔盐储罐都必须保温，以防止熔盐凝固，清晨开机时也必须对全部管道进行预热，这些都将增加系统的伴生电耗。

典型的塔式熔盐系统是美国的 Solar Two 试验电站，其系统如图 2-16 所示。

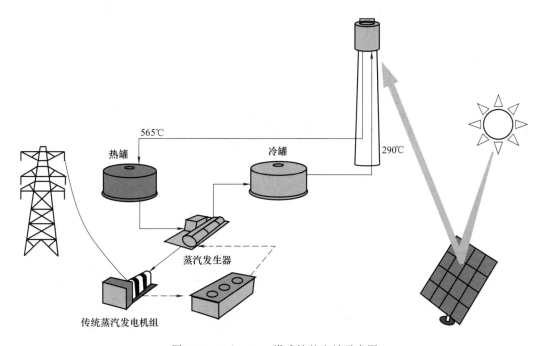

图 2-16 Solar Two 塔式熔盐电站示意图

（2）塔式水/蒸汽系统 水/蒸汽系统以水为传热介质。这类系统中，过冷水经泵增压后被送到塔顶吸热器，在吸热器中蒸发并过热后被送至地面，驱动汽轮机发电。在此系统中吸热器与反射镜场聚焦光斑的技术最关键。置于塔顶的吸热器吸收聚焦太阳辐射热后产生高压蒸汽，由于蒸汽热容低，易发生传热恶化，对于吸热器的性能要求比较高，能承受较大的能流密度和频繁的热冲击。

典型的塔式水/蒸汽太阳能热发电试验电站有美国的 Solar One，西班牙的 CESA-1 和 PS10。图 2-17 为美国的 Solar One 试验电站。

PS10 由西班牙的 Solucar 公司建造，如图 2-18 所示，额定发电功率为 10MW。

（3）塔式空气系统 以空气作为塔式太阳能热发电系统的吸热与传热介质有以下优点。

① 从大气来，到大气去；取之不尽，用之不绝，不污染环境。

② 没有因相变带来的麻烦。

③ 允许很高的工作温度。

④ 易于运行和维护，启动快，无须附加的保温和冷启动加热系统。

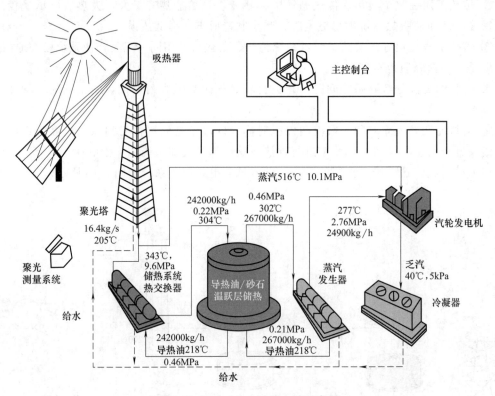

图 2-17　Solar One 试验电站示意图

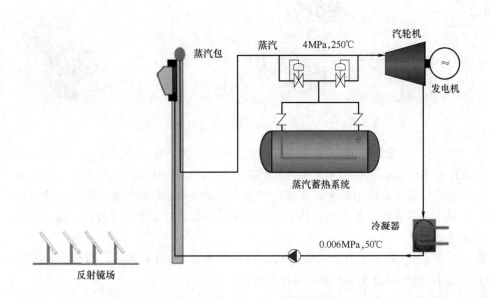

图 2-18　PS10 水/蒸汽 10 MW 太阳能电站示意图

　　基于以上优点，很多早期的塔式太阳能热发电站采用了空气作为吸热与传热介质。空气系统的应用也很灵活，高温空气既可与水/蒸汽换热驱动汽轮机发电，也可直接驱动燃气轮机发电；既可用于燃气轮机的空气预热，也可用于燃料重整等，如图 2-19 和图 2-20 所示。

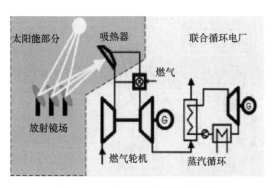

图 2-19　太阳能空气预热系统

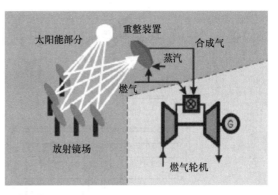

图 2-20　太阳能燃料重整发电系统

图 2-21　槽式聚光集热系统

2.5.4.2　槽式太阳能热发电

　　槽式太阳能热发电系统的聚光反射镜从几何上看是将抛物线平移而形成的槽式抛物面，它将太阳光聚焦在一条线上（图 2-21）。在这条焦线上安装有管状集热器，以吸收聚焦后的太阳辐射能。因此槽式聚焦方式亦常称为线聚焦。槽式抛物面一般依其焦线按正南北方向摆放，因此其定日跟踪只需一维跟踪。槽式聚光器的聚光比为 10～100，一般在 50 左右，温度可达 400℃ 左右。由于槽式聚光器的聚光比小，为维持高温时的运行效率，必须使用真空管作为吸热器件。高温真空管的制造技术要求高，难度大。

　　与塔式太阳能热发电系统相比，槽式太阳能热发电系统除聚光和集热装置有所不同外，两者在系统构成和工作原理等方面基本上都是一样的，都是通过汽轮机将热能转化为电能。由于槽式系统结构简单，温度和压力都不高，技术风险较低，因此较早实现了商业化的大规模应用。最著名的商业化槽式电站为位于美国南加州 Mojave 沙漠地区的 SEGS 系列电站。图 2-22 为 SEGS Ⅰ 电站的系统。

2.5.4.3　碟式太阳能热发电

　　碟式太阳能热发电系统一般由旋转抛物面反射镜、吸热器、跟踪装置以及热功转换装置

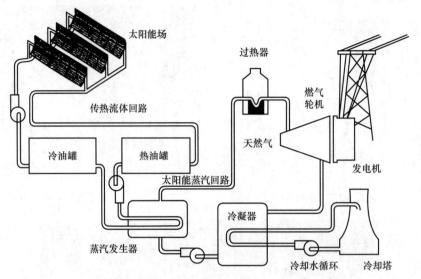

图 2-22　SEGS Ⅰ电站的系统示意图

等组成,如图 2-23 所示。碟式反射镜可以是一整块抛物面,也可由聚焦于同一点的多块反射镜组成。因此碟式聚焦方式亦常称为点聚焦,其聚焦比可高达 500～1000 之间,焦点处可产生 1000℃ 以上的温度。整个碟式系统安装于一个双轴跟踪支撑装置上,实现定日跟踪,连续发电。碟式系统的吸热器一般为腔式,与斯特林发电机相连,构成一个紧凑的吸热、做功、发电装置。整个装置安装于抛物面的焦点位置,吸热器的开口对准焦点。

图 2-23　中科院电工所研制的碟式太阳能热发电装置

由于聚焦比大,工作温度高,碟式系统的发电效率高达 30%,高于塔式和槽式。但是,这类系统的单元容量较小,一般为 30～50kW,比较适用于分布式能源系统,也可以将多个单元系统组成一簇,集中向电网供电。目前,碟式系统正处于商业化进程中,相关示范研究项目主要有美国的 SAIC 公司和 STM 公司联合开发的 SunDish 系统和欧洲的 EuroDish 计划。

碟式太阳能热发电系统聚光比大,工作温度高,系统效率高;结构紧凑,安装方便,非常适用于分布式能源系统,具有很好的应用前景。但其核心部件斯特林发动机技术难度较大,在我国仍处于研发阶段。太阳能热气流发电、太阳能电池热发电及向下反射式太阳能热发电等在技术上各有优势,均处于试验研究阶段。

2.5.5 三种太阳能热发电系统技术比较

上述三种太阳能热发电系统的主要性能参数、优缺点、发展现状及技术经济指标见表2-5。

表2-5 三种系统比较

发电方式	槽式	塔式	碟式
发电规模	1~100MW	1~100MW	1~10MW
应用	可并网发电:中温段、高温段加热	可并网发电:高温段加热	小容量分散发电、边远地区独立系统供电
优点	1.已商业化 2.太阳能集热装置效率达到60%,太阳能转化为电能的效率为21% 3.温度达到500℃,年均净发电效率为14% 4.在所有的太阳能发电技术中用得最少 5.可混合发电 6.可有储能	1.较高的转化效率,有中期前景(在加热温度达到565℃时太阳能集热装置效率为46%,太阳能转化为电能的效率达到23%) 2.运行温度可超过1000℃ 3.可混合发电 4.可高温储能	1.高的转化效率,峰值时太阳能净发电效率超过30% 2.可模块化 3.可混合发电
缺点	使用油作为传热介质,限制了运行温度,目前已达到400℃,只能产生中等品质的蒸汽	性能、初投资和运营费用需证实,商业化程度不够	可靠性需要加强,预计的大规模生产的成本目标尚未达到

2.5.6 提高太阳能热发电系统效率的主要措施

2.5.6.1 提高聚光集热装置及光热转换装置的光热转换效率

太阳能热发电三种方式明显的不同之处在于聚光集热装置及光热转换装置的形式不同。

槽式太阳能热发电系统采用的是槽式抛物面聚光集热器,将众多的槽式抛物面聚光集热器串并联排列,通过真空管光热转换器,将光能转换为热能,并以油为传热介质载体,输送至蒸汽发生器,加热水产生过热蒸汽,驱动汽轮机发电机组发电。

塔式太阳能热发电系统是利用众多的平面反射镜阵列,将太阳辐射反射到置于高塔顶部的太阳能接收器上,并通过光热转换器将光能转换为热能,加热水产生过热蒸汽,驱动汽轮机发电机组发电。

碟式太阳能发电系统是由多个碟式太阳聚焦镜组成的阵列,将太阳光聚焦产生860℃以上的高温,通过安装在焦点处的光热转换器将热能传递给传热介质载体空气,并输送到蒸汽发生器或蓄热器,加热水产生过热蒸汽,驱动汽轮发电机组发电。

除上述因素外,减小聚光集热装置的余弦效应也可提高光热转换效率。如碟式和塔式热发电采用双轴跟踪系统,余弦效应明显小于单轴跟踪的槽式热发电。尤其是碟式的全方位双轴跟踪,余弦效应几乎接近于0。

因此,要提高太阳能热发电的光热转换效率,就要尽量采用几何聚焦比较高的聚光集热装置,以及耐高温的载热介质和换热效率较高的光热转换装置。同时,还要尽量采用双轴跟踪方式,以减小余弦效应,使光能利用最大化。

2.5.6.2 提高太阳能热发电系统载热介质的传输效率

太阳能热发电系统均是通过某种载热介质将光能转化来的热能传输至蒸汽发生器。在热能传输的过程中,由于管道的散热损失,导致了部分热能的损失。根据传热学原理,介质的温度越高,与传输管道外的环境温差越大,越容易散热,热能损失也越大。因此,需要采取更好的保温材料(如选取热导率尽量小的保温材料)及保温措施,尽量减少载热介质热能损失,以提高载热介质的传输效率。

2.5.6.3 提高太阳能热发电系统的蒸汽发生器效率

(1) 太阳能热发电系统蒸汽发生器的效率公式 太阳能热发电系统蒸汽发生器效率的计算方法不同于燃煤电站的锅炉。其计算公式为:

h=单位时间蒸汽发生器出口新蒸汽的热能/单位时间进入蒸汽发生器的热介质热能

(2) 提高太阳能热发电系统蒸汽发生器效率的措施 提高碟式太阳能热发电系统蒸汽发生器效率的措施包括以下几项。

① 采用新型的开口翅片管技术。为了提高蒸汽发生器的热转换效率,在蒸汽发生器各部分的结构设计上要充分考虑效率最高这一理念。例如,由于碟式发电系统采用的载热介质为空气,空气较常规的燃煤锅炉的烟气干净得多,故在设计时无须考虑蒸汽发生器积灰堵灰等问题,在省煤器的设计上可采用新型的开口翅片管技术,这相当于增加了省煤器的换热面积,与直接采用光管的形式相比,效率可提高30%以上。

② 尽量提高加热介质的进口参数。提高蒸汽发生器入口热空气的参数,相当于提高加热介质的入口焓值,增大加热面两侧的传热端温差,可增强传热效果,提高传热效率。因此,蒸汽发生器入口的空气温度越高,设备效率越高。

③ 降低加热介质的出口参数。降低蒸汽发生器加热介质的出口参数,可增大加热介质的焓降,同时减小尾部排放损失,从而提高蒸汽发生器的热转换效率。由于热空气不像燃煤锅炉的烟气含有 SO_2 成分,可不用考虑蒸汽发生器的尾部烟道腐蚀问题,故可以尽量降低蒸汽发生器的排风温度,以减小排放损失。

受蒸汽发生器给水温度的限制,蒸汽发生器的排风温度不可能无限度降低。常规火电厂由于考虑蒸汽发生器尾部烟道低温硫酸腐蚀,排烟温度一般设计在160℃以上,对应的给水温度约为150℃。由于碟式太阳能热发电系统使用热空气作为加热介质,基本不含有硫化物,故可不考虑此限制。为此,在蒸汽发生器及汽轮机发电系统的设计过程中,可考虑采用尽量降低给水温度的办法来降低蒸汽发生器出口的排风温度。

蒸汽发生器给水需要进行充分除氧。目前给水除氧主要采用化学除氧和热力除氧两种方式。两种除氧方式相比较,采用热力除氧方式除氧效果较好,更适用于该系统。但采用热力除氧方式,蒸汽发生器给水温度要达到104℃以上,此时蒸汽发生器出口的排风温度要高于120℃,这就限制了蒸汽发生器排风温度的降低。为了解决这一问题,保证在不影响蒸汽发生器给水除氧效果的前提下仍能进一步降低蒸汽发生器出口的排风温度,可对系统进行优化改进,从而使蒸汽发生器给水温度降低到约60℃,排风温度降至约75℃。

另外,槽式热发电方式对加热介质采用闭式循环的方式,完全消除了蒸汽发生器的冷端损失，可大大提高蒸汽发生器的效率，从而提高整个系统的效率。

2.5.6.4 提高太阳能热发电系统汽轮发电机组的效率

在当前市场上，汽轮发电机组是较成熟的常规产品。通过对比分析发现，提高汽轮发电机组的效率主要有以下几种方法。

(1) 提高汽轮机的进汽参数，降低排汽参数 提高汽轮机的进汽参数，降低排汽参数，相当于增大蒸汽在汽轮机中的焓降，即提高蒸汽的做功能力，这是提高汽轮机功率和效率非常有效的手段。

汽轮机排汽参数的降低对汽轮机效率的提高影响较大，但排汽参数一般受当地气候条件如气压、温度、湿度等的影响，不可能降得很低。因此，当汽轮机的进汽量和排汽参数一定时，提高汽轮机的进汽压力和温度，就成为提高效率的最有效措施。对于同样装机容量的汽轮发电机组，汽轮机的进汽压力和温度越高，则汽轮发电机组效率越高，发同样电量时所需的蒸汽量越少。

对于非再热纯凝机组，热电转换效率 h 的计算公式为：

$$h＝汽轮发电机组的发电功率/单位时间进入汽轮机的新蒸汽的热能$$

(2) 提高汽轮发电机组的装机容量 汽轮机的热电转换效率随汽轮机进汽量的提高而提高。而提高进汽量，就是要尽量提高机组的单机装机容量。当进汽压力和温度相同时，汽轮机的热电转换效率随汽轮机进汽量（即机组容量）的提高而提高。

(3) 采用再热机组 对于再热机组，进入汽轮机的总热能不仅包括进入汽轮机新蒸汽的热能，还应包括进入汽轮机再热蒸汽的热能。故热电转换效率 h 的计算公式为：

$$h＝汽轮发电机组的发电功率/（单位时间进入汽轮机的新蒸汽的热能＋单位时间进入汽轮机的再热蒸汽的热能）$$

采用再热，相当于减少了汽轮机的部分冷源损失，即部分蒸汽在汽轮机高压缸内做功后，不经过冷凝器冷凝，直接进入蒸汽发生器进行再热，然后再进入汽轮机进行做功，从而提高了系统的整体效率。

通常，再热机组的效率要比相同容量的非再热纯凝机组高 3%～5%。但目前采用再热形式的机组多为 50MW 以上的较大机组，小机组因采用再热形式不太容易实现，故当前市场上很少被采用。

2.5.7 规模化太阳能热发电的发展障碍与方向

目前太阳能热发电的主要问题是成本高、效率低。槽式和塔式太阳能热发电成本是常规能源发电成本的 3～5 倍。其主要原因有以下三个方面。

① 发电成本的 80% 来自于初投资，而其中超过一半的投资来自于大面积的光学反射装置和昂贵的接收装置，这些装置制造和安装成本较高。

② 太阳能热发电系统的发电效率低，年太阳能净发电效率为 10%～16%，在相同的装机容量下，较低的发电效率需要更多的聚光集热装置，增加了投资成本，并且目前还缺乏这类电站的运行经验，整个电站的运行和维护成本高。

③ 由于太阳能供应不连续、不稳定，需要在系统中增加蓄热装置，大容量的电站需要庞大的蓄热装置，造成整个电站系统结构复杂，成本增加，比如 50MW 槽式 7.7h 蓄热需要 28500t 蓄热工质。

可以从以下几个方面着手解决：提高系统中关键部件的性能，大幅度降低太阳能热发电的投资成本，快速进入商业化；寻求新的太阳能热发电集成方式，对系统进行有机集成，实现高效的热功转化，在初参数较高的情况下，实现规模化热发电；将太阳能与常规的能源系统进行合理互补，较小的规模仍可高效利用；通过热化学反应过程实现太阳能向燃料的化学能转化，然后通过燃气轮机等装置高效发电，实现太阳能向电能的高效转化。

2.6 太阳能利用发展现状和趋势

光伏发电全面进入规模化发展阶段，中国、欧洲一些国家、美国、日本等传统光伏发电市场继续保持快速增长，东南亚、拉丁美洲、中东和非洲等地区光伏发电新兴市场也快速启动。太阳能热发电产业发展开始加速，一大批商业化太阳能热发电工程已建成或正在建设，太阳能热发电已具备作为可调节电源的潜在优势。太阳能热利用继续扩大应用领域，在生活热水、供暖制冷和工农业生产中逐步普及。

2.6.1 太阳能产业发展背景

2.6.1.1 国际背景

（1）资源与环境要求　继 20 世纪出现的两次能源危机之后，能源紧缺、环境污染等问题日渐尖锐。其次，传统能源造成了气候变暖、环境恶化等一系列的问题。在 2008 年 12 月 11 日的联合国气候变化大会上联合国秘书长潘基文提出了"绿色新政"的概念，倡导各国实施环境友好型政策，而经济发展与传统能源污染的矛盾日益突显，实施能源转型、发展太阳能是大势所趋。

（2）国际太阳能源产业迅速发展　截至 2015 年底，全球太阳能发电装机累计达到 2.3 亿千瓦，当年新增装机超过 5300 万千瓦，占全球新增发电装机的 20%。2006—2015 年光伏发电平均年增长率超过 40%，成为全球增长速度最快的能源品种；太阳能热发电 5 年内新增装机 400 万千瓦，进入初步产业化发展阶段。

2.6.1.2 国内"低碳经济"背景

党的十八大以来，国家将生态文明建设放在突出战略位置，积极推进能源生产和消费革命成为能源发展的核心任务，确立了我国在 2030 年左右二氧化碳排放达到峰值以及非化石能源占一次能源消费比例提高到 20% 的能源发展基本目标。伴随新型城镇化发展，建设绿色循环低碳的能源体系成为社会发展的必然要求，为太阳能等可再生能源的发展提供了良好的社会环境和广阔的市场空间。

2.6.1.3 政策背景

"十二五"时期，国务院发布了《关于促进光伏产业健康发展的若干意见》（国发〔2013〕24 号），光伏产业政策体系逐步完善，光伏技术取得显著进步，市场规模快速扩大。太阳能热发电技术和装备实现突破，首座商业化运营的电站投入运行，产业链初步建立。太阳能热利用持续稳定发展，并向供暖、制冷及工农业供热等领域扩展。

2.6.2 太阳能利用技术的发展战略与趋势

2.6.2.1 分布式能源系统

分布式能源系统是指分布在需求侧的能源梯级/综合利用、资源综合利用和可再生能源设施。它通过减少能源中间环节损耗，将能源利用效率提高到一个新的水平，同时达到治理环境污染和降低能源成本的目标。分布式能源是未来世界能源工业发展的趋势，是人类可持续发展的一个重要组成部分。

2.6.2.2　太阳能利用装置是分布式能源系统的一个组成部分

"十二五"时期，我国光伏制造规模复合增长率超过33%，年产值达到3000亿元，创造就业岗位近170万个，光伏产业表现出强大的发展新动能。2015年多晶硅产量16.5万吨，占全球市场份额的48%；光伏组件产量4600万千瓦，占全球市场份额的70%。我国光伏产品的国际市场不断拓展，在传统欧美市场与新兴市场均占主导地位。我国光伏制造的大部分关键设备已实现本土化并逐步推行智能制造，在世界上处于领先水平。

"十二五"时期，我国太阳能热发电技术和装备实现较大突破。八达岭1MW太阳能热发电技术及系统示范工程于2012年建成，首座商业化运营的1万千瓦塔式太阳能热发电机组于2013年投运。我国在太阳能热发电的理论研究、技术开发、设备研制和工程建设运行方面积累了一定的经验，产业链初步形成，具备一定的产业化能力。太阳能热利用行业形成了材料、产品、工艺、装备和制造全产业链，截至2015年底，全国太阳能集热面积保有量达到4.4亿平方米，年生产能力和应用规模均占全球70%以上，多年保持全球太阳能热利用产品制造和应用规模最大国家的地位。太阳能供热、制冷及工农业等领域应用技术取得突破，应用范围由生活热水向多元化生产领域扩展。

2.6.2.3　太阳能在建筑领域的应用是太阳能利用发展的主流趋势

一些国家政府大力推动太阳能建筑进入建筑市场。美国加利福尼亚州能源委员会制定了为期10年，拨款3.5亿美元的财政计划，以补贴买主的方式鼓励在新建房屋设计中采用太阳能装置；2006年8月加利福尼亚州州长签署了SB1法案，在加利福尼亚州发展百万光伏屋顶计划。德国在2000年已启动了10万光伏屋顶计划。丹麦规定了新建的低能耗建筑的节能指标为50%～75%。中国建设部、财政部于2006年9月联合下发了《关于推进可再生能源在建筑中应用的实施意见》等。欧盟太阳能热利用产业联盟制定了至2030年太阳能热利用在太阳能建筑中的发展规划，预期到2030年，主动式太阳能供热系统（热水、采暖和空调的综合系统）（主动式太阳能供热系统是指通过设备，如集热器、水泵/风机、管道系统等，实现能量转换和输送）将列入欧洲建筑标准，太阳能供热将占欧洲低温热能需求的50%。光伏制造商们看好这个未来巨大的市场。有些公司已开发了各种用于适用屋顶、墙体和窗户（半透明）等的光伏产品供建筑师们选用。一些针对降低太阳能建筑造价的新产品，如集热式光伏组件（PVT）（即集热器作为光伏组件的冷却装置，在提高光伏转换效率的同时还可获得一定量的热水），正处于研发和示范阶段，预计它的成本比分别采用光伏组件和集热器的设计要低10%。太阳能建筑的商业化关键在于降低太阳能装置的成本和设计的标准化。

2.6.2.4　集中式大型太阳能发电站

全球有相当广阔的太阳光充足的沙漠地带，如非洲北部、南欧、中东等，这些地区是建立大型太阳能发电站的理想地点。集中式大型太阳能发电站将是未来电网电力的来源之一。

① 光伏发电。近10年来，全球太阳能光伏电池年产量增长约6倍，年均增长50%以

上。2010 年，全球太阳能光伏电池年产量 1600 万千瓦，其中我国年产量 1000 万千瓦。并网光伏电站和与建筑结合的分布式并网光伏发电系统是光伏发电的主要利用方式。到 2010 年，全球光伏发电总装机容量超过 4000 万千瓦，主要应用市场在德国、西班牙、日本、意大利，其中德国 2010 年新增装机容量 700 万千瓦。随着太阳能光伏发电规模、转换效率和工艺水平的提高，全产业链的成本快速下降。太阳能光伏电池组件价格已经从 2000 年每瓦 4.5 美元下降到 2010 年的 1.5 美元以下，太阳能光伏发电的经济性明显提高。

②　光热发电。尚未实现大规模发展，但经过较长时间的试验运行，开始进入规模化商业应用。目前，美国、西班牙、德国、法国、阿联酋、印度等国家已经建成或在建多座光热电站。到 2010 年底，全球已实现并网运行的光热电站总装机容量为 110 万千瓦，在建项目总装机容量约 1200 万千瓦。

太阳能发电逐步成为电力系统的重要组成部分。在 2010 年欧盟新增发电装机容量中，太阳能发电首次超过风电，成为欧盟新增发电装机最多的可再生能源电力。随着全球太阳能发电产业技术进步和规模扩大，太阳能发电即将成为继水电、风电之后重要的可再生能源，成为电力系统的重要组成部分。

2.6.3　太阳能发电利用"十三五"发展目标

太阳能发电发展的总目标是：继续扩大太阳能利用规模，不断提高太阳能在能源结构中的比重，提升太阳能技术水平，降低太阳能利用成本。完善太阳能利用的技术创新和多元化应用体系，为产业健康发展提供良好的市场环境。

具体发展目标如下。

（1）开发利用目标　到 2020 年底，太阳能发电装机达到 1.1 亿千瓦以上，其中，光伏发电装机达到 1.05 亿千瓦以上，在"十二五"基础上每年保持稳定的发展规模；太阳能热发电装机达到 500 万千瓦。太阳能热利用集热面积达到 8 亿平方米。到 2020 年，太阳能年利用量达到 1.4 亿吨标准煤以上。

（2）成本目标　光伏发电成本持续降低。到 2020 年，光伏发电电价水平在 2015 年基础上下降 50% 以上，在用电侧实现平价上网目标；太阳能热发电成本低于 0.8 元/(kW·h)；太阳能供暖、工业供热具有市场竞争力。

（3）技术进步目标　先进晶体硅光伏电池产业化转换效率达到 23% 以上，薄膜光伏电池产业化转换效率显著提高，若干新型光伏电池初步产业化。光伏发电系统效率显著提升，实现智能运维。太阳能热发电效率实现较大提高，形成全产业链集成能力。

🔵 思考题

1. 太阳能的利用方式主要分几种？简述各种方式的利用原理。
2. 解释什么是太阳高度角和方位角？分别怎样计算？
3. 外墙外保温墙体的主要优点有哪些？
4. 被动式太阳房的主要形式有几种？各自的特点是什么？
5. 太阳能光伏发电的优点有哪些？
6. 论述影响太阳能电池转化效率的因素有哪些？各个因素是如何影响的？
7. 论述太阳能热水器的组成结构及各自的作用。
8. 简述光伏发电与传统能源相比有哪些优势？

9.简述太阳能储热的方式与原理。

10.分析太阳能集热器的热损失产生原因。

11.调研：光伏发电系统容易遭雷击的主要部位有哪些？如何防护？防护原理是什么？

在线试题

参考文献

[1] 江守利.反射聚光利用太阳能的基础理论与实验研究.合肥：中国科学技术大学博士学位论文，2009.

[2] 朱海林.太阳能烟囱发电系统集热器的传热与流动过程的研究.上海：东华大学硕士学位论文，2011.

[3] 王刚.太阳能利用中的热物理基础理论及实验研究，合肥：中国科学技术大学博士学位论文，2012.

[4] 国家能源局.太阳能发电发展"十三五"规划.2016.

[5] 马宁.太阳能光伏发电概述及发展前景.智能建筑电气技术，2011，5（2）：25-28.

[6] 于秀艳.如何提高太阳能热发电系统的效率.太阳能，2012，12：31-34.

[7] 李晨雪.基于系统动力学的光伏产业发展对策研究.北京：中国地质大学硕士学位论文，2015.

[8] 王晓锋.关于我国光热发电发展的思考.华北电力技术，2016，6：67-70.

[9] 辛培裕.太阳能发电技术的综合评价及应用前景研究.北京：华北电力大学硕士学位论文，2015.

[10] 上海市建材科技情报研究所.太阳能光热发电技术的发展.上海建材，2017，1：16-18.

[11] 潘莹，迟东训.中国燃煤发电、大型光伏项目度电成本比较与预测.中外能源，2017，22（6）：1-7.

[12] 伍纲.太阳能热利用技术在我国温室中的应用现状.太阳能，2018，12：5-8.

[13] 刘言博.太阳能光伏技术在广场设计中的应用研究.化工管理，2018，36：205.

第3章 生物质能

3.1 概述

微课：生物质能

在化石能源渐趋枯竭，可持续发展、保护环境和循环经济逐渐被认可的时候，世界开始将目光聚焦到可再生能源，特别是生物质能源上。生物质能是人类赖以生存和发展的重要能源，是仅次于煤炭、石油和天然气而居于世界能源消费总量第四位的能源。目前，生物质能在世界能源总消费量中占 14%，因而在整个能源系统中占有重要地位。太阳能、风能、水能等可再生能源自身不能进行物质生产，而生物质既能贡献能量，又能像煤炭和石油那样生产出千百种化工产品，且因其主成分为碳水化合物，在生产及使用过程中与环境友好，又胜化石能源一筹。生物质能将可能成为未来可持续能源系统的主要组成部分，预计到 21 世纪中叶采用新技术生产的各种生物质替代燃料将占全球总能耗的 40% 以上。

3.1.1 生物质及生物质能

生物质是指通过光合作用而形成的各种有机体，包括所有的动植物和微生物。光合作用利用空气中的二氧化碳和土壤中的水，将吸收的太阳能转换为碳水化合物和氧气。植物光合作用的简单过程如下：

$$x\,CO_2 + y\,H_2O \xrightarrow{\text{植物光合作用}} C_x(H_2O)_y + x\,O_2 \qquad (3-1)$$

地球上生物质种类极其丰富，据科学家估计，全球生物物种有 3000 万～5000 万之多，丰富的生物多样性赋予我们的星球斑斓绚丽的色彩。生物质能是太阳能以化学能形式蕴藏在生物质中的一种能量形式，是以生物质为载体的能量。它直接或间接地来源于绿色植物的光合作用，可转化为常规的固态、液态和气态燃料，取之不尽、用之不竭，是一种可再生能源。生物质能的原始能量来源于太阳，所以从广义上讲，生物质能是太阳能的一种表现形式，在植物生长过程中吸收太阳能及大气中的 CO_2，构成了自然界中碳的循环。

目前主要的能源——煤、石油和天然气等化石能源也是由生物质能转变而来。据估计地球上每年植物光合作用固定的碳达 2000×10^{11} t，含能量达 3×10^{21} J，每年通过光合作用储存在植物的枝、茎、叶中的太阳能相当于全世界每年耗能量的10倍。生物质遍布世界各地，蕴藏量极大，仅地球上的植物每年储能量就相当于目前人类消耗矿物能的20倍，或相当于世界现有人口食物能量的160倍。虽然生物质能数量巨大，但目前人类将其作为能源的利用量还不到其总量的1%。未被利用的生物质能，为完成自然界的碳循环，其绝大部分由自然腐解将能量和碳素释放，回到自然界中。随着人类对生物质能的重视以及研究开发的逐步深入，其应用水平及使用效率必将进一步提高。

3.1.2 生物质能分类

世界上生物质资源数量庞大，形式繁多，对于生物质能如何进行分类，有着不同的标准。依据来源的不同，可将生物质分为林业废弃物、农业废弃物、畜禽粪便、城市固体废物及生活污水和工业有机废水等，近年来，出现了专门为生产能源而种植的能源作物，成为生物质能队伍里的一支生力军。

生物质能主要包括以下几方面。

（1）林业废弃物　林业废弃物是指森林生长和林业生产过程提供的生物质能源，主要包括：薪材、在森林抚育和间伐作业中的零散木材、残留的树枝、树叶和木屑等；木材采运和加工过程中的枝丫、锯末、木屑、梢头、板皮和截头等；林业副产品的废弃物，如果壳和果核等。由于我国一些地区农民燃料短缺，专门用作燃料的薪炭林太少，所以常以用材林充抵生活燃料，这就属于"过耗"，近年过耗现象已趋减少。

（2）农业废弃物　农业废弃物是农业生产的副产品，也是我国农村的传统燃料，主要包括：农业生产过程中的废弃物，如农作物收获时残留在农田内的农作物秸秆（玉米秸、高粱秸、麦秸、稻草、豆秸和棉秆等）；农产品加工业的废弃物，如农业生产过程中剩余的稻壳等。目前全国农村作为能源的秸秆消费量约2.86×10^8 t，但大多数还是低效利用，即直接在柴灶上燃烧，其转换效率仅为10%～20%。随着农村经济的发展和农民收入的增加，改用优质燃料（液化气、电炊、沼气、型煤）的家庭越来越多，各地均出现收获后在田边地头放火烧秸秆的现象，既危害环境，又浪费资源。目前我国农业废弃物的利用率和前几年相比不仅未提高，反而有所降低。许多地区废弃秸秆量已占总秸秆量的60%以上，因此，加快秸秆的优质化转换利用势在必行。

（3）畜禽粪便　畜禽粪便是畜禽排泄物的总称，它是其他形态生物质（主要是粮食、农作物秸秆和牧草等）的转化形式，包括畜禽排出的粪便、尿及其与垫草的混合物。畜禽粪便除青藏一带牧民用其直接燃烧（炊事、取暖）外，更多的是将这种生物质资源制作有机肥料，或经厌氧发酵制取沼气后再做有机肥料。开发和推广集约化养殖畜禽粪便的资源化利用技术，通过收集、转化、干燥、粉碎、脱臭、包涂等工序，将之转变为工业规模的高效生物肥料，可有效减少环境污染，且可替代相当数量的化肥，同时还可缓解我国高效有机肥料供应不足的矛盾。

（4）城市固体废物　城市固体废物主要是由城镇居民生活垃圾、商业和服务业垃圾、少量建筑垃圾等废弃物所构成的混合物，组成成分比较复杂，受当地居民生活水平、能源结构、城市建设、自然条件、传统习惯以及季节变化等因素影响。随着城市规模的扩大和城市化进程的加速，中国城镇垃圾的产生量和堆积量逐年增加。2015年全国工业固体废物产生量为32.71亿吨，同期城镇生活垃圾量以8%的年增长率递增。2015年中国城市垃圾清运量为1.91亿吨。目前中国城镇垃圾热值在4.18MJ/kg左右。垃圾中的无机物（炉灰、塑料、玻璃、金属等）将随着我国城市化率、煤气供应率和集中供暖率的上升而减少，城市垃圾的有机质比重将迅速上升，利用相应的无害化处理技术，可得到有效能源如沼气、电能等。

（5）生活污水和工业有机废水　生活污水主要由城镇居民生活、商业和服务业的各种排水组成，如冷却水、洗浴排水、盥洗排水、洗衣排水、厨房排水、粪便污水等。一般城市污水含有 $0.02\% \sim 0.03\%$ 的固体与 99% 以上的水分，下水道污泥有望成为厌氧消化槽的主要原料。工业有机废水主要是酒精、酿酒、制糖、食品、制药、造纸及屠宰等行业生产过程中排出的废水等，其中都富含有机物。

（6）能源植物　能源植物是指以提供制取燃料原料或提供燃料油为目的的栽培植物的总称，种类较多，可分为四类：一是以制酒精为目的的一年生或多年生作物，如玉米、甘蔗、甜高粱、甘薯、木薯等；二是以生产燃料油（如生物柴油、烃类物质）为目的的植物，如油菜、续随子、绿玉树、三角戟、三叶橡胶树、麻疯树、汉加树、白乳木、油桐、小桐子、光皮树、油楠、藿藿巴树、乌桕、油橄榄等；三是用于直接燃烧的植物，比如专门提供薪材的薪炭林；四是可供厌氧发酵的藻类或其他植物。

总之，生物质资源不仅储量丰富，而且可以再生。据估计，作为植物生物质的最主要成分——木质素和纤维素每年以约 $1640 \times 10^8 t$ 的速度不断再生，如以能量换算，相当于目前石油年产量的 $15 \sim 20$ 倍。如果这部分能量能得到利用，人类就相当于拥有了一个取之不尽、用之不竭的资源宝库；而且，由于生物质来源于 CO_2（光合作用），燃烧后产生 CO_2，但不会增加大气中的 CO_2 的含量，因此生物质与矿物质燃料相比更为清洁，是未来世界理想的清洁能源。

3.1.3　生物质能的特点

生物质由 C、H、O、N、S 等元素组成，是空气中的 CO_2、水和太阳光通过光合作用的产物。其挥发分高，碳活性高，硫、氮含量低（S $0.1\% \sim 1.5\%$，N $0.5\% \sim 3.0\%$），灰分低（$0.1\% \sim 3.0\%$）。生物质能既不同于常规的矿物能源，又有别于其他新能源，它兼有两者的特点和优势，是人类最主要的可再生能源之一。其特点如下。

① 生物质能资源的大量性和普遍性。生物质是一种到处都有的、普遍而廉价的能源，取材容易，生产过程简单，利用形式多样。

② 生物质能是一种理想的可再生能源，可保证能源的永续利用。生物质能由于通过植物的光合作用可以再生，与风能、太阳能等同属可再生能源，只要太阳辐射能存在，生物质能就永远不会枯竭。

③ 生物质能的清洁性。在科学合理使用的情况下，生物质能不但不会污染环境，而且还有益于环境，对改善大气酸雨环境，减少大气中二氧化碳含量，从而减轻温室效应，都有极大的好处。

3.2　生物质能开发和能量转化技术

生物质能存在于生物体内，以生物质为载体。与太阳能、风能、海洋能等相比，生物质能是唯一可运输、储存的可再生能源。由于煤炭、石油等矿物燃料是由生物质转化而来的，其组织结构与生物质有许多相似之处，因此，常规能源的利用技术无须做大的改动，就可以应用于生物质能。

但生物质种类繁多，性质各异，利用技术也呈现复杂和多样的特点，除了常规能源的利用技术以外，还有其独特的利用技术。图3-1列举了生物质能主要转换技术及产品。从图中可以看出，生物质能转化利用途径主要包括物理转换、化学转换、生物转换等，可以转化为二次能源，分别为热能或电力、固体燃料（木炭或成型燃料）、液体燃料（生物柴油、生物原油、甲醇、乙醇和植物油等）和气体燃料（氢气、生物质燃气和沼气等）。

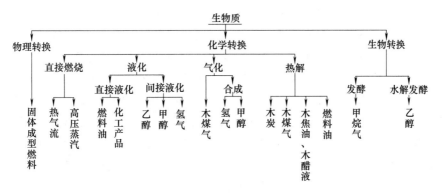

图 3-1　生物质能的转化利用途径

3.2.1　物理转换

物理转换技术主要指生物质压缩成型技术，是利用木质素充当黏合剂将农业和林业生产的废弃物在高压条件下压缩为棒状、粒状、块状等各种成型燃料，以提高其能量密度（相当于中等烟煤），改善燃烧特性，解决生物质形状各异、堆积密度小且较松散、难运输和难储存、使用不方便等问题，是生物质预处理的一种方式。生物质压缩成型的设备一般分为螺旋挤压成型、活塞冲压成型和环模滚压成型。生物质成型燃料应用在林业资源丰富的地区、木材加工业、农作物秸秆资源量大的区域和生产活性炭行业等，在农村有很大的推广价值。

3.2.2　化学转换

化学转换包括直接燃烧、热解、气化、液化等方法，其中，最简单的利用方法是直接燃烧。生物质燃烧技术是传统的能源转化形式，是人类对能源的最早利用。生物质通过燃烧这种特殊的化学反应形式，将储存在内部的生物质能转换为热能，被人们广泛应用于炊事、取暖、发电及工业生产等领域。直接燃烧方式可分为炉灶燃烧、锅炉燃烧、垃圾燃烧和固型燃料燃烧四种情况，燃烧过程中产生的能量可被用来生产电能或供热。

热解是指在无氧条件下加热或在缺氧条件下不完全燃烧，利用热能切断生物质大分子中的化学键，使之分解为小分子物质的热化学反应。热解的产物包括醋酸、甲醇、木焦油抗聚剂、木馏油和木炭等产品。生物质热解制取生物油是当前世界上生物质能研究开发的前沿技术，该技术能以连续的工艺和工业化的生产方式将生物质转化为高品位的易储存、易运输、能量密度高且使用方便的液体燃料——生物油，其不仅可以直接用于现有锅炉和燃气透平等设备的燃烧，而且可通过进一步加工改性为柴油或汽油而用作动力燃料，此外还可以从中提取具有商业价值的化工产品。同时生物油具有的低硫、低灰等特性，使之成为国际上非常受重视的清洁燃料。

气化是在高温下将生物质与含氧气体（如空气、富氧气体或纯氧）、水蒸气或氢气等气化剂作用，使生物质中的可燃部分转化为可燃气（主要为一氧化碳、氢气和甲烷等）的热化学反应。气化可将生物质转换为高品质的气态燃料，直接作为锅炉燃料应用或发电，产生所需的热量或电力，且能量转换效率比固态生物质的直接燃烧有较大的提高，或作为合成气进一步参与化学反应得到甲醇、二甲醚等液态燃料或化工产品。

液化是把固体状态的生物质经过一系列化学加工过程，使其转化成液体燃料（主要是指汽油、柴油、液化石油气等液体烃类产品，有时也包括甲醇、乙醇等醇类燃料）的清洁利用技术，根据化学加工过程的不同技术路线，液化可分为直接液化和间接液化。直接液化通常是把固体生物质在高压和一定温度下与氢气发生反应（加氢），直接转化为液体燃料的热化学反应过程。与热解相比，直接液化可以生产出物理稳定性和化学稳定性都更好的液体产品。间接液化是指将由生物质气化得到的合成气（$CO+H_2$），经催化合成为液体燃料（甲醇或二甲醚等）。合成气是指由不同比例的 CO 和 H_2 组成的气体混合物。生产合成气的原料包括煤炭、石油、天然气、泥炭、木材、农作物秸秆及城市固体废物等。生物质间接液化主要有两个技术路线：一个是合成气甲醇汽油（MTG）的 Mboil 工艺；另一个是合成气费托（Fischer Tropsch）合成。

酯化是将动植物油脂与甲醇或乙醇等低碳醇在催化剂或者超临界甲醇状态下进行酯交换反应生成脂肪酸甲酯（生物柴油），并获得副产物甘油。生物柴油可以单独使用以替代柴油，又可以一定的比例（2%～30%）与矿物柴油混合使用。除了为公共交通车、卡车等柴油机车提供替代燃料外，又可为海洋运输业、采矿业、发电厂等有非移动式内燃机的行业提供燃料。

3.2.3 生物转换

生物转换是依靠微生物或酶的作用，对生物质能进行生物转化，生产出如乙醇、氢气、甲烷等液体或气体燃料，通常分为发酵生产乙醇工艺和厌氧消化技术。主要针对农业生产和加工过程产生的生物质，如农作物秸秆、畜禽粪便、生活污水、工业有机废水和其他农业废弃物等。生产乙醇的发酵工艺依据原料的不同分为两类：一类是富含糖类的作物直接发酵转化为乙醇；另一类是以含纤维素的生物质原料作发酵物，必须先经过酸解转化为可发酵糖分，再经发酵生产乙醇。厌氧消化是指富含碳水化合物、蛋白质和脂肪的生物质在厌氧条件下，依靠厌氧微生物的协同作用转化成甲烷、二氧化碳、氢气及其他产物的过程。整个转化过程可分成三个步骤：首先将不可溶复合有机物转化成可溶化合物；然后可溶化合物再转化成短链酸与乙醇；最后经各种厌氧菌作用转化成气体（沼气），一般最后的产物含有 50%～80% 的甲烷，最典型产物为含 65% 的甲烷与 35% 的 CO_2，热值可高达 $20MJ/m^3$，是一种优良的气体燃料。

3.3 生物质能热化学转化技术

热化学转化技术包括燃烧、气化、热解及液化，其初级产物可以是某种形式的能量携带物，如木炭（固态）、生物油（液态）或生物质燃气（气态），或者是热量。这些产物可被不同的实用技术所使用，也可通过附加过程将其转化为二次能源加以利用。

3.3.1　生物质直接燃烧

3.3.1.1　生物质直接燃烧技术及其特点

生物质的直接燃烧是最简单的热化学转化工艺。生物质在空气中燃烧是利用不同的过程设备（例如窑炉、锅炉、蒸汽透平、涡轮发电机等）将储存在生物质中的化学能转化为热能、机械能或电能。生物质直接作为燃料燃烧具有如下优势。

① 生物质燃烧所释放出的 CO_2 大体相当于其生长时通过光合作用所吸收的 CO_2，因此可以认为是 CO_2 的零排放，有助于缓解温室效应。

② 生物质的燃烧产物用途广泛，灰渣可加以综合利用。

③ 生物质燃料可与矿物质燃料混合燃烧，既可以减少运行成本，提高燃烧效率，又可以降低 SO_x、NO_x 等有害气体的排放浓度。

④ 采用生物质燃烧设备可以最快速度地实现各种生物质资源的大规模减量化、无害化、资源化利用，而且成本较低，因而生物质直接燃烧技术具有良好的经济性和开发潜力。

但由于生物质中含有较多的碱金属，在高温燃烧过程中将会给燃烧装置的正常运行带来许多问题，其中一个很重要的问题就是积灰结渣。积灰是指温度低于灰熔点的灰粒在受热面上的沉积，多发生在锅炉对流受热面上。结渣主要是由烟气中夹带的熔化或半熔化的灰粒接触到受热面凝结下来，并在受热面上不断生长、积聚而成，多发生在炉内辐射受热面上。积灰结渣是个复杂的物理化学过程，也是一个非常复杂的气固多相湍流输运问题。

3.3.1.2　生物质直接燃烧过程

生物质燃料（秸秆、薪材等）的燃烧过程是强烈的放热化学反应，燃烧的进行除了要有燃料本身之外，还必须有一定的温度和适当的空气供应。生物质的燃烧过程可以分为以下四个阶段。

① 预热和干燥阶段。当温度达到100℃时，生物质进入干燥阶段，水分开始蒸发。水分蒸发时需要吸收燃烧过程中释放的热量，会降低燃烧室的温度，减缓燃烧进程。

② 挥发分析出及木炭形成阶段，又称干馏。当已经干燥的燃料持续加热，挥发分开始析出。试验表明，木屑和咖啡果壳在160～200℃时挥发分开始析出，约200℃时析出的速度迅速增快，超过500℃后质量基本保持不变，表明干馏阶段已经结束。

以上两个阶段，燃料处于吸热状态，为后面的燃烧做好前期准备工作，称为燃烧前准备阶段。

③ 挥发分燃烧阶段。生物质高温热解析出的挥发分在高温下开始燃烧，为分解燃烧。同时，释放了大量热量，一般可提供占总热量70%份额的热量。

④ 固定碳燃烧阶段。在挥发分燃烧阶段，消耗了大量的 O_2，减少了扩散到炭表面氧的含量，抑制了固定碳的燃烧；但是，挥发分的燃烧在炭粒周围形成火焰，提供碳燃烧所需的热量，随着挥发分的燃尽，固定碳开始发生氧化反应，且逐渐燃尽，形成灰分。生物质固定碳含量较低，在燃烧中不起主要作用。

应该指出的是，以上各个阶段虽然是依次串联进行的，但也有一部分是重叠进行的，各个阶段所经历的时间与燃料种类、成分和燃烧方式等因素有关。

3.3.1.3 现代化生物质直接燃烧反应装置

生物质直接燃烧主要分为炉灶燃烧和锅炉燃烧。炉灶燃烧操作简便、投资较省,但燃烧效率普遍偏低,从而造成生物质资源的严重浪费,一般适用于农村或山区分散独立的家庭用炉。而锅炉燃烧采用先进的燃烧技术,把生物质作为锅炉的燃料燃烧,以提高生物质的利用效率,适用于相对集中、大规模地利用生物质资源。主要缺点是投资高,而且不适于分散的小规模利用,生物质必须相对比较集中才能采用此技术。生物质燃料锅炉的种类很多,按照锅炉燃用生物质品种的不同,可分为木材炉、薪柴炉、秸秆炉、垃圾焚烧炉等;按照锅炉燃烧方式的不同,又可分为流化床锅炉、层燃炉等。以下就生物质层燃、流化床燃烧、悬浮燃烧技术做重点介绍。

图 3-2 层燃过程

(1)层燃技术 在层燃方式中,生物质平铺在炉排上形成一定厚度的燃料层,进行干燥、干馏、燃烧及还原过程。层燃过程如图 3-2 所示。

层燃过程分为如下区域:灰渣层、氧化层、还原层、干馏层、干燥层、新燃料层。氧化层区域,通过炉排和灰渣层的空气被预热后和炽热的木炭相遇,发生剧烈的氧化反应,O_2 被迅速消耗,生成了 CO_2 和 CO,温度逐渐升高到最大值。还原层区域,在氧化层以上 O_2 基本消耗完毕,烟气中的 CO_2 和木炭相遇,$CO_2 + C \longrightarrow 2CO$,烟气中 CO_2 逐渐减少,CO 不断增加。由于是吸热反应,温度将逐渐下降。温度在还原层上部逐渐降低,还原反应也逐渐停止。再向上则分别为干馏层、干燥层和新燃料层。生物质投入炉中形成新燃料层,然后加热干燥,析出挥发分,形成木炭。

层燃烧技术的种类较多,其中包括固定床、移动炉排、旋转炉排、振动炉排和下饲式等,可适于含水率较高、颗粒尺寸变化较大及灰分含量较高的生物质,具有较低的投资和操作成本,一般层燃的燃烧额定功率小于 20MW。

(2)流化床燃烧技术 在过去的十年,流化床燃烧技术得到了全面发展。图 3-3 是此类技术的典型装置。

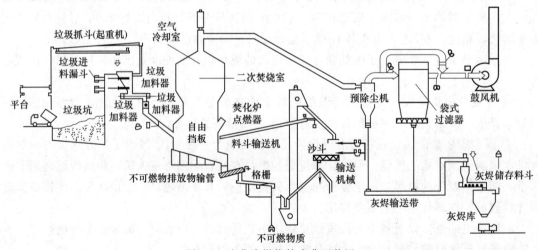

图 3-3 流化床燃烧技术典型装置

流化床燃烧技术的一个明显优点是一般能燃烧那些低热值的燃料，但是，考虑到典型的低温操作环境下所排出的气体，意味着通常还需添加一些含有较高热值的燃料。除此之外，为了准备进行焚烧的材料，不但应进行预先的分类及减量，而且相比垃圾衍生燃烧方式，其要求会更高。

流化床是基于气固流态化的一项技术，其适应范围广，能够使用一般燃烧方式无法燃烧的石煤等劣质燃料、含水率较高的生物质及混合燃料等。此外，流化床燃烧技术可以降低尾气中氮与硫的氧化物等有害气体含量，保护环境，是一种清洁燃烧技术。

燃料在流化床中的运动形式与在层燃炉和煤粉炉中的运动形式有着明显的区别，流化床的下部装有称为布风板的孔板，空气从布风板下面的风室向上送入，布风板的上方堆有一定粒度分布的固体燃料层，为燃烧的主要空间。

在流化床的床料中，炽热的灰渣占95%，占床料5%的新燃料进入床中就被床料吞没并迅速点火燃烧。这种优越的点火条件是其他燃烧方式所无法比拟的，几乎可以燃烧任何燃料。流化床中固体颗粒的扰动很剧烈，燃料不仅点火迅速，而且与空气混合良好，温度均匀，在较低的过量空气系数下即可充分燃烧。

流化床一般采用石英砂为惰性介质，依据气固两相流理论，当流化床中存在两种密度或粒径不同的颗粒时，床中颗粒会出现分层流化，两种颗粒沿床高形成一定相对浓度的分布。占份额较小的燃料颗粒粒径大而轻，在床层表面附近浓度很大，在底部的浓度接近于零。在较低的风速下，较大的燃料颗粒也能进行良好的流化，而不会沉积在床层底部。料层的温度一般控制在800～900℃，属于低温燃烧。

（3）悬浮燃烧技术　煤粉燃烧技术是大型锅炉的唯一燃烧方式，具有效率高、燃烧完全等优点，已成为标准的燃烧系统，生物质悬浮燃烧技术与此类似。图3-4为采用悬浮燃烧技术的生物质水管锅炉。在悬浮燃烧中，对生物质需要进行预处理，要求颗粒尺寸小于2mm，含水率不超过15%。先粉碎生物质至细粉，再与空气混合后一起切向喷入燃烧室内形成涡流，呈悬浮燃烧状态，这样可增加滞留时间。悬浮燃烧系统可在较低的过剩空气下运行，可减少 NO_x 的生成。生物质颗粒尺寸较小，高燃烧强度会导致炉墙表面温度升高，这会较快损坏炉墙的耐火材料。另外，该系统需要辅助启动热源，辅助热源在炉膛温度达到规定要求时才能关闭。

3.3.2　生物质热解

3.3.2.1　生物质热解技术及其特点

生物质热解技术是目前世界上生物质能研究开发的前沿技术之一。该技术能以连续的工艺和工厂化的生产方式将以木屑等废弃物为主的生物质转化为高品位的易储存、易运输、能量密度高且使用方便的代用液体燃料（生物油），其不仅可以直接用于现有锅炉

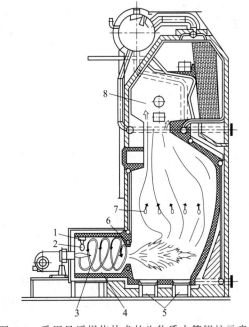

图3-4　采用悬浮燃烧技术的生物质水管锅炉示意图
1—初级空气；2—燃料输送；3—还原段；4—烟气回流；
5—灰室；6—二次空气；7—三次空气；8—锅炉水管

和燃气透平等设备的燃烧，而且可通过进一步改性加工使液体燃料的品质接近柴油或汽油等常规动力燃料的品质，此外还可以从中提取具有商业价值的化工产品。相比于常规的化石燃料，生物油因其所含的硫、氮等有害成分极其微小，可视为 21 世纪的绿色燃料。

生物质热解通常是指在无氧环境下，生物质被加热升温引起分子分解产生焦炭、可冷凝液体和气体产物的过程。根据反应温度和加热速率的不同，生物质热解工艺可分成慢速、常规、快速或闪速几种。表 3-1 总结了生物质热解的主要工艺类型。

表 3-1　生物质热解的主要工艺类型

工艺类型		滞留期	升温速率	最高温度/℃	主要产物
慢速热解	炭化	数小时~数天	非常低	400	炭
	常规	5~30min	低	600	气、油、炭
快速热解	快速	0.5~5s	较高	650	油
	闪速(液体)	<1s	高	>650	油
	闪速(气体)	<10s	高	>650	气
	极快速	<0.5s	非常高	1000	气
	真空	2~30s	中	400	油
反应性热解	加氢热解	<10s	高	500	油
	甲烷热解	0.5~10s	高	1050	化学品

慢速裂解工艺具有几千年的历史，是一种以生成木炭为目的的炭化过程，低温和长期的慢速裂解可以得到 30% 的焦炭产量；低于 600℃ 的中等温度及中等反应速率（0.1~1℃/s）的常规热裂解可制成相同比例的气体、液体和固体产品；快速热裂解的升温速率大致在 10~200℃/s，气相停留时间小于 5s；闪速热裂解相比于快速热裂解的反应条件更为严格，气相停留时间通常小于 1s，升温速率要求大于 10^3℃/s，并以 10^2~10^3℃/s 的冷却速率对产物进行快速冷却。但是闪速热裂解和快速热裂解的操作条件并没有严格的区分，有些学者将闪速热裂解也归纳到快速热裂解一类中，两者都是以获得最大化液体产物收率为目的而开发的。

生物质快速热解过程中，生物质原料在缺氧的条件下，被快速加热到较高反应温度，从而引发了大分子的分解，产生了小分子气体和可凝性挥发分以及少量焦炭产物。可凝性挥发分被快速冷却成可流动的液体，称为生物油或焦油。生物油为深棕色或深黑色，并具有刺激性的焦味。通过快速或闪速热裂解方式制得的生物油具有下列一些共同的物理特征：高密度（约 1200kg/m³），酸性（pH 值为 2.8~3.8），高水分含量（15%~30%），以及较低的发热量（14~18.5MJ/kg）。

生物质快速热裂解工艺中，常通过控制反应温度来实现生物油产量的最大化，由于制取的液体产物对温度非常敏感，长时间停留在较高温度的反应区将发生二次分解过程。综合而言快速热裂解制油通常需要满足三个基本条件：很高的加热和传热速率，使物料能迅速升温；反应温度控制在 500℃ 左右；短气相停留时间以减少二次反应。依据产物用途的不同，气相停留时间还存在一定的差别，为生产低黏度的燃料油，气相停留时间不应该超过 2~3s，为生成化工原料停留时间则不能超过 1s，偏离这些条件都会降低油的产量和油品。对于大多数生物质物料而言，热解温度控制在 500℃ 左右、气相停留时间小于 1s 的情况下，液体产物的收率都是最大的。

3.3.2.2 生物质热裂解液化技术的工艺流程

在生物质热裂解的各种工艺中，国外采用了多种不同的试验装置和技术路线，以达到增加生物油产率和提高能源利用水平的目的。如快速裂解、加氢裂解、真空裂解、低温裂解、部分燃烧裂解等，但一般认为在常压下的快速裂解仍是生产液体燃料最为经济的方法。快速热裂解制油是从原始物料（如木屑、芒属和高粱作物等）处理加工开始经过一系列综合的步骤流程组成的系统。通常主要由物料的干燥、粉碎、热解、产物炭和灰的分离、气态生物油的冷却和生物油的收集等几个部分组成，如图 3-5 所示。

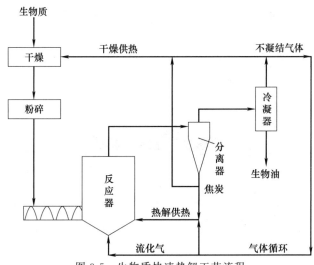

图 3-5　生物质快速热解工艺流程

3.3.2.3 生物质热解反应装置

（1）流化床反应器　流化床反应器工艺流程如图 3-6 所示。流化床热解技术早在 20 世纪 80 年代就已经开始开发了，主要的目的是创造最佳的反应条件，最大限度地利用生物质。

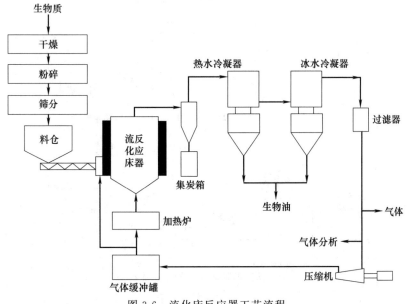

图 3-6　流化床反应器工艺流程

例如，加拿大国际能源转换有限公司（RTI）建设的流化床技术快速热解示范工程，以多种生物质为原料，产量为 50～100kg/h。

（2）烧蚀反应器　烧蚀反应器工艺流程如图 3-7 所示。反应器工作原理是通过外界提供的高压使生物质颗粒以相对于反应器表面较高的速率（＞1.2m/s）移动并热解，反应器表面温度低于 600℃，生物质颗粒是由一些成角度的叶片压入到金属表面。在 600℃ 时，生成 77.6％ 的生物原油、6.2％ 的气体和 15.7％ 的木炭。与其他反应器相比，制约反应过程的因素是加热速率而不是传热速率，因此可使用较大颗粒的原料。

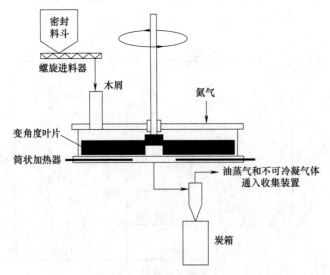

图 3-7　烧蚀反应器工艺流程

（3）携带床反应器　携带床反应器工艺流程如图 3-8 所示。由于面临气体与固体传热问题，制约了该技术进一步发展。

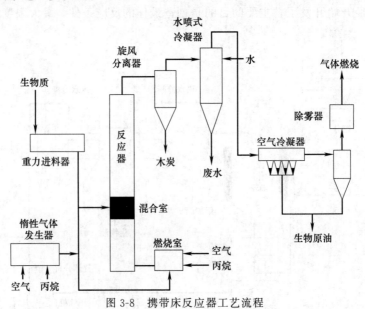

图 3-8　携带床反应器工艺流程

（4）旋转锥反应器 旋转锥反应器由荷兰的 Twente 大学发明，是近几年开发的高效反应器。生物质颗粒加入惰性颗粒流（如沙子等），一同被抛入加热的反应器表面发生热解反应，同时沿着高温锥表面螺旋上升，木炭和灰从锥顶排除。旋转锥反应器工作原理如图3-9所示。在 600℃ 的反应温度下，生成 60％ 的液态产物、25％ 的气体和 15％ 的木炭。

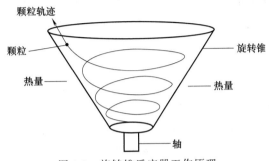

图 3-9 旋转锥反应器工作原理

（5）真空移动床反应器 真空移动床反应器由 Christian Roy 博士和他的研究小组最先开展研究工作。生物质原料在干燥和粉碎后，由真空进料器送入反应器。原料在水平平板上被加热移动，发生热解反应。熔盐混合物加热平板并维持温度在 530℃ 左右。热解反应生成的蒸气气体混合物由真空泵导入两级冷凝设备，不冷凝性气体通入燃烧室燃烧，释放出的热量用于加热盐，冷凝的重油和轻油被分离，剩余的固体产物离开反应器后立即被冷却。真空移动床反应器工艺流程如图3-10所示。反应的产物为 35％ 的生物原油、34％ 的木炭、11％ 的气体和 20％ 的水分。

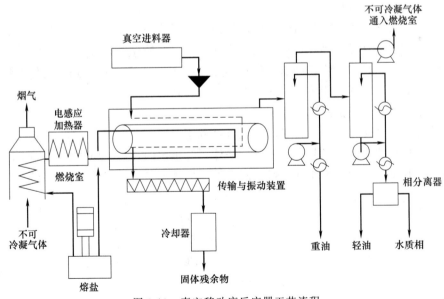

图 3-10 真空移动床反应器工艺流程

3.3.2.4 生物质热解产物

（1）气体 热解产生的中低热值的气体含有 CO、CO_2、H_2、CH_4 及饱和或不饱和烃类化合物（C_nH_m）。热解气体可作为中低热值的气体燃料，用于原料干燥、过程加热、动力发电或改性为汽油、甲醇等高热值产品。热解气体的形成方式为：热解形成焦炭的过程中，少量的（低于干生物质质量5%）初级气体随之产生，其中CO、CO_2约占90%以上，还有一些烃类化合物。在随后的热解过程中，部分有机蒸气裂解成为二次气体。最后得到的热解气体，实际上是初级气体和其他气体的混合物。

（2）焦炭　热解过程所形成的另一个主要产品是焦炭。焦炭颗粒的大小很大程度上取决于原料的粒度、热解反应对焦炭的相对损耗以及焦炭的形成机制。当热解目标是获得最大焦炭产量时，通过调整相关参数，一般可获得相当于原料干物质30%的焦炭产量。焦炭可作为固体燃料使用。

（3）液体　热解液是高氧含量、棕黑色、低黏度且具有强烈刺激性气味的复杂流体，含有一定的水分和微量固体炭。快速热解所得到的热解液通常称为生物油（bio-oil）、生物原油（bio-crude oil）或简称为油（oil），而把传统热解产生的热解液称为焦油（tar）。生物油的理化特性对生物油储存和运输具有重要的参考价值，并直接影响到生物油的应用范围与利用效率。

3.3.3　生物质气化技术

3.3.3.1　生物质气化技术及其特点

生物质气化是以生物质为原料，以氧气（空气、富氧或纯氧）、水蒸气或氢气等作为气化剂（或称气化介质），在高温条件下通过热化学反应将生物质中可燃的部分转化为可燃气的过程。生物质气化时产生的气体，主要有效成分为CO、H_2和CH_4等，称为生物质燃气。气化和燃烧过程是密不可分的，燃烧是气化的基础，气化是部分燃烧或缺氧燃烧。固体燃料中碳的燃烧为气化过程提供了能量，气化反应其他过程的进行取决于碳燃烧阶段的放热状况。实际上，气化是为了增加可燃气的产量而在高温状态下发生的热解过程。气化过程和常见的燃烧过程的区别是：燃烧过程中供给充足的氧气，使原料充分燃烧，目的是直接获取热量，燃烧后的产物是二氧化碳和水蒸气等不可再燃烧的烟气；气化过程只供给热化学反应所需的那部分氧气，而尽可能将能量保留在反应后得到的可燃气体中，气化后的产物是含氢气、一氧化碳和低分子烃类的可燃气体。

生物质气化都要通过气化炉完成，其反应过程很复杂，目前这方面的研究尚不够细致、充分。随着气化炉的类型、工艺流程、反应条件、气化剂的种类、原料的性质和粉碎粒度等条件的不同，其反应过程也不相同。但不同条件下生物质气化过程基本上包括下列反应：

$$C+O_2 = CO_2 \qquad (3-2)$$

$$CO_2+C = 2CO \qquad (3-3)$$

$$2C+O_2 = 2CO \qquad (3-4)$$

$$2CO+O_2 = 2CO_2 \qquad (3-5)$$

$$H_2O+C = CO+H_2 \qquad (3-6)$$

$$2H_2O+C = CO_2+2H_2 \qquad (3-7)$$

$$H_2O+CO = CO_2+H_2 \qquad (3-8)$$

$$C+2H_2 = CH_4 \qquad (3-9)$$

3.3.3.2　生物质气化技术的分类

生物质气化有多种形式。如果按照制取燃气热值的不同，可分为制取低热值燃气方法

（燃气热值低于 1674kJ/m³）、制取中热值燃气方法（燃气热值为 1674～3349kJ/m³）和制取高热值燃气方法（燃气热值高于 3349kJ/m³），各种气体的低位发热量见表 3-2；如果按照设备的运行方式的不同，可以将其分为固定床、流化床和旋转床；如果按照气化剂的不同，可以将其分为干馏气化、空气气化、氧气气化、水蒸气气化、水蒸气-空气气化和氢气气化等，如图 3-11 所示。

表 3-2 各种气体的低位发热量（25℃）

气体名称	低位发热量		气体名称	低位发热量	
	kJ/kg	kJ/m³		kJ/kg	kJ/m³
氢气	120036	10743	丙烷	46886	91029
一氧化碳	10111	12636	乙烯	47194	59469
甲烷	50049	35709	丙烯	45812	86407
乙烷	47520	63581	乙炔	—	56451

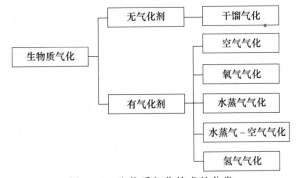

图 3-11 生物质气化技术的分类

（1）干馏气化 属于热解的一种特例，是指在缺氧或少量供氧的情况下，生物质进行干馏的过程（包括木材干馏）。主要产物为醋酸、甲醇、木焦油抗聚剂、木馏油、木炭和可燃气。可燃气的主要成分是二氧化碳、一氧化碳、甲烷、乙烯和氢气等，其产量和组成与热解温度和加热速率有关。燃气的热值为 15MJ/m³，属于中热值燃气。

（2）空气气化 以空气作为气化剂的气化过程。空气中的氧气与生物质中的可燃组分发生氧化反应，提供气化过程中其他反应所需热量，并不需要额外提供热量，整个气化过程是一个自供热系统。空气中 79% 的氮气不参与化学反应，并会吸收部分反应热，降低反应温度，阻碍氧气的扩散，从而降低反应速率。氮气的存在还会稀释可燃气体中可燃组分的浓度，降低可燃气体的热值。可燃气体的低热值一般在 5MJ/m³ 左右，属于低热值燃气方法。但由于空气随处可得，不需要消费额外能源进行生产，所以它是一种极为普遍、经济、设备简单且容易实现的气化形式。

（3）氧气气化 以纯氧作为气化剂的气化过程。在此反应过程中，合理控制氧气供给量，可以在保证气化反应不需要额外供给热量的同时，避免氧化反应生成过量的二氧化碳。同空气气化相比，由于没有氮气参与，提高了反应温度和反应速率，缩小了反应空间，提高了热效率。同时，生物质燃气的热值提高到 15MJ/m³，属于中热值燃气，可与城市煤气相当。但是，生产纯氧需要耗费大量的能源，故不适于在小型的气化系统使用该项技术。

（4）水蒸气气化 以水蒸气作为气化剂的气化过程。气化过程中，水蒸气与炭发生还原反应，生成一氧化碳和氢气，同时一氧化碳与水蒸气发生变换反应和各种甲烷化反应。典型的水蒸气气化结果为：H_2（20%～26%）；CO（28%～42%）；CO_2（16%～23%）；CH_4（10%～20%）；C_2H_2（2%～4%）；C_2H_6（1%）；C_3 以上成分（2%～3%），燃气热值可达到 $17～21MJ/m^3$，属于中热值燃气。水蒸气气化的主要反应是吸热反应，因此需要额外的热源，但是，反应温度不能过高，且该项技术比较复杂，不易控制和操作。水蒸气气化经常出现在需要中热值气体燃料而又不使用氧气的气化过程，如双床气化反应器中有一个床是水蒸气气化床。

（5）水蒸气-空气气化　主要用来克服空气气化产物热值低的缺点。从理论上讲，水蒸气-空气气化比单独使用空气或水蒸气作为气化剂的方式优越。因为减少了空气的供给量，并生成更多的氢气和烃，提高了燃气的热值，典型燃气的热值为 $11.5MJ/m^3$。此外，空气与生物质的氧化反应，可提供其他反应所需的热量，不需要外加热系统。

（6）氢气气化　以氢气作为气化剂的气化过程。主要气化反应是氢气与固定碳及水蒸气生成甲烷的过程。此反应可燃气的热值为 $22.3～26MJ/m^3$，属于高热值燃气。氢气气化反应的条件极为严格，需要在高温高压条件下进行，一般不常使用。

3.3.3.3　生物质气化装置

生物质气化反应发生在气化炉中，是气化反应的主要设备。在气化炉中，生物质完成了气化反应过程并转化为生物质燃气。针对其运行方式的不同，可将气化炉分为固定床气化炉和流化床气化炉。固定床气化炉是将切碎的生物质原料由炉子顶部加料口投入固定床气化炉中，物料在炉内基本上是按层次地进行气化反应。反应产生的气体在炉内的流动要靠风机来实现，安装在燃气出口一侧的风机是引风机，它靠抽力（在炉内形成负压）实现炉内气体的流动；靠压力将空气送入炉中的风机是鼓风机。固定床气化炉的炉内反应速率较慢。根据气流运动方向的不同，固定床气化炉可分为下流式（又称下吸式）、上流式（又称上吸式）、横流式（又称横吸式）和开心式四种类型。

流化床气化炉多选用惰性材料（如石英砂）作为流化介质，首先使用辅助燃料（如燃油或天然气）将床料加热，生物质随后进入流化床与气化剂进行气化反应，产生的焦油也可在流化床内分解。流化床原料的颗粒度较小，以便气固两相充分接触反应，反应速率快，气化效率高。如果采用秸秆作为气化原料，由于其灰渣的灰分熔点较低，容易发生床结渣而丧失流化功能。因此，需要严格控制运行温度，反应温度一般为 $700～850℃$。流化床气化炉可分为鼓泡流化床气化炉、循环流化床气化炉、双流化床气化炉、携带流化床气化炉。

（1）固定床气化炉

① 上吸式固定床气化炉 [图 3-12（a）]。生物质由上部加料装置装入炉体，然后依靠自身的重力下落，由向上流动的热气流烘干、析出挥发分，原料层和灰渣层由下部的炉栅所支撑，反应后残余的灰渣从炉栅下方排出。气化剂由下部的送风口进入，通过炉栅的缝隙均匀地进入灰渣层，被灰渣层预热后与原料层接触并发生气化反应，产生的生物质燃气从炉体上方引出。上吸式气化炉的主要特征是气体的流动方向与物料运动方向是逆向的，所以，又称逆流式气化炉。因为原料干燥层和热解层可以充分利用还原反应气体的余热，可燃气在出口的温度可以降低至 $300℃$ 以下，所以上吸式气化炉的热效率高于其他种类的固定床气化炉。

② 下吸式固定床气化炉 [图 3-12（b）]。其特征是气体和生物质的运动方向相同，所以又称顺流式气化炉。下吸式气化炉一般设置高温喉管区，气化剂通过喉管区中部偏上的位

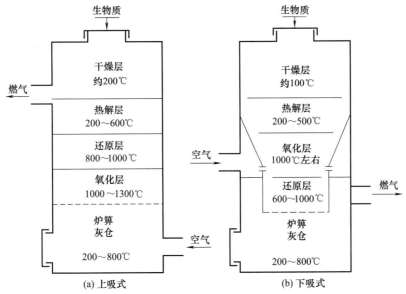

图 3-12 固定床气化炉示意图

置喷入，生物质在喉管区发生气化反应，可燃气从下部被吸出。下吸式气化炉的热解产物必须通过炽热的氧化层，因此，挥发分中的焦油可以得到充分分解，燃气中的焦油含量大大地低于上吸式气化炉。它适用于相对干燥的块状物料（含水率低于 30%）以及含有少量粗糙颗粒的混合物料，且结构较为简单，运行方便可靠。由于下吸式气化炉燃气中的焦油含量较低，特别受到了小型发电系统的青睐。

③ 横吸式固定床气化炉（图 3-13）。其特征是空气由侧向供给，产出气体从侧向流出，气体流横向通过气化区。一般适用于木炭和含灰量较低物料的气化。

④ 开心式固定床气化炉（图 3-14）。它是由我国研制并应用的。它类似于下流式固定床气化炉，所不同的是，它没有缩口，同时它的炉栅中间向上隆起。这种炉子多以稻壳作为气化原料，反应产生灰分较多。在工作过程中，炉栅缓慢地绕它的中心垂直轴作水平的回转运动，目的在于防止灰分堵塞炉栅，保证气化反应连续进行。

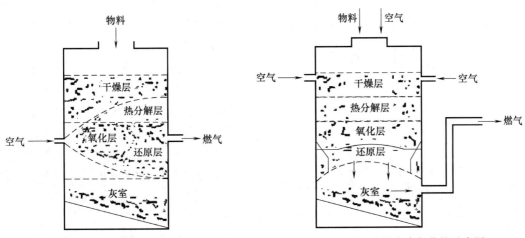

图 3-13 横吸式固定床气化炉示意图　　　图 3-14 开心式固定床气化炉示意图

（2）流化床气化炉

① 鼓泡流化床气化炉（图 3-15）是最基本、最简单的气化炉，只有一个反应器，气化剂从底部气体分布板吹入，在流化床上同生物质原料进行气化反应，生成的气化气直接由气化炉出口送入净化系统中。鼓泡流化床气化炉流化速度较低，适用于颗粒度较大物料的气化，而且一般情况下必须增加热载体，即流化介质。由于其存在飞灰和炭颗粒夹带严重等问题，一般不适合小型气化系统。

② 循环流化床气化炉工作原理如图 3-16 所示。循环流化床气化炉与鼓泡流化床气化炉的主要区别是，在气化气出口处，设有旋风分离器或袋式分离器，将燃气携带的炭粒和沙子分离出来，返回气化炉中再次参加气化反应，提高碳的转化率。循环流化床气化炉的反应温度一般控制在 700～900℃。它适用于较小的生物质颗粒，在大部分情况下，它可以不必加流化床热载体，所以它运行最简单，但它的炭回流难以控制，在炭回流较少的情况下容易变成低速率的携带床。

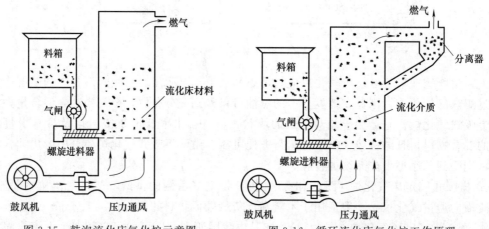

图 3-15　鼓泡流化床气化炉示意图　　　图 3-16　循环流化床气化炉工作原理

③ 双流化床气化炉工作原理如图 3-17 所示，它分为两个组成部分：一部分是气化炉；另一部分是燃烧炉。气化炉中产出的燃气经分离后，沙子和炭粒流入燃烧炉中，在这里炭粒燃烧将沙子加热，灼热的沙子再返回到气化炉中，以补充气化炉所需的热量。两床之间靠热载体即流化介质进行传热，所以控制好热载体的循环速度和加热温度是双流化床系统最关键也是最难的技术。

④ 携带流化床气化炉是流化床气化炉的一种特例，它不使用惰性材料作为流化介质，气化剂直接吹动炉中的生物质原料，属于气流输送。该气化炉要求原料破碎成细小颗粒，其运行温度可高达 1100～1300℃，产出气体中焦油成分及冷凝物含量很低，碳转化率可达 100%。但由于运行温度高易烧结，故选材较困难。

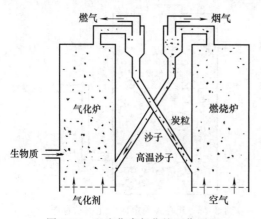

图 3-17　双流化床气化炉工作原理

无论是固定床气化炉还是流化床气化炉，在设计和运行中都有不同的条件和要求，了解不同气化炉的各种特性，对正确合理设计和使用生物质气化炉是至关重要的。表 3-3 表示了各种气化炉对不同原料的要求。表 3-4 给出了各种气化炉使用不同气化剂的产出气体热值情况。

表 3-3 各种气化炉对原料的要求

气化炉类型	下吸式固定床	上吸式固定床	横吸式固定床	开心式固定床	流化床
原料种类	秸秆、废木	秸秆、废木	木炭	稻壳	秸秆、木屑、稻壳
尺寸/mm	5~100	20~100	40~80	1~30	<10
适度/%	<30	<25	<7	<12	<20
灰分/%	<25	<6	<6	<20	<20

表 3-4 各种气化炉产出气体热值情况

气化剂	下吸式固定床	上吸式固定床	横吸式固定床	开心式固定床	鼓泡流化床	双流化床	循环流化床	携带流化床
空气	○	○	○	○	○			
氧气	□	□	□		□		□	□
水蒸气					□	□		

注：□表示中热值气体；○表示低热值气体。

3.4 生物质能生物转化技术

生物化学过程是利用原料的生物化学作用和微生物的新陈代谢作用生产气体燃料和液体燃料。由于其能将利用生物质能对环境的破坏作用降低到最低程度，因而在当今世界对环保要求日益严格的情况下较具发展前景。该技术主要是利用生物质厌氧发酵生成沼气和在微生物作用下生成乙醇等能源产品。

3.4.1 沼气技术

3.4.1.1 沼气的成分及性质

沼气是由有机物质（粪便、杂草、作物、秸秆、污泥、废水、垃圾等）在适宜的温度、湿度、酸碱度和厌氧的情况下，经过微生物发酵分解作用产生的一种可以燃烧的气体，由于这种气体最早在沼泽地发现，故名沼气。在自然界中，除含腐烂有机物质较多的沼泽、池塘、污水沟、粪坑等处可能有沼气外，也可以人工制取。用作物秸秆、树叶、人畜粪便、污泥、垃圾、工业废渣、废水等有机物质作原料，仿照产生沼气的自然环境，在适当条件下，进行发酵分解即可产生出来。

沼气是一种混合气体，其组成不仅取决于发酵原料的种类及其相对含量，而且随发酵条件及发酵阶段的不同而变化。当沼气池处于正常稳定发酵阶段时，沼气的体积组成大致为：甲烷（CH_4）60%~70%，二氧化碳（CO_2）30%~40%。此外，还有少量的一氧化碳（CO）、氢气（H_2）、硫化氢（H_2S）、氧气（O_2）和氮气（N_2）等气体。沼气最主要的性质是其可燃性，主要成分是甲烷，甲烷是一种无色、无味、无毒的气体，比空气轻一半，是一种优质燃料。氢气、硫化氢和一氧化碳也能燃烧，不可燃成分包括二氧化碳、氮气和氨气等气体。一般沼气因含有少量的硫化氢，在燃烧前带有臭鸡蛋味或烂蒜气味。沼气燃烧时放出大量热量，热值为 21520kJ/m³（甲烷含量 60%、二氧化碳含量 40%），约相当于 1.45m³ 煤气或 0.69 m³ 天然气的热值，属于中等热值燃料。因此，沼气是一种燃烧值很高、很有应用和发展前景的可再生能源。

3.4.1.2 沼气的发酵原理

沼气发酵是一个微生物作用的过程。各种有机质，包括农作物秸秆、人畜粪便以及工农业排放废水中所含的有机物等，在厌氧及其他适宜的条件下，通过微生物的作用，最终转化成沼气，完成这个复杂的过程，即为沼气发酵。沼气发酵产生的三种物质：一是沼气，以甲烷为主，是一种清洁能源；二是消化液（沼液），含可溶性 N、P、K，是优质肥料；三是消化污泥（沼渣），主要成分是菌体、难分解的有机残渣和无机物，是一种优良有机肥，并有土壤改良功效。

沼气发酵的基本过程是指固态有机物经沼气发酵变为沼气的整个过程，通常分为液化、产酸、产甲烷三个阶段，其中液化阶段和产酸阶段合称为不产甲烷阶段。因此，沼气发酵过程也可分为两个阶段，即不产甲烷阶段和产甲烷阶段。沼气发酵的三个阶段如图 3-18 所示。

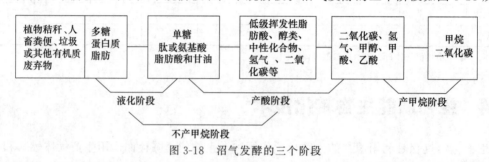

图 3-18 沼气发酵的三个阶段

第一阶段是液化阶段，也称水解发酵阶段。各种固形有机物通常不能进入微生物体内被微生物所利用，但是许多微生物能分泌各种胞外酶（大多是水解酶类）。

第二阶段是产酸阶段。进入细胞的各种可溶性物质，在各种胞内酶的作用下，进一步分解代谢，生成各种挥发性脂肪酸，其中主要是乙酸（CH_3COOH），同时也有氢气、二氧化碳和少量其他产物。由于有机酸的生成是其主要特点，故称为产酸阶段。

第三阶段是由甲烷菌所完成的产甲烷阶段。甲烷菌分解乙酸形成甲烷和二氧化碳，或利用氢气还原二氧化碳形成甲烷，或转化甲酸形成甲烷。在形成的甲烷中，约 30% 来自氢气还原二氧化碳，70% 来自乙酸的分解。因此，乙酸的降解在甲烷形成过程中具有重要作用，是主要的代谢途径。和液化阶段相比，这一阶段进行得较快，不过不同的基质生成甲烷的速度也不同。

3.4.1.3 沼气发酵工艺条件

沼气发酵是一个复杂的生物学和生物化学过程，为了达到较高的沼气生产率、污水净化效率或废弃物处理率，需要最大限度地培养和积累厌氧消化细菌，使细菌具有良好的生活条件。且微生物的生命活动要求具备适宜的条件，因此控制发酵过程的正常运行也需要一定的条件，主要包括温度、酸碱度、发酵原料、原料碳氮比、氧化还原势、有害物质的控制及搅拌等因素。

（1）严格的厌氧环境 沼气菌群中的产甲烷菌是严格厌氧菌，对氧特别敏感，它们不能在有氧环境中生存，即使有微量的氧存在，生命活动也会受到抑制甚至死亡，发酵受阻，因此严格的厌氧环境是沼气发酵的先决条件。厌氧程度一般用氧化还原电位（或称氧化还原势）来表示。常温沼气发酵条件下，适宜的氧化还原电位为$-350\sim-300\text{mV}$。因此，建造一个不漏水、不漏气的密闭沼气池（罐），是人工制取沼气的关键。

沼气发酵的启动或新鲜原料入池时会带进一部分氧，但由于在密闭的沼气池内，好氧菌和兼性厌氧菌的作用会很快地消耗溶解氧，使池内保持厌氧环境。

（2）发酵温度　温度是沼气发酵的一个关键因素。在一定温度范围内，沼气微生物的代谢活动随温度上升而越加旺盛。$40\sim50℃$是沼气微生物高温菌和中温菌活动的过渡区间，它们在这个温度范围内都不太适应，因而此时产气速率会下降。当温度增高到$53\sim55℃$时，沼气微生物中的高温菌活跃，产沼气的速率最快。

通常产气高峰一个在$35℃$左右，另一个在$54℃$左右。这是因为在这两个最适宜的发酵温度由两种不同的微生物群参与作用的结果。前者称为中温发酵，后者称为高温发酵。中温和高温发酵要进行保温，且需补充热源，农村一般难以采用。农村沼气池都属常温发酵，发酵温度随气温变化而变化。由于农村沼气池都是埋地的水压式池，因此，沼气温度实际上受地温影响，虽在短时间内气温变化大、变化快，但由于大地热容量大，地温不会随气温变化而明显变化，而是相对稳定的，变化慢、变化小。

（3）发酵原料　在厌氧发酵过程中，原料既是产生沼气的底物，又是沼气发酵细菌赖以生存的养料来源。良好的沼气发酵原料包括各种畜禽粪便，如猪、马、牛等家畜与家禽饲养场的粪便等，各种农作物秸秆、杂草、树叶等，以及农产品加工的残余物、废水，如酒精、丙酮、丁醇、味精、柠檬酸、淀粉、豆制品等生产的废水。此外，城市有机垃圾及生活污水也可作为原料进行厌氧发酵处理。表3-5为不同发酵原料的产沼气量。

表3-5　发酵原料的产沼气量

原料种类	产沼气量(以单位质量干物质计)/(m³/t)	甲烷含量/%	原料种类	产沼气量(以单位质量干物质计)/(m³/t)	甲烷含量/%
牲畜厩肥	260～280	50～60	树叶	210～294	58
猪粪	561		废物污泥	640	50
马粪	200～300		酒厂废水	300～600	58
青草	630	70	碳水化合物	750	49
亚麻秆	359		类脂化合物	1440	72
麦秆	432	59			

（4）pH值　发酵料液的酸碱度（pH值）影响沼气微生物的生长和分解酶的活性，对沼气发酵的产气量以及沼气中的甲烷含量都有极大的影响。一般不产甲烷微生物对酸碱度的适应范围较广，而产甲烷细菌对酸碱度的适应范围较窄，只有在中性或微碱性的环境里才能正常生长发育。所以，沼气池里发酵液的pH值在$6.5\sim7.5$为宜。

（5）菌种的选择与富集培养　沼气发酵中菌种数量的多少和质量的好坏直接影响沼气的产生。实际操作中，要视发酵原料的不同，决定是否需要接种。在处理废水时，由于废水中含有的沼气菌数量比较少，所以开始时必须接种。对于粪便和其他发酵原料，沼气发酵微生物可由原料带入沼气池。菌种来源广泛，沼气池的沼渣、沼液，粪坑底的污泥，屠宰场的阴沟污泥都是很好的接种物。有时需要的接种量很大，一时又难以采集到，可以采取富集培养方法：选择活性较强的污泥，加入要发酵的原料，使之逐渐适应，然后，逐步扩大到需要的数量。接种量一般为发酵料液的 15％～30％，质量好的菌种可少些，反之宜多些。

（6）原料碳氮比　沼气发酵过程是培养微生物的过程，发酵原料或所处理的废水应看成是培养基，因而必须考虑微生物生长所必需的碳、氮、磷以及其他微量元素和水及维生素等，其中发酵原料的 C/N 值显得尤为重要。发酵原料的 C/N 值，是指原料中有机碳素和氮素含量的比例关系。沼气发酵过程对原料的碳氮比（C/N）有一定的范围要求，一般将发酵原料的 C/N 值控制在（25：1）～（30：1）为佳。碳氮比较高时，发酵启动慢，消化慢，总产气量高，这一现象在料液浓度高时尤为明显。农村常用原料的 C/N 值见表 3-6。

表 3-6　农村常用原料的 C/N 值

原料种类	碳素含量/％	氮素含量/％	C/N	原料种类	碳素含量/％	氮素含量/％	C/N
干麦秸	46	0.53	87：1	野草	11	0.54	26：1
干稻草	42	0.63	67：1	鲜羊粪	16	0.55	29：1
玉米秸	40	0.75	53：1	鲜牛粪	7.3	0.29	25：1
树叶	41	1.00	41：1	鲜猪粪	7.8	0.60	13：1
大豆秧	41	1.30	32：1	鲜人粪	2.5	0.65	3.9：1
花生秧	11	0.59	19：1	鲜马粪	10	0.24	24：1

（7）添加剂和抑制剂

① 添加剂。能促进有机物分解并提高沼气产量的物质。添加剂的种类很多，包括一些酶类、无机盐类、有机物和其他无机物等。

a. $CaCO_3$（碳酸钙）。可提高牛粪沼气池的产气量和甲烷的含量。

b. 纤维素酶。进料时添加，可加速有机物质分解，提高产气量。

c. 钾、钠、钙、镁。它们都能对沼气发酵起刺激作用。

d. 尿素。添加到牛粪沼气池内，可提高产气速度和产气量。

e. 活性炭粉。添加少量即可提高产气量。

② 抑制剂。对沼气发酵微生物的生命活动起抑制作用的物质。抑制剂包括酸类、醇类、苯、氰化物及去垢剂等。此外，各类农药，特别是剧毒农药，都具有极强的杀菌作用，即使是微量，也可能破坏正常的沼气发酵过程。

（8）搅拌　沼气池在不搅拌的情况下，发酵料会成为三层，上层结壳，中层清液，下层沉渣，这不利于微生物与发酵料的均匀接触，妨碍发酵产气。为了打破发酵料分层，提高原料利用率，加快发酵速度，提高产气量，应该进行必要的搅拌。但搅拌过多过猛时，会打乱微生物的群落，影响微生物的生长繁殖，所以料液的搅拌次数不宜过多，搅拌强度也不宜过大。搅拌方式有人工搅拌、机械搅拌、气搅拌和液搅拌四种，前三种需要一定的设备，多在大中型处理工业有机废水的沼气工程中应用。人工搅拌方式比较适合农家小型沼气池。

3.4.1.4　沼气发酵工艺分类

由于沼气发酵的有机物种类多、温度差别大、进料方式不同，沼气发酵工艺类型较多。

（1）按发酵温度　分为常温发酵、中温发酵和高温发酵三种工艺类型。

① 常温发酵（或自然温度发酵）。发酵温度不受人为控制，随季节变化，发酵产气速度随四季温度升降而升降，夏季高，冬季低。但所需条件简单，所以广大农村沼气池都属这一类型。

② 中温发酵。发酵过程中控制温度，恒定在 36～38℃ 之间。不同研究者提出了不同的

温度范围，一般介于 30～40℃ 之间。中温发酵中微生物比较活跃，有机物降解较快，产气率较高。这类发酵适合于温暖的废水废物处理，与高温发酵相比，产气率要低些，但热散失少。

③ 高温发酵。发酵温度维持在 45～55℃。其特点是沼气微生物特别活跃，有机物分解消化快，产气率高，滞留时间短，适于处理高温的废水废物，如酒厂的酒糟废液、豆腐厂废水等。

（2）按投料方式　分为连续发酵、半连续发酵和批量发酵三种工艺类型。

① 连续发酵工艺。其特点是连续定量地添加新料液、排出旧料液，以维持稳定的发酵条件，维持稳定的有机物消化速度和产气率。它适合处理来源稳定的工业废水和城市污水等。

② 半连续发酵工艺。其特点是定期添加新料液、排出旧料液，补充原料，以维持比较稳定的产气率。我国农村的家用水压式沼气池基本上属于这一类。半连续发酵的工艺流程如图 3-19 所示。

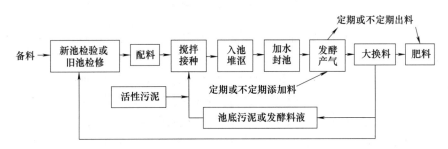

图 3-19　半连续发酵的工艺流程

③ 批量发酵工艺。其特点是成批原料投入发酵，运转期间不添加新料，当发酵周期结束后出料，再更新投入新料发酵。批量发酵的产气率不稳定，开始产气率上升很快，达到产气高峰后维持一段时间，以后产气率逐渐下降。它用于研究一些有机物沼气发酵的全过程，用于城市垃圾坑填式沼气发酵等。

（3）按沼气发酵阶段　分为两步发酵、一步沼气发酵两种工艺类型。

① 一步沼气发酵工艺（一步法）。沼气发酵的产酸与产甲烷阶段在同一装置内进行。通常的发酵工艺都属于一步发酵工艺，即原料的水解（液化）阶段、产酸阶段、产甲烷阶段都在同一个环境条件下进行。我国广大农村的沼气池属于这一类。

② 两步发酵工艺（两步法）。沼气发酵的产酸阶段与产甲烷阶段分别在两个装置中进行，给予最适条件。"上一步"的产物给"下一步"进料，以实现沼气发酵全过程的最优化，因此它的产气率高，甲烷含量和 COD 去除率也较高。

（4）按发酵装置形式不同　可分为多种沼气发酵工艺，如常规全混合式消化器、厌氧接触工艺、厌氧过滤器、上流式厌氧污泥床以及折流式、管道式消化器等。

3.4.1.5　典型的农村户用沼气池池型

随着我国沼气科学技术的发展和农村家用沼气的推广，根据当地使用要求和气温、地质等条件，家用沼气池有固定拱盖的水压式沼气池、大揭盖水压式沼气池、吊管式水压式沼气池、曲流布料式沼气池、顶返水水压式沼气池、分离浮罩式沼气池、半塑式沼气池、全塑式沼气池和罐式沼气池。形式虽然多种多样，但是归总起来大体由水压式沼气池、浮罩式沼气池、半塑式沼气池和罐式沼气池四种基本类型变化形成。

（1）水压式沼气池　水压式沼气池是我国农村普遍采用的一种人工制取沼气的厌氧发酵密闭装置，推广数量占农村沼气池总量的 85% 以上。根据水压间放置位置的不同，可分为侧水压式沼气池和顶水压式沼气池（图 3-20）。根据出料管设置位置的不同，可分为中层出料水压式沼气池和底层出料水压式沼气池。北方农村多采用底层出料水压式沼气池。

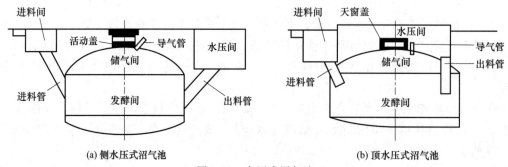

| (a) 侧水压式沼气池 | (b) 顶水压式沼气池 |

图 3-20　水压式沼气池

底层出料水压式沼气池由发酵间、水压间、储气间、进料管、出料口通道、导气管等部分组成。进料管一般设在畜禽舍地面，由设在地下的进料管与沼气池相连通。收集的粪便及冲洗污水经进料管注入沼气池发酵间。进料口的设定位置，应该和出料口及池拱盖中心的位置在一条直线上，如果条件受限或者建两个进料口时，其每个进料口、池拱盖、出料间的中心点连线的夹角必须大于 120°，其目的是保持进料流畅，便于搅拌，防止排出未发酵的料液，造成料液短路。水压式沼气池具有构造简单、施工方便、使用寿命长、力学性能好、材料适应性强、造价较低等优点。缺点是气压易随产气多少上下波动，影响高档炉具的使用。

（2）曲流布料式沼气池　曲流布料式沼气池如图 3-21 所示。当原料进入池内时，用分流挡板进行半控或全控布料，以形成多路曲流，并增加新料散面，这样就提高了池容产气率和负载能力。池中央下部设置破壳装置，并利用内部压力和气流产生搅拌作用，缓解上部料液结壳。设置连续搅拌装置，简单方便。原料利用率、产气率和沼气负荷优于常规水压式沼气池，操作简单。

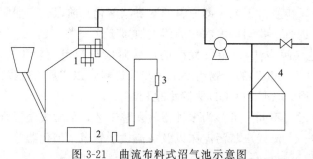

图 3-21　曲流布料式沼气池示意图

1—破壳装置；2—曲流布料挡板；3—湿式流量计；4—集气罩

（3）分离浮罩式沼气池　分离浮罩式沼气池由发酵池和储气浮罩组成（图 3-22），浮罩式沼气池的工作原理与水压式沼气池的工作原理很类似，发酵间产生沼气后，沼气通过输气管输送到储气罩，储气罩升高。使用沼气时，沼气由储气罩的重量压出，通过输气系统输送

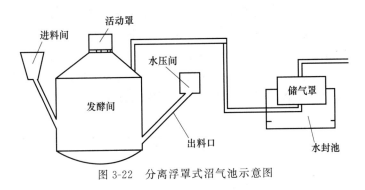

图 3-22 分离浮罩式沼气池示意图

到使用单位。不同点在于水压池的储气间由浮罩代替，发酵间所产沼气通过输气管道输送到储气柜储藏和使用。

分离浮罩式沼气池的特点是有较高的产气率、气压恒定、使用方便、设备要求低，但建池成本较高、占地面积大、施工周期长、施工难度大、沼气使用成本偏高。

（4）强旋流液搅拌沼气池 强旋流液搅拌沼气池是一种高效户用沼气池（图 3-23），由进料口、进料管、发酵间、储气室、活动盖、水压间、旋流布料墙、抽渣管、活塞、导气管、出料通道等部分组成，特点是搅拌力强、清渣容易、可克服发酵盲区和料液"短路"。

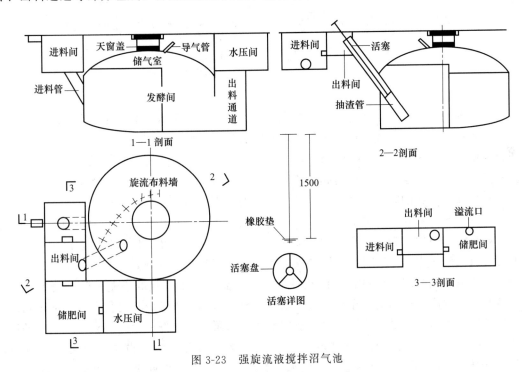

图 3-23 强旋流液搅拌沼气池

3.4.1.6 大中型沼气工程

近年来，畜禽养殖业的迅速发展为改善人民生活水平提供了物质保障，但同时，由于养殖业的粪尿排泄物及废水中含有大量的氮、磷、悬浮物及致病菌，特别是规模化养殖场排放的污染物数量大而且集中，对水体环境和大气环境造成了严重的污染，已经成为与工业污染相当的重要污染源。实践证明，大中型沼气工程技术是治理畜禽养殖业污染的有效措施。

大中型沼气工程，是指沼气发酵装置或日产气量应该具有一定规模，即单体发酵容积为$50\sim500m^3$，或多个单体发酵容积之和大于$50m^3$，或日产气量为$50\sim1000m^3$，达到其中某一项规定指标，为中型沼气工程；如果单体发酵容积大于$500m^3$，或多个单体发酵容积之和大于$1000m^3$，或日产气量大于$1000m^3$，达其中某一项规定指标，即为大型沼气工程。人们习惯把中型和大型沼气工程放到一起去评述，规模划分见表3-7。

表 3-7　沼气工程规模划分

规模	单位容积/m^3	单位容积之和/m^3	日产气量/m^3
小型	<50	<50	<50
中型	$50\sim500$	$50\sim1000$	$50\sim1000$
大型	>500	>1000	>1000

一个完整的大中型沼气发酵工程，无论其规模大小，都包括了原料（废水）的收集、预处理、消化器（沼气池）、出料的后处理、沼气的净化、储存和输配以及利用等环节（图3-24）。

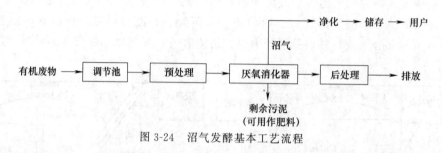

图 3-24　沼气发酵基本工艺流程

（1）原料的收集　充足而稳定的原料供应是沼气发酵工艺的基础，不少沼气工程因原料来源的变化被迫停止运转或报废。原料的收集方式又直接影响原料的质量，如一个猪场采用自动化冲洗，其 TS 浓度一般只有$1.5\%\sim3.5\%$，若采用刮粪板刮出，则原料浓度可达$5\%\sim6\%$，如手工清运，则浓度可达20%左右。因此，在畜禽场或工厂设计时就应根据当地条件合理安排废物的收集方式及集中地点，以便就近进行沼气发酵处理。

收集的原料一般要进入调节池储存，因为原料收集的时间往往比较集中，而消化器的进料常需要在一天内均匀分配，所以调节池的大小一般要能储存24h废水量。在温暖季节，调节池常可兼有酸化作用，这对改善原料性能和加速厌氧消化有好处。

（2）原料的预处理　粪便污水的预处理阶段，需要选用适宜的格栅及除杂物的分离设施。杂物分离设施可选用斜板振动筛或振动挤压分离机等。固液分离是把原料中的杂物或大颗粒的固体分离出来，以便使原料废水适应潜水污水泵和消化器的运行要求。淀粉厂的废水前处理设施可选用真空过滤、压力过滤、离心脱水和水力筛网等设施，也可选用沉淀池（罐）等设施。以玉米为原料的乙醇厂废水前处理，可选用真空吸滤机、板框压滤机、锥篮分离机和卧式螺旋离心分离机等；以薯干为原料的乙醇厂废水前处理，先经过沉沙池再进入卧式螺旋离心机。

（3）消化器（沼气池）　消化器或称沼气池是沼气发酵的核心设备，微生物的生长繁殖、有机物的分解转化、沼气的生产都是在消化器里进行的，因此消化器的结构和运行情况是一个沼气工程设计的重点。消化器的工艺类型，根据消化器水力滞留期（HRT）、固体滞留期（SRT）和微生物滞留期（MRT）相关性的不同，分为三大类（表3-8）。在一定 HRT

条件下，设法延长 SRT 和 MRT 是厌氧消化器科技水平提高的主要方向。不同的厌氧消化器适用于处理不同的有机废水和废物，根据所处理废物的理化性质的不同采用不同的消化器是大中型沼气工程提高科技水平的关键。

表 3-8 厌氧消化器的类型

类型	滞留期特征	消化器举例
Ⅰ 常规型	MRT＝SRT＝HRT	常规消化器、连续搅拌罐、塞流式
Ⅱ 污泥滞留型	(MRT 和 SRT)HRT	厌氧接触 UASB、USR、折流式、IC
Ⅲ 附着膜型	MRT(SRT 和 HRT)	厌氧过滤器、流化床、膨胀床

（4）出料的后处理　出料的后处理是大型沼气工程不可缺少的组成部分。后处理的方式多种多样，可直接作为肥料施肥，或者将出料先进行固液分离，固体残渣用作肥料，清液经曝气池等氧化处理而排放。

（5）沼气的净化、储存和输配　沼气在使用前必须经过净化，使沼气的质量达到标准。沼气的净化一般包括沼气的脱水、脱硫及脱二氧化碳。图 3-25 为沼气净化工艺流程。

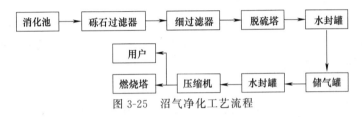

图 3-25　沼气净化工艺流程

沼气发酵时会有水分蒸发进入沼气，水的冷凝会造成管路堵塞，有时气体流量计中也会充满了水。由于微生物对蛋白质的分解或硫酸盐的还原作用也会有一定量硫化氢（H_2S）气体生成并进入沼气。H_2S 是一种腐蚀性很强的气体，它可引起管道及仪表的快速腐蚀。H_2S 本身及燃烧时生成的 SO_2 对人也有毒害作用。因此，大中型沼气工程，特别是用来进行集中供气的工程必须设法脱除沼气中的水和 H_2S。中温 35℃ 运行的沼气池，沼气中的含水量为 $40g/m^3$，冷却到 20℃ 时沼气中的含水量只有 $19g/m^3$，也就是说每立方米沼气在从 35℃ 降温到 20℃ 的过程中会产生 21g 冷凝水。脱水通常采用脱水装置进行。沼气中的 H_2S 含量在 $1\sim12g/m^3$ 之间，蛋白质或硫酸盐含量高的原料，发酵时沼气中的 H_2S 含量就较高。根据城市煤气标准，煤气中 H_2S 含量不得超过 $20g/m^3$。硫化氢的脱除通常采用脱硫塔，内装脱硫剂进行脱硫。因脱硫剂使用一定时间后需要再生或更换，所以脱硫塔最少要有两个轮流使用。沼气的储存通常用浮罩式储气柜，以调节产气和用气的时间差别，储气柜的大小一般为日产沼气量的 $1/3\sim1/2$，以便稳定供应用气。沼气的输配是指将沼气输送分配至各用户（点），输送距离可达数千米。输送管道通常采用金属管，采用高压聚乙烯塑料管作为输气干管已试验成功。用塑料管输气不仅避免了金属管的锈蚀，并且造价较低。气体输送所需的压力通常依靠生产沼气所提供的压力即可满足，远距离输送可采用增压措施。

3.4.2　生物燃料乙醇技术

3.4.2.1　生物燃料乙醇及其特点

乙醇（ethanol），俗称酒精，是一种无色透明且具有特殊芳香味和强烈刺激性的液体，沸点和燃点较低，属于易挥发和易燃液体。当乙醇蒸气与空气混合时，极易引起爆炸或火灾，因此生产、储存、运输和使用过程中必须严格注意防火，以免发生事故。乙醇的生产方法有两类：合成法和生物法。近年来由于受原油价格高涨的影响，合成法乙醇生产受到很大制约，使生物法乙醇生产得以恢复和发展。生物法乙醇生产就是以淀粉质（玉米、小麦等）、糖蜜（甘蔗、甜菜、甜高粱秸秆汁液等）或纤维质（木屑、农作物秸秆等）为原料，经发酵、蒸馏制成，将乙醇进一步脱水再添加变性剂（车用无铅汽油）变性后成为燃料乙醇。燃料乙醇是用粮食或植物生产的可加入汽油中的品质改善剂，它不是一般的乙醇，而是乙醇的深加工产品。

作为替代燃料，燃料乙醇具有如下特点。

① 可作为新的燃料替代品，减少对石油的消耗。乙醇作为可再生能源，可以直接作为液体燃料或者同汽油混合使用，可以减少对化石能源——石油的依赖，保障本国能源的安全。

② 辛烷值高，抗爆性能好。作为汽油添加剂，可以提高汽油的辛烷值。通常车用汽油的辛烷值一般要求为90或93，乙醇的辛烷值可以达到111，所以向汽油中加入燃料乙醇可以大大提高汽油的辛烷值，且乙醇对烷烃类汽油组分（烷基化油、轻石脑油）辛烷值调和效应好于烯烃类汽油组分（催化裂化汽油）和芳烃类汽油组分（催化重整汽油），添加乙醇还可以较为有效地提高汽油的抗爆性。

③ 作为汽油添加剂，可以减少矿物燃料的应用以及对大气的污染。乙醇的氧含量高达34.7%，乙醇可以较MTBE更少的添加量加入汽油中。汽油中添加7.7%乙醇，氧含量达到2.7%；如添加10%乙醇，氧含量可以达到3.5%，所以加入乙醇可以帮助汽油完全燃烧，以减少对大气的污染。使用燃料乙醇取代四乙基铅作为汽油添加剂，可以消除空气中铅的污染；取代MTBE，可以避免对地下水和空气的污染。另外，除了提高汽油的辛烷值和氧含量，乙醇还能改善汽车尾气的质量，减轻污染。一般当汽油中乙醇的添加量不超过15%时，对车辆的行驶性没有明显的影响，但尾气中烃、NO_x 和 CO 的含量明显降低。

④ 乙醇是可再生能源，若采用小麦、玉米、稻谷壳、薯类、甘蔗和糖蜜等生物质发酵生产乙醇，其燃烧所排放的 CO_2 和作为原料的生物源生长所消耗的 CO_2，在数量上基本持平，这对减少大气污染和抑制温室效应意义重大。

3.4.2.2 制取生物燃料乙醇的生物质原料

从工艺角度来看，生物质中只要含有可发酵性糖（如葡萄糖、麦芽糖、果糖和蔗糖等）或可转变为发酵性糖的原料（如淀粉、菊粉和纤维素等）都可以作为乙醇的生产原料。然而从实用性的角度考虑，目前在生产中所采用的原料可分为以下几类。

（1）糖类原料　包括甘蔗、甜菜和甜高粱等含糖作物以及废糖蜜等。甘蔗和甜菜等糖类原料在我国主要作为制糖工业原料，很少直接用于生产乙醇。废糖蜜是制糖工业的副产品，内含相当数量的可发酵性糖，经过适当的稀释处理和添加部分营养盐分即可用于乙醇发酵，是一种低成本、工艺简单的生产方式。

（2）淀粉质原料　包括甘薯、木薯和马铃薯等薯类和高粱、玉米、大米、谷子、大麦、小麦和燕麦等粮谷类。薯类原料的化学成分见表3-9。几种谷物的化学成分见表3-10。

表3-9 薯类原料的化学成分

原料名称	水分/%	淀粉/%	粗蛋白/%	粗脂肪/%	粗纤维/%	灰分/%
甘薯	70~75	20~27	0.6~1.3	0.1~0.5	0.2~0.7	0.5~0.9
甘薯干	12~14	66~70	2.3~6.1	0.5~3.2	1.4~3.3	2.0~3.0
木薯	67~70	22~28	1.1	0.4	1.3	0.6
木薯干	12~15	68~73	2.6	0.8	3.6	2.2
马铃薯	69~83	12~25	1.9	0.2	1.0	1.2
马铃薯干	12~13	65~68	7.4	0.5	2.3	3.4

表3-10 几种谷物的化学成分

原料名称	水分/%	淀粉/%	粗蛋白/%	粗脂肪/%	粗纤维/%	灰分/%
玉米	12.0~14.0	62.0~70.0	8.0~12.0	3.5~5.7	1.5~3.0	1.5~1.7
高粱	10.3~13.4	59.0~68.0	8.5~13.0	3.0~5.2	1.4~3.0	1.6~2.3
大麦	10.5~13.5	58.5~68.0	10.0~14.0	1.7~3.7	4.0~6.0	2.4~3.2
小麦	12.0~13.5	65.0~70.0	8.0~13.8	1.8~3.2	1.2~2.7	1.3~1.7
大米	12.0~13.7	70.0~75.0	7.3~9.4	0.4~2.0	0.4~1.3	0.3~1.3
粟谷	10.5~13.0	58.0~65.0	9.0~11.0	3.0~3.5	4.0~6.0	1.2~1.9

（3）纤维素原料 农作物秸秆、林业加工废弃物、甘蔗渣及城市固体废物等。纤维素原料的主要成分包括纤维素、半纤维素和木质素。纤维素结构与淀粉有共同之处，都是葡萄糖的聚合物，使用纤维素原料生产乙醇是发酵法生产乙醇的基本发展方向之一。

（4）其他原料 其他原料主要指亚硫酸纸浆废液、各种野生植物、乳清等，野生植物虽然含有可发酵性物质，但从经济的角度看，不具备真正成为酒精工业化生产原料的条件，不在非常时期，不应用它作为原料，乳清产量不大，短期内在我国不会成为重要的酒精生产原料。乙醇可通过微生物发酵由单糖制得，也可以将淀粉和纤维素物料水解成单糖后制得，而对于木质纤维需要大得多的水解程度方能制得，这是利用的主要障碍，而淀粉水解则相对简单，并且已有很好的工艺。各种原料的乙醇产量和蕴能度见表3-11。

表3-11 各种原料的乙醇产量和蕴能度

原料	每公顷地年产量/t	糖或淀粉含量/%	每吨原料产乙醇/L	每公顷地原料年产乙醇量/L	年生产天数/d
糖浆（甘蔗或甜菜）		50	300		330
甜菜	45	16	100	4300	90
甘蔗	40	12.5	70	4900	150/180
甜高粱	35	14	80	2800	
木薯	40	25	150	6000	200~300
玉米	5	69	410	2050	330
小麦	4	66	390	1560	330
甘薯	25×2	25	150	3750×2	

3.4.3 生物乙醇的制备方法

3.4.3.1 淀粉质原料制备生物燃料乙醇技术

淀粉质原料酒精发酵是以含淀粉的农副产品为原料，利用α-淀粉酶和糖化酶将淀粉转化为葡萄糖，再利用酵母菌产生的酒化酶等将糖转变为酒精和二氧化碳的生物化学过程。以薯干、大米、玉米、高粱等淀粉质原料生产乙醇的生产流程如图3-26所示。

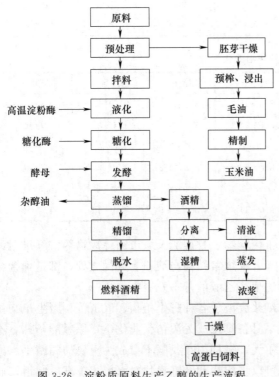

图 3-26 淀粉质原料生产乙醇的生产流程

（1）原料粉碎 谷物或薯类原料的淀粉，都是植物体内的储备物质，常以颗粒状态存于细胞之中，受到植物组织与细胞壁的保护，既不溶于水，也不易和淀粉水解酶接触。因此，需经过机械加工，将植物组织破坏，使其中的淀粉释出，这样的机械加工就是将原料粉碎。粉碎后的原料增加了受热面积，有利于淀粉颗粒的吸水膨胀、糊化，提高热处理效率，缩短热处理的时间。另外，粉末状原料加水混合后容易流动输送。当采用连续蒸煮方法时，各种原料都必须经过粉碎。若采用间接蒸煮方法，原料可以不经过粉碎而直接呈块状投入蒸煮锅内进行高压蒸煮。原料粉碎方法可分为干粉碎和湿粉碎两种。湿粉碎时，物料粉末不会飞扬，减少原料的损失，省去通风除尘设备。但是湿粉碎所得到的粉碎原料，只能立即直接用于生产，不宜储藏，且耗电量较干粉碎多 8% ～10%。目前我国大多数酒精工厂采用的是干粉碎法，而且都采用二次粉碎，即经过粗碎和细碎两次加工。

（2）蒸煮糊化 将淀粉质原料在吸水后进行高温高压蒸煮，目的是使植物组织和细胞彻底破裂，原料内含的淀粉颗粒因吸水膨胀而破坏，使淀粉由颗粒变成溶解状态的糊液，易于受淀粉酶的作用，把淀粉水解成可发酵性糖。其次，通过高温高压蒸煮，可将原料表面附着的大量微生物杀死，具有灭菌作用。

（3）糖化 加压蒸煮后的淀粉糊化成为溶解状态，尚不能直接被酵母菌利用发酵生成酒精，而必须经过糖化，将淀粉转变成可发酵性糖。糖化过程所用的催化剂称为糖化剂。我国多采用曲作糖化剂，欧洲各国则仍采用麦芽为糖化剂。曲分为麸曲和液体曲：用固体表面培养的曲称为麸曲；用液体深层通风培养的曲称为液体曲。此外，已发展采用酶制剂作糖化剂。

酒精生产中制曲所用的糖化菌有一定的要求，如要求含有一定的α-淀粉酶、活性强的糖化酶和适量的蛋白酶，以及菌种特性不易退化、容易培养制曲等。一般来说，曲霉菌能基本满足这些要求。用得最广的有黑曲霉、乌沙米曲霉等。

（4）酒精发酵 在酒精发酵过程中，其主要产物是乙醇和二氧化碳，但同时也伴随着产生 40 多种发酵副产物。按其化学性质分,主要是醇、醛、酸、酯 4 大类化学物质。按来源分,有些是由于酵母菌的生命活动引起的,如甘油、杂醇油、琥珀酸的生成;有些则是由于细菌污染所致,如醋酸、乳酸、丁酸。对于发酵产生的副产物应加强控制和在蒸馏过程中提取,以保证酒精的质量。

3.4.3.2 纤维质原料制备生物燃料乙醇技术

纤维素原料生产酒精工艺包括预处理、水解糖化、乙醇发酵、分离提取等。

(1) 原料预处理 由于纤维素被难以降解的木质素所包裹,且纤维素本身也存在晶体结构,阻止纤维素酶接近纤维素表面,使酶难以起作用,所以纤维素直接酶水解的效率很低。因此,需要采取预处理措施,除去木质素、溶解半纤维素或破坏纤维素的晶体结构。预处理必须满足以下要求:促进糖的形成,或者提高后续酶水解形成糖的能力;避免碳水化合物的降解或损失;避免副产物形成阻碍后续水解和发酵过程;具有成本效益。目前纤维素原料的预处理技术主要有化学法和酶法。化学法一般采用酸水解法。目前应用抗酸膜将纤维素物质酸解物中的糖和酸分离,一方面获得由纤维素降解产生的糖,另一方面则回收盐酸和硫酸。利用这一技术,从木材酸解生产葡萄糖的费用与淀粉水解生产葡萄糖的费用大体相当。

(2) 水解糖化 纤维素的糖化有酸法糖化和酶法糖化,其中酸法糖化包括浓酸水解法和稀酸水解法。

浓硫酸法糖化率高,但采用了大量硫酸,需要回收重复利用,且浓酸对水解反应器的腐蚀是一个重要问题。近年来在浓酸水解反应器中利用加衬耐酸的高分子材料或陶瓷材料解决了浓酸对设备的腐蚀问题。利用阴离子交换膜透析回收硫酸,浓缩后重复使用。该法操作稳定,适于大规模生产,但投资大,耗电量高,膜易被污染。

稀酸水解工艺比较简单,也较为成熟。稀酸水解工艺采用两步法:第一步,稀酸水解在较低的温度下进行,半纤维素被水解为五碳糖;第二步,酸水解是在较高温度下进行,加酸水解残留固体(主要为纤维素结晶结构),得到葡萄糖。稀酸水解工艺糖的产率较低,而且水解过程中会生成对发酵有害的物质。

酶法糖化是利用纤维素酶水解糖化纤维素,纤维素酶是一个由多功能酶组成的酶系,有很多种酶可以催化水解纤维素生成葡萄糖,主要包括内切葡聚糖酶、纤维二糖水解酶和 β-葡萄糖苷酶,这三种酶协同作用,催化水解纤维素,使其糖化。纤维素分子是具有异体结构的聚合物,酶解速度较淀粉类物质慢,并且对纤维素酶有很强的吸附作用,致使酶解糖化工艺中酶的消耗量大。

(3) 酶水解发酵工艺 纤维素发酵生成酒精有直接发酵法、间接发酵法、混合菌种发酵法、连续糖化发酵法和固定化细胞发酵法等。直接发酵法的特点是基于纤维分解细菌直接发酵纤维素生产乙醇,不需要经过酸解或酶解前处理。该工艺设备简单、成本低廉,但乙醇产率不高,会产生有机酸等副产物。间接发酵法是先用纤维素酶水解纤维素,酶解后的糖液作为发酵碳源,此法中乙醇产物的形成受到末端产物、低浓度细胞以及基质的抑制,需要改良生产工艺来减少抑制作用。固定化细胞发酵法能使发酵器内细胞浓度提高,细胞可以连续使用,使最终发酵液的乙醇浓度得以提高。固定化细胞发酵法的发展方向是混合固定细胞发酵,如酵母与纤维二糖一起固定化,将纤维二糖基质转化为乙醇,此法是纤维素生产乙醇的重要手段。

(4) 燃料乙醇的脱水 生物法生产燃料乙醇大部分是以甘蔗、玉米、薯干和植物秸秆等农产品或农林废弃物为原料酶解糖化发酵制造的。其生产工艺与食用乙醇的生产工艺基本相同，所不同的是需增加浓缩脱水后处理工艺，使其水的体积分数降到1％以下。由于在乙醇生产过程中水的存在，使得乙醇与水形成二元共沸物，而采用普通精馏方法所得乙醇中水的体积分数约5％，要想乙醇中水的体积分数达到1％以下，就必须采用较新的脱水工艺。目前开发的脱水新工艺有渗透气化、吸附蒸馏、特殊蒸馏、加盐萃取蒸馏、变压吸附和超临界液体萃取分离等。脱水后制成的燃料乙醇再加入少量的变性剂就成为变性燃料乙醇，和汽油按一定比例调和就成为乙醇汽油。

3.5 生物质能发电技术

生物质能发电技术是利用生物质及其加工转化成的固体、液体、气体为燃料的热力发电技术，其原动机可以根据燃料的不同、温度的高低、功率的大小分别采用煤气发动机、斯特林发动机、燃气轮机和汽轮机等。下面介绍几种典型的生物质能发电形式。

3.5.1 直接燃烧发电技术

3.5.1.1 直接燃烧发电原理

生物质直接燃烧发电的原理是由生物质锅炉设备利用生物质直接燃烧后的热能产生蒸汽，再利用蒸汽推动汽轮发电系统进行发电，在原理上与燃煤锅炉火力发电没什么区别。其工艺流程如图3-27所示。

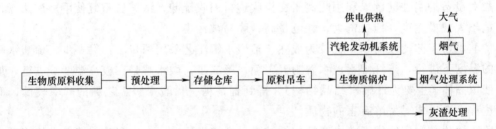

图3-27　生物质直接燃烧发电工艺流程

将生物质原料从附近各个收集点运送至电站，经预处理（破碎、分选）后存放到原料存储仓库，仓库容积要保证可以存放5d的发电原料量；然后由原料输送车将预处理后的生物质送入锅炉燃烧，通过锅炉换热将生物质燃烧后的热能转化为蒸汽，为汽轮发电机组提供汽源进行发电。生物质燃烧后的灰渣落入出灰装置，由输灰机送到灰坑，进行灰渣处置。烟气经过烟气处理系统后由烟囱排放入大气中。

生物质直接燃烧发电是一种最简单也最直接的方法，但是由于生物质燃料密度较低，其燃烧效率和发热量都不如化石燃料，因此通常应用于有大量工、农、林业生物废弃物需要处理的场所，并且大多与化石燃料混合或互补燃烧。显然，为了提高热效率，也可以采取各种回热、再热措施和各种联合循环方式。

3.5.1.2 生物质燃烧发电技术分类

生物质燃烧发电技术根据不同的技术路线可分为汽轮机发电、蒸汽机发电和斯特林发动机发电等。各种生物质燃烧发电技术对比见表3-12。

表 3-12 各种生物质燃烧发电技术对比

工作介质	发电技术	装机容量	发展状况
水蒸气	汽轮机	5～500MW	成熟技术
水蒸气	蒸汽机	0.1～1MW	成熟技术
气体(无相变)	斯特林发动机	20～100MW	发展和示范阶段

（1）汽轮机发电技术　汽轮机是将蒸汽能量转换为机械功的旋转式动力机械，是蒸汽动力装置的主要设备之一。它在发电和热电联产领域中已经是相当成熟的技术，是现代电力生产中最主要的热动力装置。汽轮机一般应用于中型或大规模的发电系统，装机容量为 5～500MW。

生物质在锅炉中燃烧，释放出热量，产生高温、高压的水蒸气（饱和蒸汽），在蒸汽过热器吸热后成为过热蒸汽，进入汽轮机膨胀做功，以高速度喷向涡轮叶片，驱动发电机发电。做功后的乏气在向冷却水释放出热量后凝结为水，经给水泵重新进入锅炉，完成一个循环。简单的蒸汽动力装置的理想循环称为朗肯循环（图 3-28）。

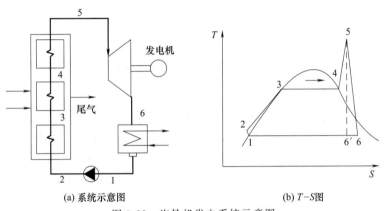

(a) 系统示意图　　　　　　　　　(b) T-S图

图 3-28　汽轮机发电系统示意图

汽轮机发电的效率取决于水蒸气进入汽轮机的压力（初压），初压越高，发电效率就越高。但由于生物质中 Cl 含量较高，较高的压力和温度会带来蒸汽过热器腐蚀问题，限制了初压的提高。为了解决上述问题，可以在蒸汽过热器中使用天然气等辅助燃料。

（2）蒸汽机发电技术　蒸汽机是将蒸汽的能量转换为机械功的往复式动力机械。它的出现引起了 18 世纪的工业革命。直到 20 世纪初，它仍然是世界上最重要的原动机，后来才逐渐让位于内燃机和汽轮机等。每台蒸汽机的装机容量为 50～1200kW，因此可应用于小规模系统和中型系统。它的发电过程与汽轮机类似，也采用朗肯循环，如图 3-29 所示。

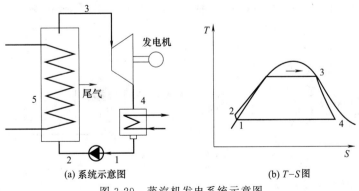

(a) 系统示意图　　　　　　　　　(b) T-S图

图 3-29　蒸汽机发电系统示意图

斯特林发动机是一种外燃闭式循环往复活塞式热力发动机,苏格兰人斯特林(Striling)于1816年发明,故名斯特林发动机。它用氢气、氮气、氦气或空气等作为工质,按斯特林循环进行工作,如图3-30所示。

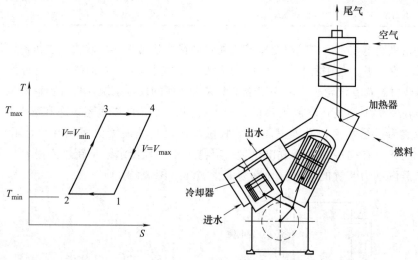

图 3-30　斯特林发动机循环的 T-S 图

在斯特林发动机封闭的汽缸内充有一定容积的工质,汽缸一端为热腔,另一端为冷腔。工质在低温冷腔中压缩,然后流到高温热腔中迅速加热,膨胀做功。燃料在汽缸外的燃烧室内连续燃烧,通过加热器传热给工质,工质并不直接参与燃烧过程。

在理论上,定容储热量等于回热量,其循环效率等于卡诺循环效率。考虑到摩擦力、热损失和压力损失等因素,发电的实际效率为15%~30%。除了效率高以外,斯特林发动机可以使用各种形态的能源,无论其是固体的、液态的或气态的燃料,而发动机本身(除加热器外)不需要做任何更改。另外,如果采用木材作为燃料,有可能会腐蚀加热器的表面,需要采用特殊材料。

斯特林发动机虽然在发电领域并没有完全商业化,但在丹麦、英国、德国和奥地利,生物质斯特林发动机发电系统得到了一定的发展。图3-31为斯特林发动机发电系统。

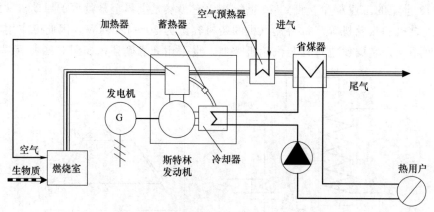

图 3-31　斯特林发动机发电系统示意图

3.5.2 生物质气化发电技术

3.5.2.1 气化发电工作原理

生物质气化发电技术的基本原理是把生物质转化为可燃气,再利用可燃气推动燃气发电设备进行发电。它既能解决生物质难以燃用而又分布分散的缺点,又可以充分发挥燃气发电技术设备紧凑而污染少的优点,所以是生物质能最有效、最洁净的利用方法之一。

气化发电过程包括三个方面:一是生物质气化,把固体生物质转化为气体燃料;二是气体净化,气化出来的燃气都带有一定的杂质,包括灰分、焦炭和焦油等,需经过净化系统把杂质除去,以保证燃气发电设备的正常运行;三是燃气发电,利用燃气轮机或燃气内燃机进行发电,有的工艺为了提高发电效率,发电过程可以增加余热锅炉和蒸汽轮机。生物质气化发电工艺流程如图 3-32 所示。

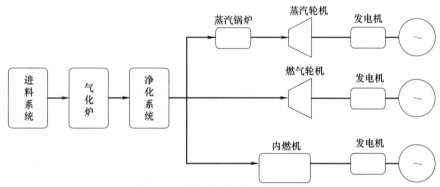

图 3-32　生物质气化发电工艺流程

生物质气化发电技术是生物质能利用中有别于其他可再生能源的独特方式,具有三个方面的特点:一是技术有充分的灵活性,由于生物质气化发电可以采用内燃机,也可以采用燃气轮机,甚至结合余热锅炉和蒸汽发电系统,所以生物质气化发电可以根据规模的大小选用合适的发电设备,保证在任何规模下都有合理的发电效率,这一技术的灵活性能很好地满足生物质分散利用的特点;二是具有较好的洁净性,生物质本身属于可再生能源,可以有效地减少 CO_2、SO_2 等有害气体的排放,而气化过程一般温度较低(在 $70 \sim 90 ℃$),NO_x 的生成量很少,所以能有效控制 NO_x 的排放;三是经济性,生物质气化发电技术的灵活性,可以保证该技术在小规模下有较好的经济性,同时燃气发电过程简单,设备紧凑,也使生物质气化发电技术比其他可再生能源发电技术投资更小,所以总的来说,生物质气化发电技术是可再生能源技术中最经济的发电技术之一,综合的发电成本已接近小型常规能源的发电水平。

3.5.2.2 气化发电技术的分类

生物质气化发电系统由于采用气化技术和燃气发电技术以及发电规模的不同,其系统构成和工艺过程有很大的差别。

(1)根据生物质气化发电规模分类　从发电规模上分,生物质气化发电系统可分为小型、中型、大型三种。小型气化发电系统简单灵活,主要功能为农村照明或作为中小企业的自备发电机组,它所需的生物质数量较少,种类单一,所以可以根据不同生物质形状选用合适的气化设备,一般发电功率小于 $200kW$。中型生物质气化发电系统主要作为大中型企业的自备电站或小型上网电站，它可以适用于一种或多种不同的生物质，所需的生物质数量较多。需要粉碎、烘干等预处理，所采用的气化方式主要以流化床气化为主。中型生物质气化发电系统用途广泛，是当前生物质气化技术的主要方式。功率规模一般在 500～3000kW 之间。大型生物质气化发电系统主要功能是作为上网电站，它适用的生物质较为广泛，所需的生物质数量巨大，必须配套专门的生物质供应中心和预处理中心，是今后生物质利用的主要方面。大型生物质气化发电系统功率一般在 5000kW 以上，虽然与常规能源相比仍显得非常小，但在生物质能发展成熟后，它将是今后替代常规能源电力的主要方式之一。各种生物质气化发电技术的特点见表 3-13。

表 3-13　各种生物质气化发电技术的特点

规模	气化过程	发电过程	主要用途
小型系统 （功率＜200kW）	固定床气化、流化床气化	内燃机组、微型燃气轮机	农村用电、中小企业用电
中型系统 （500kW＜功率＜3000kW）	常压流化床气化	内燃机	大中企业自备电站、 小型上网电站
大型系统 （功率＞5000kW）	常压流化床气化、高压流化床气化、双流化床气化	内燃机＋蒸汽轮机 燃气轮机＋蒸汽轮机	上网电站、独立能源系统

（2）根据生物质气化形式分类　从气化形式上看，生物质气化过程可以分为固定床和流化床两大类。固定床气化包括上吸式气化、下吸式气化和开心层下式气化三种，现在这三种形式的气化发电系统都有代表性的产品。流化床气化包括鼓泡床气化、循环流化床气化及双流化床气化三种，这三种气化发电工艺目前都有研究，其中研究和应用最多的是循环流化床气化发电系统（另外，国际上为了实现更大规模的气化发电方式，提高气化发电效率，正在积极开发高压流化床气化发电工艺）。

（3）根据燃气发电系统分类　生物质气化发电技术按燃气发电方式可分为内燃机发电系统、燃气轮机发电系统及燃气蒸汽联合循环发电系统。气化发电系统主要由进料机构、燃气发生装置、净化装置、发电机组及废水处理设备等组成。

① 内燃机气化发电系统。内燃机是一种动力机械，它是使燃料在机器内部燃烧，将燃料释放出的热能直接转换为动力的热力发动机。内燃机以往复活塞式最为普遍，自 19 世纪60 年代问世以来，经过不断改进和发展，已经是比较完善的机械。它将燃气和空气混合，在汽缸内燃烧，释放出的热量使汽缸内产生高温高压燃气，燃气膨胀推动活塞做功，再通过曲柄连杆机构或其他机构将机械功输出。内燃机气化发电系统可单独使用低热值燃气，又可燃气、油两用。内燃机发电系统具有设备简单、技术成熟可靠、功率和转速范围宽、配套方便、机动性好、热效率高等特点，获得了广泛的应用。

内燃机对燃气质量要求高，燃气必须进行净化及冷却处理。生物质燃气的热值低且杂质含量高，与天然气和煤气发电技术相比，需要采用单独设计的设备。目前国内燃气内燃机的最大功率只有 200kW，大于 200kW 的气化发电系统由多台内燃机并联而成。国外这方面的产品也较少，只有低热值燃气与油共烧的双燃料机组，大型机组和单燃料生物质内燃机都是从天然气机组改装而来，其产品价格也较高。

② 燃气轮机气化发电系统。燃气轮机是以连续流动的气体作为工质驱动叶轮高速旋转，将燃料的能量转变为有用功的热力发动机。燃气轮机的工作过程是：压气机连续不断地从大气中吸

入空气并将其压缩；压缩后的空气进入燃烧室，与喷入的燃料混合后进行燃烧，成为高温燃气，随即流入燃气透平中膨胀做功，推动透平叶轮带动压气机叶轮一起旋转；加热后的高温燃气做功能力显著提高，因而燃气透平在带动压气机的同时，尚有余量作为燃气轮机的输出机械功。

生物质燃气属于低热值燃气，燃烧温度和发电效率偏低，而且由于燃气的体积偏大，压缩困难，降低了系统的发电效率，因此需要采用燃气增压技术。另外，生物质燃气中杂质较多，有可能腐蚀叶轮。目前国内外没有适合生物质气化发电系统的专门燃气轮机设备，极少数的示范工程是根据系统的要求进行专门设计或改造的，成本非常高。

燃气轮机的未来发展趋势是提高效率，采用高温陶瓷材料。提高效率的关键是提高燃气的初温，即改进透平叶片的冷却技术，研制耐温更高的高温材料。高温陶瓷材料能在1360℃以上的高温下工作，用它来做透平叶片和燃烧室的火焰筒等高温零件时，就能在不用空气冷却的情况下大幅度提高燃气初温，从而提高燃气轮机的效率。适合于燃气轮机的高温陶瓷材料有氮化硅和碳化硅等。其次是提高压缩比，研制级数更少而压缩比更高的压气机。

③ 整体气化联合循环。对于燃气轮机气化发电系统，发电后排放的尾气温度为500～600℃。从能量利用的角度看，尾气仍然携带大量的可用能量，应该加以回收利用。另外，在生物质气化炉出口燃气温度也比较高，为700～800℃，也可将这部分能量充分地利用起来。所以，在使用燃气轮机发电基础上，增加余热锅炉和过热器产生蒸汽，再利用蒸汽循环进行发电，可有效地提高发电效率（系统效率大于40%），这种生物质整体气化联合循环（B/IGCC），是大规模生物质气化发电系统国际上重点研究的方向。整体气化联合循环由空分制氧和气化炉、燃气净化、燃气轮机、余热回收和汽轮机等组成，典型的工艺流程如图3-33所示。

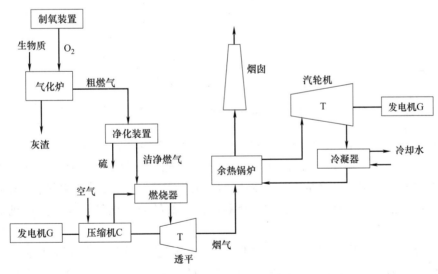

图3-33　生物质整体气化联合循环工艺流程

④ 整体气化热空气循环。整体气化热空气循环（IGHAT）是正处于开发阶段的气化发电技术，其流程如图3-34所示。它和IGCC的主要区别在于用一个燃气轮机取代了后者的燃气轮机和汽轮机。由水蒸气和燃气混合工质通过燃气轮机输出有用功，其效率可以达到60%，是目前输出功热力循环所能达到的最高效率，有望成为21世纪的新型发电技术。

生物质气化产生的燃气净化后作为热空气透平燃烧室的燃料。从省煤器、空压机中间和后置冷却器以及气化过程中回收的低品位热量都用来加热给水，加热约200℃后被送至混合

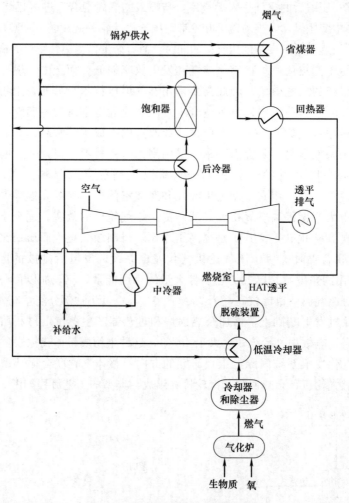

图 3-34 整体气化热空气循环流程

饱和器顶部。空压机送来的高压空气被送至饱和器的底部后，空气被加热和加湿，湿空气中含 20%～40% 的水蒸气。饱和器出来的湿空气被燃气轮机排气预热，从而使排气中高品位的热量被回收做功。水蒸气直接减少了空压机压缩的空气量，并维持适中的燃气轮机的燃烧温度。与 IGCC 相比，IGHAT 由于充分地利用高、低品质的能量，减少空压机消耗的功率，具有较高的效率。

目前，使用生物质作为燃料 IGCC 和 IGHAT 技术远未达到成熟阶段，仍然处于示范和研究的阶段。例如，由欧盟和瑞典国家能源部资助的瑞典 Varnamo 生物质示范电厂采用了 B/IGCC 技术，建设的主要目的是研究生物质 IGCC 的关键技术。

在中国目前条件下研究开发与国外相同技术路线的 B/IGCC 的大型气化发电系统，由于资金和技术问题，将更加困难。由于我国工业水平的限制，目前，我国小型燃气轮机（5000kW）的效率仅有 25% 左右（仅能用于天然气或石油，如果利用低热值气体，效率更低），而且燃气轮机对燃气参数要求很高［进口燃气（标态）H_2S<200mg/m^3，萘（标态）<100mg/m^3，HCN（标态）<150mg/m^3，焦油与杂质（标态）<100mg/m^3］。而国外的燃气轮机的造价很高，单位造价约达 7000 元/kW（系统造价将达 15000 元/kW 以上）。另外，

由于我国仍未开展生物质高压气化的研究，所以在我国如果研究传统的 B/IGCC 系统，以目前的水平其效率将低于 30%，而且有很多一时难以解决的技术问题。

针对目前我国具体实际，采用气体内燃机代替燃气轮机，其他部分基本相同的生物质气化发电过程，不失为解决我国生物质气化发电规模化发展的有效手段。一方面，采用气体内燃机可降低对燃气杂质的要求［焦油与杂质含量（标态）<100mg/m³ 即可］，可以大大降低技术难度；另一方面，避免了调控相当复杂的燃气轮机系统，大大降低系统的成本。从技术性能上看，这种气化及联合循环发电在常压气化下整体发电效率可达 28%～30%，只比传统的低压 IGCC 降低 3%～5%。但由于系统简单，技术难度低，单位投资和造价大大降低（约 5000 元/kW）。更重要的是，这种技术方案更适合于我国目前的工业水平，设备可以全部国产化，适合于发展分散的、独立的生物质能源利用体系，可以形成我国自己的产业，在发展中国家大范围处理生物质中有更广阔的应用前景。

3.5.3　沼气发电技术

沼气应用已有 80 多年的历史，尤其是广大农村"因地制宜"的家用沼气发生装置，不仅解决了广大农村长期以来缺乏燃料的困难，还大大改善了农民的居住环境和生活环境。据不完全统计，到 2000 年底中国农村已有家用沼气池 764 万个，共有 3500 多万人口使用沼气，年产沼气达 $26 \times 10^8 m^3$，中国已成为世界上建设沼气发酵装置最多的国家。印度也是积极推广农村沼气池的国家之一，该国目前已建成以牛粪为原料的典型农家沼气池 80 多万个。

沼气发电技术分为纯沼气电站和沼气-柴油混烧发电站。按规模沼气电站分为 50kW 以下的小型沼气电站、50～500kW 的中型沼气电站和 500kW 以上的大型沼气电站。沼气发电系统的工艺流程如图 3-35 所示。沼气发电系统主要由消化池、气水分离器、脱硫化氢及二氧化碳塔（脱硫塔）、储气柜、稳压箱、发电机组（即沼气发动机和沼气发电机）、废热回收装置、控制输配电系统等部分构成。

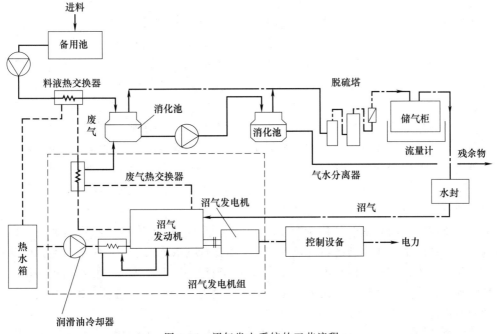

图 3-35　沼气发电系统的工艺流程

沼气发电系统的工艺流程为：消化池产生的沼气经气水分离器、脱硫化氢及二氧化碳塔（脱硫塔）净化后，进入储气柜，经稳压箱进入沼气发动机驱动沼气发电机发电。发电机所排出的废水和冷却水所携带的废热经热交换器回收，作为消化池料液加温热源或其他热源再加以利用。发电机所产出电流经控制输配电系统送往用户。

沼气发电也适用于城市环卫部门垃圾发酵及粪便发酵处理。广东省佛山市环卫处军桥沼气电站采用的就是粪便发酵处理。沼气电站适于建设在远离大电网、少煤缺水的山区农村地区。中国是农业大国，商品能源比较缺乏，一些乡村地区距离电网较远，因此在农村开发利用沼气有着特殊意义。无论从环境保护还是发展农村经济的角度考虑，沼气在促进生物质良性循环、发展经济、建立生态农业、维护生态平衡、建立大农业系统工程中都将发挥重要作用。经过 40 余年的发展，中国的沼气发电已初具规模，已研究制造出 0.5～250kW 各种不同容量的沼气发电机组，基本形成系列产品。大型沼气发电机组也可采用燃气轮机作为动力机。

3.6　生物质能利用发展现状和趋势

3.6.1　生物质能利用的发展现状

3.6.1.1　国外生物质能利用发展现状

近年来，为应对国际能源供需矛盾、全球气候变化等挑战，越来越多的国家将发展生物质能作为替代化石能源、保障能源安全的重要战略措施，积极推进生物质能开发利用，许多国家都制定和实施了相应的开发研究计划，如日本的"阳光计划"、印度的"绿色能源工程"、美国的"能源农场"和巴西的"酒精能源计划"等。其他诸如丹麦、荷兰、德国、法国、加拿大、芬兰等国家，多年来一直在进行各自的研究与开发，取得了显著的进展。

近代生物质能产业化利用萌生于 20 世纪 30 年代美国对剩余农产品大豆、玉米的开发，生产变性淀粉、大豆印刷油墨、大豆生物柴油等产品，但因石油和石化技术的发展，推迟了生物质的产业化进程；70 年代的石油危机唤起了对生物燃料代替石油的研究，美国和巴西用玉米和甘蔗生产燃料乙醇获得成功；1979 年，美国就开始采用生物质燃料直接燃烧发电，生物质能发电的总装机容量已超过 10000MW，单机容量达 10～25MW；到世纪交替之际，生物质能产业化发展成为美国的重要发展战略。近几年，在美国能源部资助的生物质热化学转换计划中，开始了循环流化床技术的生物质综合气化装置——燃气轮机发电系统成套设备的大力研制，以实现生物质的高效、洁净利用。美国纽约的斯塔藤垃圾处理站投资 2000 万美元，采用湿法处理垃圾日产沼气 26 万立方米，回收沼气用于发电，同时生产肥料，其效益可观，预计 10 年内可以收回全部投资。生物质乙醇燃料一直是美国生物质利用的主攻目标，采用纤维素材料废弃物的酒精生产技术，1999 年，美国已建起了世界上第一家用纤维素材料生产酒精的生产线，已经建立了 1MW 的稻壳发电示范工程。近年来，美国能源部还支持了一项利用木材、玉米秸秆等纤维废弃物生产乙醇的产业化攻关项目。目前美国玉米燃料乙醇已规模化应用。生物质转化为高品位能源利用在美国已具有相当可观的规模，达到全国一次能源消耗量的 4%。

美国国会于 2008 年 5 月通过一项包括加速开发生物质能源的法案，要求到 2018 年后，把从石油中提炼出来的燃油消费量减少 20％，代之以生物燃油。据《2010 年美国能源展望》，到 2035 年美国可用生物燃料满足液体燃料总体需求量增长，乙醇占石油消费量的 17％，使美国对进口原油的依赖在未来 25 年内下降至 45％。2009—2035 年美国非水电可再生能源资源将占发电量增长的 41％，其中生物质发电占比最大为 49.3％。另外，美国能源部还启动了一个 21 世纪系统生物学的技术平台，这个平台对国内外都开放，研究单位可以用这个技术平台来进行生物技术工程的研究和开发。它的核心部分是研究生物质能，即通过微生物对纤维素的降解产生各种生物质能。

欧洲国家普遍重视生物质能的开发利用技术，丹麦、荷兰、德国、意大利、瑞士等许多欧洲国家在生物质的热化学转换上取得了很大的进展。其中瑞典生物质能的利用占全国总能耗的 16.1％，达到 55 亿千瓦·时，瑞典另一个利用生物质能的方式是将生物质送入循环流化床气化炉进行气化，产生的燃气通过燃气轮机发电，采用联合循环，这样的系统热效率高。另一项正在实行的生物质热电联产计划不仅使生物质能转化为高品位电能，而且同时能够满足供热的需求。英国以垃圾为原料实现沼气发电 18MW，今后 10 年内还将投资 1.5 亿英镑，建造更多的垃圾沼气发电厂。奥地利成功地推行了建立燃烧木材剩余物的区域供电站计划，生物质能在总能源消耗中的比例从原来的 2％～3％增加到 1999 年 10％的水平，到 20 世纪末已增加到 20％以上。到目前为止，该国已拥有装机容量为 1～2MW 的区域供热站及供电站 80～90 座。俄罗斯是利用植物原料生产乙醇最多的国家，水解乙醇产量已经达 35 万吨。2004 年欧洲的生物柴油年产量已达 214 万吨。欧盟委员会提出到 2020 年运输燃料的 20％将用生物柴油和燃料乙醇等生物燃料替代。

生物质能近几年在法国能源结构中增长迅猛。用生物质能替代煤、石油等传统能源，可为法国每年节省 1100 万吨的石油进口，价值相当于 25 亿～30 亿欧元。不过，目前使用生物质能的成本比石油高两倍，因此法国政府将对推广生物质能提供财政支持。法国政府从 2005 年 1 月 1 日起，实施了加速发展生物能源的若干措施。

20 世纪末，加拿大惊呼落后于欧美，政府调整政策后，正迎头赶上。世界经合组织于 2004 年 9 月 6 日公布的最新研究报告建议各国政府应大力支持和鼓励生物质能源领域的技术创新，减小它与传统原油及天然气产品的价格差距，以最终达到替代的结果。生物质液化技术已被认为是最具有发展潜力的生物质能技术之一。国际能源署（IEA）组织了加拿大、芬兰、意大利、瑞典、英国和美国的十多家国际著名大学和实验室进行了十余年的研究工作，到 1995 年初，已有 20 余套工业示范装置在运行中。1999 年德国 CHOREN 公司成功开发了生物质间接液化生产合成柴油，2002 年完成了年产 1 万吨合成柴油的试验示范工程的运行、考核，2003 年开始建设年产量达 10 万吨的工业示范工程。发展中国家也已展开此方面的研究，巴西是乙醇燃料开发应用最有特色的国家，实施了世界上规模最大的乙醇开发计划，目前乙醇燃料已占该国汽车燃料消费量的 50％以上。孟加拉国建成的下吸式气化装置已投入运行，印度正致力于稻壳的气化技术开发，马来西亚则使用固定床气化设备发电。日本尽管生物质资源匮乏，但在生物质利用技术研究方面所取得的专利已占世界的 52％，其中生物质能领域的专利占了 81％。日本垃圾焚烧发电处理量占生活垃圾无害化处理量的 70％以上。

3.6.1.2　我国生物质能利用发展现状

生物质能占世界一次能源消耗的 14％，是继主要的化石能源煤、石油和天然气之后的第 4 位能源。但目前仍主要以传统的直接燃烧方式为发展中国家居民提供生活用能，能源利用率低，资源浪费严重。现代生物质能利用是指借助热化学、生物化学等手段，通过一系列先进的转换技术，生产出固、液、气等高品位能源来代替化石燃料，为人类生产、生活提供电力、交通燃料、热能、燃气等终端能源产品。

我国是农业大国，生物质资源丰富。在政府的大力支持与相关政策推动下，生物质能源产业获得了较好的发展。但在技术研发与资源利用率上仍有很大发展空间。

（1）沼气技术　我国沼气的使用有较长历史，在发展中国家处于领先地位。到 2015 年底，全国户用沼气达到 4193.3 万户，受益人口约 2 亿人；全国规模化养殖场沼气工程已发展 110517 处；沼气年产量达 158 亿立方米，相当于全国天然气年消费量的 5%，每年可替代化石能源约 1100 万吨标准煤，年减排二氧化碳 6300 多万吨，生产有机沼肥 7100 万吨，为农民增收节支 500 亿元。"四位一体"模式、"能源环境工程"模式等的沼气综合利用有了长足发展，不仅成为我国生物质能源利用的一大特色，而且也是第一产业领域发展循环经济的重要内容。

（2）生物质固化技术　我国生物质固化成型燃料行业起步较晚，始于 20 世纪 80 年代。近几年来，生物质固化成型燃料技术得到明显的进展，生产和应用已初步形成了一定的规模。截至 2015 年，生物质成型燃料年利用量约 800 万吨，主要用于城镇供暖和工业供热等领域。生物质成型燃料供热产业处于规模化发展初期，成型燃料机械制造、专用锅炉制造、燃料燃烧等技术日益成熟，具备规模化、产业化发展基础。

（3）生物质高效燃烧技术　哈尔滨工业大学从 20 世纪 80 年代末开展了生物质燃料的流化床燃烧技术研究，研制开发的燃烧稻谷壳、废木与木屑、甘蔗渣及棕榈空果穗等流化床锅炉 11 台，先后安装在泰国、马来西亚、加纳和我国的大连等地。浙江大学已经开发完成了生物质直接燃烧、与煤共燃及共气化技术，先后与无锡锅炉厂、杭州锅炉厂合作开发出了蒸发量为 10t/L 的燃用咖啡渣的流化床发电锅炉、35t/L 的燃用稻壳的流化床锅炉以及 10t/L 的燃用稻壳的链条锅炉，浙江大学开发的燃用生物质锅炉已在泰国、广东东莞等地运行。针对秸秆等生物质存在的高碱金属、低灰熔点、易结团和易造成受热面沾污腐蚀的特点，浙江大学提出了新颖的链条炉分段燃烧和流化床秸秆与煤掺烧方案，并进行了相关的试验研究和开发。此外，还完成了以循环流化床燃烧与鼓泡流化床气化为基础的新颖的 75t/L 生物质燃气、蒸汽和电力联产装置的设计。

（4）生物质气化技术　我国的生物质气化技术近年有了长足的发展，气化炉的形式从传统上吸式、下吸式到最先进的流化床、快速流化床和双床系统等，在应用上，除了传统的供热之外，最主要的突破是农村家庭供气和气化发电。"八五"期间，国家科委安排了"生物质热解气化及热利用技术"的科技攻关专题，取得了一批成果：采用氧气气化工艺，研制成功生物质中热值气化装置；以下吸式流化床工艺，研制成功 100 户生物质气化集中供气系统与装置；以下吸式固定床工艺，研制成功食品与经济作物生物质气化烘干系统与装置；以流化床干馏工艺，研制成功 1000 户生物质气化集中供气系统与装置。"九五"期间，国家科委安排了"生物质热解气化及相关技术"的科技攻关专题，重点研究开发 1MW 大型生物质气化发电技术和农村秸秆气化集中供气技术。目前全国已经建成 200 多个农村气化站，谷壳气化发电机组 100 多台套，气化利用技术的影响正在逐渐扩大。目前，国际上燃煤生物质耦合发电技术已较为成熟，而中国在这一领域总体上尚处于起步阶段。鉴于此，国家相关部门重视进一步推进燃煤生物质耦合发电及其相关产业的发展，已将燃煤生物质耦合发电纳入《"十三五"国家战略性新兴产业发展规划》《电力发展"十三五"规划》《能源技术创新"十三五"规划》和《"十三五"节能减排综合工作方案》等产业规划和行动方案。

（5）生物质乙醇技术 早在20世纪50年代，我国开始了利用纤维素废弃物制取乙醇燃料技术的探索与研究，主要研究纤维素废弃物的稀酸水解及其发酵技术，并在"九五"期间进入中间试验阶段。我国已经对植物油和生物质裂解油等代用燃料如植物油理化特性、酯化改性工艺和柴油机燃烧性能等方面进行了初步试验研究。"九五"期间，开展了野生油料植物分类调查及育种基地的建设。我国的生物质液化也有一定的研究，但技术比较落后，主要开展高压液化和热解液化方面的研究。截至2015年，燃料乙醇年产量约210万吨，生物柴油年产量约80万吨。生物柴油处于产业发展初期，纤维素燃料乙醇加快示范，我国自主研发生物航煤成功应用于商业化载客飞行示范。

（6）生物质热解技术 从20世纪50年代至60年代，国内就进行了木材热解技术的研究工作，中国林科院林化所在北京光华木材厂建立了一套生产能力为500kg/h的木屑热解工业化生产装置；在安徽芜湖木材厂建立年处理能力达万吨以上的木材固定床热解系统。黑龙江铁力木材干馏厂曾从前苏联引进了年处理木材10万吨的大型木材热解设备。这些生产装置的目标均是为了解决当时我国石油资源紧缺问题。随着石油化工业的迅速崛起，以木材为原料制取化工产品的生产成本高，难以与石化产品竞争，这些装置纷纷下马和转产。研究工作也转向热解产品的深加工开发，如活性炭、木醋液等应用研究领域。国内在快速热解制取液化油的研究开发方面，尚未见有报道。

总之，我国在生物质能转换技术的研究开发方面做了许多工作，取得了明显的进步，但与发达国家相比还有差距，具体表现如下。

① 新技术开发不力，利用技术单一。我国早期的生物质利用主要集中在沼气利用上，近年逐渐重视气化技术的开发应用，也取得了一定突破，但其他技术开展却非常缓慢，尚需加大发展力度。

② 由于资源分散，收集手段落后，我国的生物质能利用工程的规模很小。为降低投资，大多数工程采用简单工艺和简陋设备，设备利用率低，转换效率低下。所以，生物质能项目的投资回报率低，运行成本高，难以形成规模效益，不能发挥其应有的、重大的能源作用。

③ 相对科研内容来说，投入过少，使得研究的技术含量低，最终未能解决一些关键技术，如厌氧消化产气率低，设备与管理自动化程度较差；气化利用中的焦油问题没有彻底解决，给长期应用带来严重问题；沼气发电与气化发电效率较低，相应的二次污染问题没有彻底解决，导致许多工程系统常处于维修或故障的状态，从而降低了系统运行强度和效率。

④ 在现行能源价格条件下，生物质能源产品缺乏市场竞争能力，投资回报率低挫伤了投资者的投资积极性，而销售价格高又挫伤了消费者的积极性。

⑤ 技术标准不规范，市场管理混乱。在有些生物质能利用工程开发上，由于未有合适的技术标准和严格的技术监督，很多未具备技术力量的单位和个人参与了工程承包和设备的生产，导致项目技术不过关，达不到预期目标，甚至带来安全问题，这给今后开展生物质利用工作带来很大的负面影响。

3.6.2　生物质能利用的发展趋势

生物质能源在21世纪将成为可持续能源重要部分，社会的发展，对能源提出了越来越高的要求。随着现代科学技术的发展，21世纪人们面对的是如何科学、合理地开发利用生物质能源，把普通固体生物质燃料转化为品位较高的气体或液体燃料，进而转化为电能、氢能等高级能源已成为生物质能的发展趋势。

从国外目前生物质能资源状况和技术发展水平看,生物质成型燃料的技术已基本成熟,作为供热燃料将继续保持较快发展势头。大型沼气发电技术成熟,替代天然气和车用燃料也成为新的使用方式。生物质热电联产,以及生物质与煤混燃发电,仍是今后一段时期生物质能规模化利用的主要方式。低成本纤维素乙醇、生物柴油等先进非粮生物液体燃料的技术进步,为生物液体燃料更大规模发展创造了条件,以替代石油为目标的生物质能梯级综合利用将是主要发展方向。生物质能及相关资源化利用的资源将继续增多,油脂类、淀粉类、糖类、纤维素类和微藻以及能源作物(植物)种植等各种生物质都是生物质能利用的潜在资源。

根据国外生物质能利用技术的研究开发现状,结合我国现有研究开发技术水平和实际情况,我国生物质应用技术将主要在以下几方面发展。

(1)能源植物的开发 按照"不与民争粮,不与粮争地"的要求,根据我国土地资源和农林业生产特点,立足非粮原料,结合现代农林业发展和生态建设,在有条件的地区实施生物质能源作物和能源林种植工程,合理选育和科学种植能源作物,因地制宜地开发边际性土地,规模化种植各类非食用粮、糖、油类作物,建设生物质能原料供应基地。

(2)高效直接燃烧技术和设备的开发 我国有13亿多人口,绝大多数居住在广大的乡村和小城镇,其生活用能的主要方式仍然是直接燃烧。剩余物秸秆、稻草等松散型物料是农村居民的主要能源,开发研究高效的燃烧炉,提高使用热效率,仍将是应予解决的重要问题。乡镇企业的快速兴起,不仅带动农村经济的发展,而且加速了化石能源尤其是煤的消费,因此开发改造乡镇企业用煤设备(如锅炉等),用生物质替代燃煤在今后的研究开发中应占有一席之地。把松散的农林剩余物进行粉碎分级处理后,加工成定型的家庭和暖房取暖用的颗粒成型燃料,结合专用技术和设备的开发及其推广应用在我国将会有较好的市场前景。

(3)生物质气化和发电 国外生物质发电的利用占很大比重,且已工业化推广,而我国的生物质发电开发尚属起步阶段。由于电能传输和使用方便,从发展的前景来看应有较好的市场,未来10年中将会有较大发展。国家科技部已将生物质发电作为主要能源研究列入"十三五"规划中。同时随着经济的发展,农村分散居民逐步向城镇集中,数以万计的小城镇将是农民的居住地,为集中供气和供热、提高能源利用率提供了现实的可能性。生活水平的提高,促使人们希望使用清洁方便的气体燃料。因此生物质能热解气化产生水煤气的技术及推广应用将具有较好的市场前景,但应注意研究解决气体中的焦油引起堵塞和酸性气体的腐蚀等问题。

(4)生物质的液化技术 由于液体产品便于储存、运输,可以取代化石能源产品,因此利用生物质经济高效地制取乙醇、甲醇、合成氨、液化油等液体产品,必将是今后研究的热点。例如水解、生物发酵、快速热解、高压液化等工艺技术研究,以及催化剂的研制、新型设备的开发等都是科学家们关注的焦点,一旦研究获得突破性进展,将会大大促进生物质能的开发利用。

● 思考题

1.简述生物质的来源及其特点。

2.目前生物质能转化利用的主要途径有哪些?

3. 简述生物质燃烧技术及其特点。

4. 生物质直接燃烧过程分为几个阶段？

5. 简述生物质热解技术的特点及常见的工艺过程。

6. 按照气化剂的不同，生物质气化技术分为哪几类？

7. 简述沼气发酵的原理及其工艺条件。

8. 利用生物质生产乙醇有哪些方法？分别简述这些方法的常见工艺流程。

9. 简述生物质能利用的现状和发展趋势。

参考文献

[1]　王革华. 新能源概论. 北京：化学工业出版社，2006.
[2]　马隆龙，吴创之，孙立. 生物质气化技术及其应用. 北京：化学工业出版社，2003.
[3]　姚向君，田宜水. 生物质能资源清洁转化利用技术. 北京：化学工业出版社，2005.
[4]　吴创之，马隆龙. 生物质能现代化利用技术. 北京：化学工业出版社，2003.
[5]　翟秀静，刘奎仁，韩庆. 新能源技术. 北京：化学工业出版社，2010.
[6]　苏亚欣，毛玉如，赵敬德. 新能源与可再生能源概论. 北京：化学工业出版社，2006.
[7]　李传统. 新能源与可再生能源技术. 南京：东南大学出版社，2005.
[8]　李方正. 新能源. 北京：化学工业出版社，2008.
[9]　刘荣厚. 新能源工程. 北京：中国农业出版社，2006.
[10]　刘琳. 新能源. 沈阳：东北大学出版社，2009.
[11]　张建安，刘德华. 生物质能源利用技术. 北京：化学工业出版社，2009.
[12]　肖波，周英彪，李建芬. 生物质能循环经济技术. 北京：化学工业出版社，2006.
[13]　刘荣厚，牛卫生，张大雷. 生物质热化学转换技术. 北京：化学工业出版社，2005.
[14]　田宜水. 生物质发电. 北京：化学工业出版社，2010.
[15]　吴治坚. 新能源和可再生能源的利用. 北京：机械工业出版社，2006.
[16]　安恩科. 城市垃圾的处理与利用技术. 北京：化学工业出版社，2006.
[17]　李培生，孙路石，向军. 固体废物的焚烧和热解. 北京：中国环境科学出版社，2006.
[18]　庄伟强. 固体废物处理与利用. 北京：化学工业出版社，2008.
[19]　李国学. 固体废物处理与资源化. 北京：中国环境科学出版社，2005.
[20]　周立祥. 固体废物处理处置与资源化. 北京：中国农业出版社，2007.
[21]　张全国. 沼气技术及其应用. 北京：化学工业出版社，2008.
[22]　张无敌，尹芳，李建昌，等. 农村沼气综合利用. 北京：化学工业出版社，2009.
[23]　姚志彪. 应用生物质气化技术实现农业废弃物资源化. 能源研究与利用，2005，(3)：35-37.
[24]　米铁，唐汝江，陈汉平，等. 生物质气化技术及其研究进展. 化工装备技术，2005，26 (2)：50-56.
[25]　吴创之，周肇秋，阴秀丽，等. 我国生物质能源发展现状与思考. 农业机械学报，2009，40 (1)：91-99.
[26]　Kobayashi M，Tanaka M，Piao G，Kobayashi J，Hatano S，Itaya Y，Mon S. High Temperature Air-blown Woody Biomass Gasification Model for the Estimation of an Entrained Down-flow Gasifier. Waste Management，2009，29：245-251.
[27]　吴吟. 中国能源战略思考与"十二五"能源发展要点. 中国煤炭，2010，36 (7)：8-10.
[28]　刘刚，沈镭. 中国生物质能源的定量评价及其地理分布. 自然资源学报，2007，22 (1)：9-19.
[29]　李鹏，吴杰，王维新. 户用型上吸式生物质气化炉的改进设计. 农机化研究，2008，(5)：76-78.
[30]　郑昀，邵岩，李斌. 生物质气化技术原理及应用分析. 热电技术，2010，(2)：7-9，14.
[31]　张科达，梁大明，王鹏，等. 生物质气流床气化技术的研究进展. 洁净煤技术，2009，1：51-54.
[32]　张齐生，马中青，周建斌. 生物质气化技术的再认识. 南京林业大学学报：自然科学版，2013，37 (1)：1-10.
[33]　石元春. 中国生物质原料资源. 中国工程科学，2011，13 (2)：16-23.
[34]　林琳. 从低碳经济角度审视中国生物质能产业的发展. 开放导报，2009，(5)：20-25.
[35]　张宗兰，刘辉利，朱义年. 我国生物质能利用现状与展望. 中外能源，2009，(4)：27-32.
[36]　张希良，岳立，柴麒敏，等. 国外生物质能开发利用政策. 农业工程学报，2006，(S1)：4-7.
[37]　胡理乐，李亮，李俊生. 生物质能源的特点及其环境效应. 能源与环境，2012，(1)：47-49.
[38]　刘志雄，何晓岚. 低碳经济背景下我国生物质能发展分析及比较. 生态经济，2012，(1)：117-121.
[39]　马君，马兴元，刘琪. 生物质能源的利用与研究进展. 安徽农业科学，2012，40 (4)：2202-2206.
[40]　张风春，李培，曲来叶. 中国生物质能源植物种植现状及生物多样性保护. 气候变化研究进展，2012，8 (3)：220-227.
[41]　杨坤，冯飞，孟华剑，等. 生物质气化技术的研究与应用. 安徽农业科学，2012，40 (3)：1629-1632，1659.
[42]　李斌，陈汉平，杨海平，等. 户用型上吸式生物质气化炉的发展与改进. 农业工程学报，2011，27 (4)：205-209.

［43］ Saravanakumar A，Haridasan T M，Reed Thomas B，et al. Experimental Investigation and Modelling Study of Long Stick Woodgasification in a Top Lit Updraft Fixed Bed Gasifier. Fuel，2007，86：2846-2856.

［44］ Mandl C，Obernberger I，Biedermann F. Modelling of an Updraft Fixed-bed Gasifier Operated with Softwood Pelles. Fuel，2010，89：3795-3806.

［45］ 苏德仁，黄艳琴，周肇秋，等. 两段式固定床富氧-水蒸气气化实验研究. 燃料化学学报，2011，39（8）：599-995.

［46］ Priyanka Kausha，Tobias Proell，Hermann Hofbauer. Application of a Detailed Mathematical Model to the Gasifier Unit of the Dual Fluidized Bed Gasification Plant. Biomass and Bioenergy，2011，35：2491-2498.

［47］ Miccio F，Ruoppolo G，Kalisz S，et al. Combined Gasification of Coal and Biomass in Internal Circulating Fluidized Bed. Fuel Processing Technology，2012，95：45-54.

［48］ 景元琢，董玉平，盖超，等. 生物质固化成型技术研究进展与展望. 中国工程科学，2011，13（2）：72-76.

第4章　风能

4.1　概述

微课：风能

　　风是日常生活中非常熟悉的一种自然现象，虽然看不见摸不着，但是我们时时可以感到它的存在。风给我们生产、生活带来了很多方便，风可以鼓起风帆推动帆船前行，风可以引动风车发电，风还可以帮助花粉传播等；风也有"撒野"的时候，台风、飓风、龙卷风会掀起滔天巨浪推翻行船，会拔起树木，更严重的可以摧毁我们的家园。据气象专家估算，一个来自海洋直径为800km的台风的能量相当于50万颗1945年在广岛爆炸的原子弹的能量。这说明风拥有巨大的能量，人们称其为"风能"。

　　风能是指空气相对于地面作水平运动时所产生的动能，风能的大小取决于风速和空气密度。风能也是太阳能的一种转化形式，专家们估计，到达地球表面的太阳能只有约2%转化为风能，但其总量仍是非常可观的。全球的风能约为$2.74\times10^{12}\,kW$，其中可利用的风能为$2\times10^{10}\,kW$，比地球上可开发利用的水能总量还要大很多倍，全球每年燃烧煤炭获得的能量，还不到每年可利用的风能的1%。风能是一种可再生、无污染、取之不尽、用之不竭的能源，因此称为绿色能源。

4.1.1　风能的特点

　　风能与其他能源相比有明显的优点，例如，不需要开采、采购、运输，不浪费资源，但也有很多突出的局限性。

4.1.1.1　风能的优点

　　风能的蕴藏量巨大，是取之不尽、用之不竭的可再生资源；风能是太阳能的一种转化形式，只要有太阳存在，就可以不断地、有规律地形成风，周而复始地产生风能；风能在转化成电能的过程中，不产生任何有毒气体和废物，不会造成环境污染；分布广泛，无须运输，可以就地取材，在许多交通不便，缺乏煤炭、石油、天然气的边远地区，资源难以运输，这给当地居民的生活造成很多不便,此时风能便体现出无可比拟的优越性,可以就地取材,开展风力发电。

4.1.1.2　风能的局限性

首先在各种能源中,风能的含能量极低,这给利用带来一定程度的不便。由于风能来源于空气的流动,而空气的密度很小,风能的能量密度很低。表4-1中列出了不同能源的能量密度。其次是不稳定性,由于气流瞬息万变,风随季节变化明显,有很大的波动,影响了风能的利用。地区差异大,地理纬度、地势地形不同,会使风力有很大的不同,即便在相邻的地区由于地形不同,其风力也可以相差甚大。

表 4-1　不同能源的能量密度

能源类别	风能 (3m/s)	水能 (流速3m/s)	波浪能 (波高2m)	潮汐能 (潮差10m)	太阳能	
能量密度 /(kW/m²)	0.02	20	30	100	晴天平均 1.0	昼夜平均0.16

4.1.2　风能的基本特征

各地风能资源的多少,主要取决于该地每年刮风的时间长短和风的强度。风能的基本特征包括风速、风级、风能密度等。

4.1.2.1　风速

风的大小常用风的速度来衡量,风速是指单位时间内空气在水平方向上所移动的距离。专门测量风速的仪器,有旋转式风速计、散热式风速计和声学风速计等。它计算在单位时间内风的行程,常以 m/s、km/h 等来表示。因为风是不恒定的,所以风速经常变化,甚至瞬息万变。风速是风速仪在一个极短时间内测到的瞬时风速。若在指定的一段时间内测得多次瞬时风速,将它平均计算起来,就得到平均风速。例如日平均风速、月平均风速或年平均风速等。

当然,风速仪设置的高度不同,所得风速结果也不同,它是随高度升高而增强的。通常测风高度为10m。根据风的气候特点,一般选取10年风速资料中年平均风速最大、最小和中间的三个年份为代表年份,分别计算该三个年份的风功率密度然后加以平均,其结果可以作为当地常年平均值。风速是一个随机性很大的量,必须通过一定长度时间的观测计算出平均风功率密度。对于风能转换装置而言,可利用的风能是在"启动风速"到"停机风速"之间的风速段,这个范围的风能即"有效风能",该风速范围内的平均风功率密度称为"有效风功率密度"。

4.1.2.2　风级

风级是根据风对地面或海面物体影响而引起的各种现象,按照风力的强度等级来估计风力的大小。早在1805年,英国人蒲褐(Francis Beaufort,1774—1859年)就拟定了风速的等级,国际上称为"蒲褐风级"。自1946年以来风力等级又做了一些修订,由13个等级改为18个等级,实际上应用的还是0~12级的风速,所以最大的风速为人们常说的12级台风。表4-2为风级的表现。

表4-2　不同风力等级风的风速及海陆表现

级别	名称	风速/(m/s)	陆地表现	海面表现	浪高/m
0	无风	小于0.3	烟直上	海面平静	
1	软风	0.3~1.6	烟能表示出方向,但风向标不动	海面出现鱼鳞式微波,但无浪	0.1
2	轻风	1.6~3.4	人的脸部能感到风,风向标开始转动	小波浪清晰,出现浪花但不翻滚	0.2
3	微风	3.4~5.5	树叶和小树枝不停地晃动	小波浪增大,浪花翻滚	0.6
4	和风	5.5~8.0	沙尘飞扬,纸片飘起,小树枝晃动	小波浪增大,白浪增多	2
5	轻劲风	8.0~10.8	有叶的小树枝摇摆,内陆水面出现波纹	波浪中等大小,白浪更多,有时出现飞沫	2
6	强风	10.8~13.9	大树枝晃动,电线发出响声,撑伞走路困难	大波浪,到处呈现飞沫	3
7	疾风	13.9~17.2	小树的整个树干晃动,人迎风行走不便	浪大翻滚,白沫像带子一样随风飘动	4
8	大风	17.2~20.8	小的树枝折断,迎风行走困难	浪花顶端出现水雾	5.5
9	烈风	20.8~24.5	烟囱瓦片受到损坏,小茅屋遭到破坏	浪前倾、翻滚、倒卷,飞沫挡住视线	7
10	狂风	24.5~28.5	陆上少见,可把树木连根拔起,严重破坏建筑物	海面成白色,波浪翻滚	9
11	暴风	28.5~32.7	陆上罕见,引起严重破坏	浪大高如山,视线受阻挡	11.5
12	飓风	32.7以上		空气里充满水泡飞沫,影响视线	14

4.1.2.3　风能密度

风能密度是指单位时间内通过单位横截面积的风所含的能量,常以 W/m² 来表示。风能密度是决定一个地方风能潜力的最方便、最有价值的指标。风能密度与空气密度和风速有直接关系,而空气密度又取决于气压、温度和湿度,所以不同地方、不同条件下的风能密度是不可能相同的。通常海滨地区地势低、气压高,空气密度大,适当的风速下就会产生较高的风能密度;而在海拔较高的高山上,空气稀薄、气压低,只有在风速很高时才会有较高的风能密度。即使在同一地区,风速也是时时刻刻变化着的,用某一时刻的瞬时风速来计算风能密度没有任何实践价值,只有长期观察搜集资料才能总结出某地的风能潜力。

风能密度的计算公式是:

$$W = \frac{\rho \sum N_i V_i^3}{2N} \tag{4-1}$$

式中,W 为平均风能密度,W/m²;V_i 为等级风速,m/s;N_i 为等级风速 V_i 出现的次数;N 为各等级风速出现的总次数;ρ 为空气密度,kg/m³。

4.1.3　风能资源概况

4.1.3.1　全球风能资源概况

全球风能资源丰富,其中仅是接近陆地表面200m高度内的风能,就大大超过了目前每年全世界从地下开采的各种矿物燃料所产生能量的总和,而且风能分布很广,几乎覆盖所有国家和地区。

欧洲是世界风能利用最发达的地区，其风资源非常丰富。欧洲沿海地区风资源最为丰富，主要包括英国和冰岛沿海、西班牙、法国、德国和挪威的大西洋沿岸地区，以及波罗的海沿岸地区，其年平均风速可达 9m/s 以上。整个欧洲大陆，除了伊比利亚半岛中部、意大利北部、罗马尼亚和保加利亚等部分东南欧地区以及土耳其地区以外（该区域风速较小，在 4～5m/s 以下），其他大部分地区的风速都较大，基本在 6～7m/s 以上。

北美洲地形开阔平坦，其风资源主要分布于北美洲大陆中东部及其东西部沿海以及加勒比海地区。美国中部地区，地处广袤的北美大草原，地势平坦开阔，其年平均风速均在 7m/s 以上，风资源蕴藏量巨大，开发价值很大。北美洲东西部沿海风速达到 9m/s，加勒比海地区岛屿众多，大部分沿海风速均在 7m/s 以上，风能储量也十分巨大。

4.1.3.2　我国风能资源概况

我国风能资源非常丰富，仅次于俄罗斯和美国，居世界第三位。根据国家气象局气象研究所估算，从理论上讲，我国地面风能可开发总量达 32.26 亿千瓦，高度 10m 内实际可开发量为 2.53 亿千瓦。我国风能资源丰富的地区主要集中在北部、西北、东北草原和戈壁滩，以及东南沿海地区和一些岛屿上，涵盖福建、广东、浙江、内蒙古、宁夏、新疆等省（自治区）。

我国风能资源可划分为如下几个区域。

（1）最大风能资源区　东南沿海及其岛屿。这一地区，有效风能密度大于等于 $200W/m^2$ 的等值线平行于海岸线，沿海岛屿的风能密度在 $300W/m^2$ 以上，有效风力出现时间百分率达 80%～90%，大于等于 3m/s 的风速全年出现时间 7000～8000h，大于等于 6m/s 的风速也有 4000h 左右。但从这一地区向内陆，则丘陵连绵，冬半年强大冷空气南下，很难长驱直下，夏半年台风在离海岸 50km 时风速便减小到 68%。所以，东南沿海仅在由海岸向内陆几十公里的地方有较大的风能，再向内陆则风能锐减。在不到 100km 的地带，风能密度降至 $50W/m^2$ 以下，反为全国风能最小区。但在福建的台山、平潭和浙江的南麂、大陈、嵊泗等沿海岛屿上，风能却都很大。其中，台山风能密度为 $534.4W/m^2$，有效风力出现时间百分率为 90%，大于等于 3m/s 的风速全年累积出现 7905h。换言之，平均每天大于等于 3m/s 的风速有 21.3h，是我国平地上有记录的风能资源最大的地方之一。

（2）次最大风能资源区　位于内蒙古和甘肃北部。这一地区终年在西风带控制之下，而且又是冷空气入侵首当其冲的地方，风能密度为 $200～300W/m^2$，有效风力出现时间百分率在 70% 左右，大于等于 3m/s 的风速全年有 5000h 以上，大于等于 6m/s 的风速有 2000h 以上，从北向南逐渐减少，但不像东南沿海梯度那么大。风能资源最大的虎勒盖地区，大于等于 3m/s 和大于等于 6m/s 的风速的累积时数分别可达 7659h 和 4095h。这一地区的风能密度虽较东南沿海为小，但其分布范围较广，是我国连成一片的最大风能资源区。

（3）大风能资源区　位于黑龙江和吉林东部以及辽东半岛沿海。风能密度在 $200W/m^2$ 以上，大于等于 3m/s 和 6m/s 的风速全年累积时数分别为 5000～7000h 和 3000h。

（4）较大风能资源区　位于青藏高原、三北地区的北部和沿海。这个地区（除去上述范围）风能密度在 $150～200W/m^2$ 之间，大于等于 3m/s 的风速全年累积为 4000～5000h，大于等于 6m/s 风速全年累积为 3000h 以上。青藏高原大于等于 3m/s 的风速全年累积可达 6500h，但由于青藏高原海拔高、空气密度较小，所以风能密度相对较小，在 4000m 的高度，空气密度大致为地面的 67%。也就是说，同样是 8m/s 的风速，在平地为 $313.6W/m^2$，而在

4000m 的高度却只有 209.3W/m² 。所以，如果仅按大于等于 3m/s 和大于等于 6m/s 的风速的出现小时数计算，青藏高原应属于最大区，而实际上这里的风能却远小于东南沿海岛屿。

（5）最小风能资源区　位于云贵川，甘肃、陕西南部，河南、湖南西部，福建、广东、广西的山区以及塔里木盆地。有效风能密度在 50W/m² 以下时，可利用的风力仅有 20% 左右，大于等于 3m/s 的风速全年累积时数在 2000h 以下，大于等于 6m/s 的风速在 150h 以下。在这一地区中，尤以四川盆地和西双版纳地区风能最小，这里全年静风频率在 60% 以上，如绵阳为 67%、巴中为 60%、阿坝为 67%、恩施为 75%、德格为 63%、耿马孟定为 72%、景洪为 79%。大于等于 3m/s 的风速全年累积仅 300h，大于等于 6m/s 的风速仅 20h。所以，这一地区除高山顶和峡谷等特殊地形外，风能潜力很低，无利用价值。

（6）可季节利用的风能资源区（4）和（5）地区以外的广大地区　有的在冬、春季可以利用，有的在夏、秋季可以利用。这些地区风能密度在 50～100W/m² 之间，可利用风力为 30%～40%，大于等于 3m/s 的风速全年累积在 2000～4000h，大于等于 6m/s 的风速在 1000h 左右。

除上述地区外，全国还有一部分地区风能缺乏，表现为风力小，难以被利用。

4.2　风能利用原理

4.2.1　风力机简介

风能利用就是将风的动能转换为机械能，再转换成其他能量形式。风能利用有很多种形式，最直接的用途是风车磨坊、风车提水、风车供热，但最主要的用途是风力发电，风力发电是目前世界上技术最成熟的一种风能利用方式。风的动能通过风力机转换成机械能，再带动发电机发电，转换成电能。

按照其收集风能的结构形式及在空间的布置，可分为水平轴风力发电机和垂直轴风力发电机，其中前者应用远多于后者，小型水平轴风力发电机基本构成如图 4-1 所示。其工作原理是：风轮在风力作用下旋转，将风的动能转化为机械能，发电机在风轮轴的带动下旋转发电。

风力发电机一般由风轮、发电机（包括传动装置）、调向器（尾翼）、塔架、限速安全机构和储能装置等构件组成，大中型风力发电系统还有自控系统。

4.2.1.1　风轮

集风装置，将流动空气具有的动能转变为风轮旋转的机械能。一般由 2～3 个叶片和轮毂组成。小型风力机的叶片通常采用优质木材加工制成，表面涂上保护漆，其根部与轮毂相接处使用良好的金属接头并用螺栓拧紧，采用玻璃纤维或其他复合

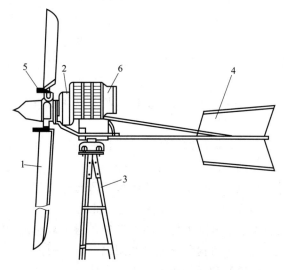

图 4-1　小型水平轴风力发电机基本构成
1—风轮（集风装置）；2—传动装置；3—塔架；4—调向器（尾翼）；5—限速调速装置；6—做功装置（发电机）

材料蒙皮的风力机则效果更好。大、中型风力机使用木质叶片时，不像小型风力机那样每个叶片由整块木料制作，而是用很多纵向木条胶接在一起，以便于选用优质木料，保证质量。有些木料叶片的翼型后缘部分可填塞质地很轻的泡沫塑料，表面再包以玻璃纤维形成整体。采用泡沫塑料填塞不仅可以减轻重量，而且能使翼型重心前移（重心移至靠前缘 1/4 弦长处最佳），这样可以减轻叶片转动时所产生的不良振动，这对于大、中型风力机叶片非常重要。

为了更好地减轻叶片重量，有的叶片采用一根金属管作为受力梁，以蜂窝结构、泡沫塑料或轻木作中间填充物，外面再包上一层玻璃纤维。为了更好地降低成本，有些中型风力机的叶片则采用金属挤压件，或者利用玻璃纤维或环氧树脂抽压成型，但整个叶片无法挤压成渐缩形状，即宽度、厚度等难以变化，从而很难达到高效率。有些小型风力机为了达到更经济的效果，叶片用管梁和具有气动外形的较厚的玻璃纤维蒙皮做成，或者用铁皮或铝皮预先做成翼型形状，然后在中间加上铁管或铝管，并用铆钉装配而成。

总的说来，除部分小型风力机的叶片采用木质材料外，中、大型风力机的叶片今后都倾向于采用玻璃纤维或高强度的复合材料。

轮毂是风轮的枢纽，也是叶片根部与主轴的连接件，风力机叶片都要装在轮毂上，所有从叶片传来的力，都通过轮毂传递到传动系统，再传到风力机驱动的对象。同时轮毂也是控制叶片桨距（使叶片做俯仰转动）的所在，因此在设计中应保证足够的强度，并力求结构简单化，在可能条件下（如采用叶片失速控制），叶片采用定桨距结构，也就是将叶片固定在轮毂上（无俯仰转动），这样不但能简化结构设计，提高寿命，而且能有效地降低成本。

4.2.1.2 发电机

目前风能利用中有三种风力发电机，即直流发电机、同步交流发电机和异步交流发电机。小功率风力发电机多采用同步或异步交流发电机，发出的交流电经过整流装置转换成直流电。

4.2.1.3 调向器

调向器的作用是尽量使风力发电机的风轮随时都迎着风向，最大限度地获得风能，一般采用尾翼控制风轮的迎风朝向。常用的调向器主要有以下三种。

（1）尾舵　主要用于小型风力发电机，它的优点是能够自主地对准风向，不需要特殊控制。由于尾舵调向装置结构笨重，因此很少应用于中型以上的风力机。

（2）侧风轮　在机舱的侧面安装一个小风轮，其旋转轴与风轮主轴垂直，如果主风轮没有对准风向，则侧风轮会被风吹动，从而产生偏向力，并通过蜗轮蜗杆机构使主风轮转到对准风向为止。

（3）风向跟踪系统　为了达到更好的对风效果，对于大型风力发电机组，一般采用电动机驱动的风向跟踪系统。整个偏航系统由电动机、减速机构、偏航调节系统和扭缆保护装置等部分组成，偏航调节系统包括风向标和偏航系统调节软件。风向标的主要作用是对应每一个风向都有一个相应的脉冲输出信号，并通过偏航系统软件确定其偏航方向和偏航角度，然后将偏航信号放大传送给电动机，通过减速机构转动风力机平台，直到对准风向为止。如果机舱在同一方向偏航超过 3 圈以上时，则扭缆保护装置开始动作，执行解缆，直到机舱回到中心位置时解缆停止。

4.2.1.4 限速安全装置

安装限速安全装置是为了保证风力发电机安全运行。风轮转速过高或发电机超负荷都会危及风力发电机安全运行。限速安全装置能保证风轮的转速在一定的风速范围内运行。除了限速装置外，风力发电机还设有专门的制动装置，在风速过高时可以使风轮停转，保证特大风速下风力发电机的安全。

限速装置有各种各样的类型，但从原理上来看大致有以下三类：使风轮偏离风向超速保护、利用气动阻力制动和改变叶片的桨距角调速。

（1）偏离风向超速保护　对于小型风力机，为了简化结构，其叶片一般是固定在轮毂上。在遇上超过设计风速的强风时，为了避免风轮超速转动甚至叶片被吹毁，常采用使风轮水平或垂直旋转的办法，以便偏离风向，从而达到超速保护的目的。这种装置的关键是把风轮轴设计成偏离轴心一个水平或垂直的距离，从而产生一个偏心距。同时安装一副弹簧，一端系在与风轮构成一体的偏转体上，一端固定在机座底盘或尾杆上，并预调弹簧力，使在设计风速内风轮偏转力矩小于或等于弹簧力矩。当风速超过设计风速时，风轮偏转力矩大于弹簧力矩，使风轮向偏心距一侧水平或垂直旋转，直到风轮受力力矩与弹簧力矩相平衡，风速恢复到设计风速以内时，风轮偏转力矩小于弹簧力矩，使风轮向轴侧水平或垂直旋转，恢复到设计的绕轴心运转状态。极限状态下，如在遇到强风时，可使风轮转到与风向相平行，以达到停转，保护风力机不被吹毁。

（2）利用气动阻力制动　该装置将减速板铰接在叶片端部，与弹簧相连。在正常情况下，减速板保持在与风轮轴同心的位置，当风轮超速时，减速板因所受的离心力对铰接轴的力矩大于弹簧张力的力矩，从而绕轴转动成为扰流器，增加风轮阻力，起到减速作用。当风速降低后它们又回到原来位置。

（3）变桨距调速　采用变桨距方式除了可以控制转速外，还可以减小转子和驱动链中各部件的压力，并允许风力机在很大的风速下运行，因而应用相当广泛。在中小型风力机中，采用离心调速方式比较普遍，即利用桨叶或安装在风轮上的重锤所受的离心力来进行控制。当风轮转速增加时，旋转配重或桨叶的离心力随之增加并压缩弹簧，使叶片的桨距角改变，从而使受到的风力减小，以降低转速。当离心力等于弹簧张力时，即达到平衡位置。

4.2.1.5　塔架

风力机的塔架是风力发电系统重要的基础平台，除了要支撑风力机的重量，还要承受吹向风力机和塔架的风压以及风力机运行中的动载荷，应满足很高的刚度要求。它的刚度和风力机在转动过程中由于振动产生的动载荷有密切关系。如果说塔架对小型风力机影响还不太明显的话，对大、中型风力机的影响就不容忽视了。水平轴风力发电机的塔架主要可分为管柱型和桁架型两类。管柱型塔架可从最简单的木杆，一直到大型钢管和混凝土管柱。小型风力机塔杆为了增加抗弯矩的能力，可以用拉线来加强；中、大型塔杆为了运输方便，可以将钢管分成几段。一般来说，管柱型塔架对风的阻力较小，特别是对于下风向风力机，产生紊流的影响要比桁架型塔架小。桁架型塔架常用于中、小型风力机上，其优点是造价不高，运输也方便，但这种塔架会使下风向风力机的叶片产生很大的紊流。

4.2.2　风力机工作原理

4.2.2.1　翼型绕流的力学分析

物体在空气中运动或者空气流过物体时，物体将受到空气的作用力，称为空气动力。通常空气动力由两部分组成：一部分是由于气流绕物体流动时，在物体表面处的流动速度发生变化，引起气流压力的变化，即物体表面各处气流的速度与压力不同，从而对物体产生合成的压力；另一部分是由于气流绕物体流动时，在物体附面层内由于气流黏性作用产生的摩擦力。将整个物体表面这些力合成起来便得到一个合力，这个合力即为空气动力。

气流在叶片的前缘分离，上部的气流速度加快，压力下降，下部的气流则基本保持原来的气流压力。于是，叶片受到的气流作用力 F 可分解为与气流方向平行的力 F_x 和与气流方向垂直的力 F_y，分别称为阻力和升力。根据气体绕流理论，气流对叶片的作用力 F 可按下式计算：

$$F = \frac{1}{2}\rho C_r A V^2 \tag{4-2}$$

式中，C_r 为叶片总的空气动力系数；V 为吹向物体的风速；ρ 为空气密度；A 为叶片在垂直于气流方向平面上的最大投影面积。

叶片的升力 F_y 与阻力 F_x 按下式计算：

$$F_y = \frac{1}{2}\rho C_y A V^2, F_x = \frac{1}{2}\rho C_x A V^2 \tag{4-3}$$

式中，C_y 为升力系数；C_x 为阻力系数。

C_y 与 C_x 均由实验求得。由于 F_y 与 F_x 相互垂直，所以：

$$F_x^2 + F_y^2 = F^2$$

并且：

$$C_x^2 + C_y^2 = C_r^2$$

对于同一种翼型（截面形状），其升力系数和阻力系数的比值，被称为升阻比（k）：

$$k = \frac{C_y}{C_x} \tag{4-4}$$

4.2.2.2 影响升力系数和阻力系数的因素

影响升力系数和阻力系数的主要因素有翼型、攻角、雷诺数和粗糙度等。

（1）翼型的影响　图 4-2 给出三种不同截面形状（翼型）的叶片。当气流由左向右吹过，产生不同的升力与阻力。阻力：平板型＞弧板型＞流线型。升力：流线型＞弧板型＞平板型。对应的 C_y 与 C_x 值也符合同样的规律。

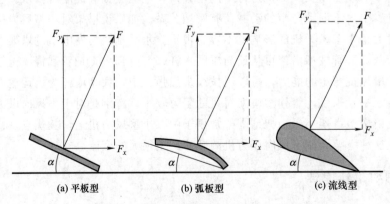

(a) 平板型　　　　(b) 弧板型　　　　(c) 流线型

图 4-2　不同叶片截面形状的升力与阻力

（2）攻角的影响　气流方向与叶片横截面的弦（L）的夹角 α（图 4-3）称为攻角，其值正、负如图所示。C_y 与 C_x 值随 α 的变化情况如图 4-4 所示。

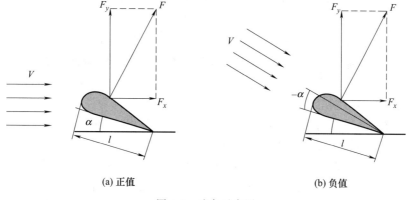

(a) 正值　　　　　　　　　　　　(b) 负值

图 4-3　攻角示意图

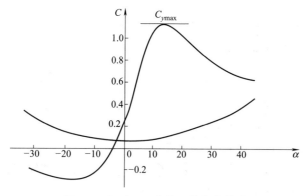

图 4-4　C_y 与 C_x 值随 α 的变化关系

（3）雷诺数的影响　空气流经叶片时，气体的黏性力将表现出来，这种黏性力可以用雷诺数 Re 表示：

$$Re = \frac{Vl}{\gamma} \tag{4-5}$$

式中，V 为吹向叶片的空气流速；l 为翼型弦长；γ 为空气的运动黏性系数，$\gamma = \mu/\rho$，μ 为空气的动力黏性系数，ρ 为空气密度。

Re 值越大，黏性作用越小，C_y 值增加，C_x 值减少，升阻比 k 值变大。

（4）叶片表面粗糙度的影响　叶片表面不可能做得绝对光滑，把凹凸不平的波峰与波谷之间高度的平均值称为粗糙度，此值若大，使 C_x 值变高，增加了阻力，而对 C_y 值影响不大。制造时应尽量使叶片表面平滑。

4.2.2.3　实际叶片的受力分析

由于风轮旋转时，叶片不同半径处的线速度是不同的，因而相对于叶片各处的气流速度在大小和方向上也都不同。如果叶片各处的安装角都一样，则叶片各处的实际攻角都将不同。这样除了攻角接近最佳值的一小段叶片升力较大外，其他部分所得到的升力则由于攻角偏离最佳值而不理想，所以这样的叶片不具备良好的气动力特性。为了在沿整个叶片长度方向均能获得有利的攻角数值，就必须使叶片每一个截面的安装角随着半径的增大而逐渐减小。在此情况下，有可能使气流在整个叶片长度均以最有利的攻角吹向每一叶片元，从而具有比较好的气动力性能。而且各处受力比较均匀，也增加了叶片的强度。这种具有变化的安装角的叶片称为螺旋桨型叶片，而那种各处安装角均相同的叶片称为平板型叶片。显然，螺旋桨型叶片比起平板型叶片来要好得多。

尽管如此，由于风速是在经常变化的，风速的变化也将导致攻角的改变。如果叶片装好后安装角不再变化，那么虽在某一风速下可能得到最好的气动力性能，但在其他风速下则未必如此。为了适应不同的风速，可以随着风速的变化调节整个叶片的安装角，从而有可能在很大的风速范围内均可以得到优良的气动力性能。这种桨叶称为变桨距式叶片，而把那种安装角一经装好就不能再变动的叶片称为定桨距式叶片。显然，从气动力性能来看，变桨距式螺旋桨型叶片是一种性能优良的叶片。

还有一种可以获得良好性能的方法，即风力机采取变速运行方式。通过控制输出功率的办法，使风力机的转速随风速的变化而变化，两者之间保持一个恒定的最佳比值，从而在很大的风速范围内均可使叶片各处以最佳的攻角运行。

4.2.2.4 风力机的工作性能

当流速为 V 的风吹向风轮，使风轮转动，该风轮扫掠的面积为 A，空气密度为 ρ，经过 1s，流向风轮空气所具有的动能为：

$$N_0 = \frac{1}{2} m V^2 = \frac{1}{2} \rho A V V^2 = \frac{1}{2} \rho V^3 A \qquad (4\text{-}6)$$

若风轮的直径为 D，则：

$$N_0 = \frac{1}{2} \rho V^3 A = \frac{1}{2} \rho \frac{\pi D^2}{4} V^3 = \frac{\pi}{8} D^2 \rho V^3 \qquad (4\text{-}7)$$

这些风能不可能全被风轮捕获而转换成机械能，设由风轮轴输出的功率为 N（风轮功率），它与 N_0 之比称为风轮功率系数，用 C_p 表示。即：

$$C_p = \frac{N}{N_0} = \frac{N}{\dfrac{\pi}{8} D^2 \rho V^3} \qquad (4\text{-}8)$$

于是：

$$N = \frac{\pi}{8} D^2 \rho V^3 C_p \qquad (4\text{-}9)$$

C_p 值为 0.2～0.5。可以证明，C_p 的理论最大值为 0.593。

由上式可知以下几点。

① 风轮功率与风轮直径的平方成正比。

② 风轮功率与风速的立方成正比。

③ 风轮功率与风轮的叶片数目无直接关系。

④ 风轮功率与风轮功率系数成正比。

吹向风轮的风具有的功率为 N_0，风轮功率为 $N = C_p N_0$，此功率经传动装置、做功装置（如发电机、水泵等），最终得到的有效功率为 N_e。则风力机的系统效率（总体效率）η 为：

$$\eta = \frac{N_e}{N_0} = \frac{N}{N_0} \eta_1 \eta_2 = C_p \eta_1 \eta_2 \qquad (4\text{-}10)$$

式中，η_1 为传动装置效率；η_2 为做功装置效率。

这样，风力机最终所发出的有效功率为：

$$N_e = \frac{\pi}{64} D^2 V^3 C_p \eta_1 \eta_2 \qquad (4\text{-}11)$$

对于结构简单、设计和制造比较粗糙的风力机，η 值一般为 $0.1\sim0.2$；对于结构合理、设计和制造比较精细的风力机，η 值一般为 $0.2\sim0.35$，最佳者可达 $0.40\sim0.45$。

4.3　风力发电技术

4.3.1　风力发电技术简介

风力发电是在风力提水机的基础上发展起来的。19 世纪末，首批 72 台单机功率 $5\sim25kW$ 的风力发电机组在丹麦问世。随后，不少国家开始相继研究风力发电技术。尤其在第二次世界大战以后，较大的能源需求量更进一步刺激了世界风力发电的发展。在 20 世纪 70 年代连续出现的石油危机和随之而来的环境问题迫使人们考虑可再生能源利用问题，风能发电很快重新被提上议事日程。自 20 世纪 80 年代以来，单机容量在 $100kW$ 以上的水平轴风力发电机组的研究及生产在丹麦、德国、荷兰、西班牙等国家都取得了快速发展。到 20 世纪 90 年代，单机容量为 $100\sim200kW$ 的机组已在中型和大型风电场中占有主导地位。丹麦是世界上最大的风力发电机组生产国，产量占世界 60％以上，在其出口产业中位居第二。

风力发电系统分为两类：一类是并网的风电系统；另一类是独立的风电系统。并网的风电系统的风电机组直接与电网相连接。由于涡轮风机的转速随着外来的风速而改变，不能保持一个恒定的发电频率，因此需要有一套交流变频系统相配套。由涡轮风机产生的电力进入交流变频系统，通过交流变频系统转换成交流电网频率的交流电，再进入电网。由于风电的输出功率是不稳定的，为了防止风电对电网造成的冲击，风电场装机容量占所接入电网的比例不宜超过 5％～10％，这是限制风电场向大型化发展的一个重要的制约因素。而且由于风电输出功率的不稳定性，电网系统内还需配置一定的备用负荷。

独立的风电系统主要建造在电网不易到达的边远地区。同样，由于风力发电输出功率的不稳定和随机性，需要配置充电装置，在涡轮风电机组不能提供足够的电力时，为照明、广播通信、医疗设施等提供应急动力。最普遍使用的充电装置为蓄电池，风力发电机在运转时，一类为用电装置提供电力，同时将过剩的电力通过逆变器转换成直流电，向蓄电池充电。在风力发电机不能提供足够电力时，蓄电池再向逆变器提供直流电，逆变器将直流电转换成交流电，向用电负荷提供电力。因此，独立的风电系统是由风力发电机、逆变器和蓄电池组成的系统。另一类独立风电系统为混合型风电系统，除了风力发电装置之外，还带有一套备用的发电系统，经常采用的是柴油机。风力发电机和柴油发电机构成一个混合系统。在风力发电机不能提供足够的电力时，柴油机投入运行，提供备用的电力。一种新概念的混合风电系统是由风力发电和氢能生产组成的系统。当风力发电机提供的电力有过剩时，用这些电力来电解水制氢，并将产生的氢储存起来。当风力发电不能提供足够的电力供应时，由储存的氢通过燃料电池发电。当然，目前这种概念的混合风力系统在经济上尚无现实性。当风力发电用于可间歇使用的用电设备时，就可以避免采用储能装置，而充分发挥风力发电的效益。例如，可将风力发电用于从地下抽水或用于排灌。有风力时，产生的电力驱动水泵运行，进行抽水或排灌，没有风力时，水泵即可停止运行。

4.3.2　海上风力发电

海上风力发电是目前风能开发的热点，建设海上风电场是目前国际新能源发展的重要方向。与陆地相比，海上的风更强更持续，而且空间也广阔。大海上没有密密麻麻的建筑，也没有连绵不绝的山峦，风在大海上就没有了阻挡。此前，不少国家已经在海边建造了一些风力发电站。但是，更多的风力资源不是在海边，而是在茫茫的大海上，风吹到海边的时候力量已经减弱了不少。然而，要利用大海上的这些风力资源也很不容易，因为没有建造风力发电机的地基。

丹麦的两个电力集团公司和三个工程公司于1996—1997年间首先开始对海上风机基础的设计和投资进行了研究，在报告中提出，对于较大海上风电场的风机基础，钢结构比混凝土结构更加适合。所有新技术的应用似乎至少在水深15m或更深的深度下才会带来经济效益。无论如何，在较深水中建造风电场的边际成本要比先前预算的要少一点。对于1.5MW的风机，其风机基础和并网投资仅比丹麦Vindeby和Tunoeknob海上风电场450～500kW风机相应的投资高出10%～20%。

挪威石油公司委托挪威离岸风能技术研究中心的科学家进行海上风能的利用研究，项目总投资约4亿克朗。该项目的技术总负责人约翰·奥拉夫带领数十名研究人员经过数年的奋斗，开发出可以漂浮在海中的发电机支柱，并于近期建成一台。这台风力发电机有个形象的名字叫"海风（Hywind）"，是世界上首台悬浮式风力发电机。"海风"发电机建造在挪威的斯塔万格地区的海域中，该发电机与陆地上的风力发电机所用的材质大致相同。不同的是，其在海水下的部分被安装在一个100多米的浮标上，并通过三根锚索固定在海下120～700m深处，以便它随风浪移动，迎风发电。"海风"发电机的功率为2.3MW，其叶片直径为80m，相当于一个标准足球场的长度。发电机机舱高出海平面约65m，浮置式的发电设备安装在浮标上。建造它的时候，不是在陆地上组装完再安装到海上的，而是通过轮船上的吊车在海上一点点搭建组装而成，并根据实际情况及时调整。

悬浮式风力发电技术不仅仅是为了充分利用海上风力资源，更重要的是为日渐增多的海上活动提供能源，军事雷达工作、海运业、渔业和旅游业都会从中获益。漂浮风电场最后会建立在北美、伊拉克半岛、挪威、英国的海岸上。漂浮风电场将会给许多国家提供额外的能源，尤其是那些没有多余地方安置风电场，或是陆地上没有足够风能资源的地区。如果以后世界海洋上的各个区域都能分布一些悬浮式风力发电机，远洋轮船、深海远程潜艇、远程科学考察船等就可以在大海上直接获取电能，而不必找一个港口去补充能源，这些轮船或潜艇也可以减少能源的负重。另外，开发海底石油和矿藏的工程队也将从海上风力发电站获得充分的电能。有了电能保障，一些远海旅游项目也可以开发起来。

总之，海上悬浮风力发电技术将为人类开发海洋提供有力的能源支持。预测到2020年，仅欧洲海上风电总装机容量将达到7000万千瓦。中国海上风能的量值是陆上风能的3倍，具有广阔的开发应用前景。中国海上风力发电场建设目前还是空白，但必将由陆上到海上，这也为中国风电创造了一个相当长的景气周期。

4.3.3　高空风力发电

当地面附近的风能正在逐步得以开发之时，科学家已经不再满足于地面上获得的这些成绩了。近年来，一些能源科学家开始尝试高空风力发电。

从能源本身的角度讲，高空风能比低空风能要丰富且稳定。其实，从放风筝的经验中也可以获得这个结论。当风筝在低空中飞行时，往往摇摇晃晃，要么是风力不够，要么是风力不稳定。一旦风筝升到一定的高度，风筝就能稳稳地在天空中飞行了，而且可以明显感到风筝在高空中牵引力很大,这也说明高空风能巨大而稳定。科学家对高空风能有了进一步的研究。科学家根据相关的研究数据估计,在距地面500～12000m的高空中,有足够世界使用的风能。如果这些风能能够全部转变为电能,则可以满足全世界百倍的电力需求。更为重要的是,最理想的高空风力资源刚好位于人口稠密地区,比如北美洲东海岸和中国沿海地区。

既然高空风力比地面风力更加丰富,为何至今没有一座商业化的高空风力发电站建成呢?这就像是先有汽车后有飞机一样。高空风力发电面临着技术难度大、成本投入高两个主要问题。其实,高空风力发电被提出来已经有30余年,但是上述问题制约了高空风力发电的发展。高空风力发电有两种模式:第一种是在空中建造发电站,在高空发电,然后通过电缆输送到地面;第二种是在高空建设传动设备,将风能转化为机械能后直接输送到地面,再由发电机将其转换为电。从理论上讲,这两种方法都行得通,只不过从来没有对两项技术的可行性实施过全面、严格的评估。

美国能源部曾经有一个高空风力发电项目,规模非常小,有关高空风力特征的一些数据便来自于这个项目。尽管近年来全球日益重视可再生能源开发,高空风力发电并未重新启动,这并不是因为它不好,恰恰相反,正是因为它过于新颖,距离现实有些遥远。美国一家能源公司表示,虽然高空风力发电困难重重,但是纽约市准备尝试。纽约将采用的是高空风力发电的第一种模式,也就是在高空建立风力发电站。相关部门准备购买2～4台高空风能发电机,安装在纽约市曼哈顿地区的高空中,组建成一座小型的高空风力发电站。这些高空风力发电机像一个大飞艇,可以悬停在高空中,搜集来自高空的风能来驱动发电机内的涡轮机。当然,发电机还可以根据风向进行转向,以便更好地利用风力进行发电。高空风力发电机不需要另外提供动力,它悬浮和转向所需的能量都来自自身所产生的电能。由于高空风力发电机不需要建设电网,它在一些偏僻山区也大有用途。在一些山区,太阳光稀少,利用太阳能发电不方便,但是高空风能总是有的。而且高空发电可以24h持续供应电能,不像太阳能发电那样需要储电设备。因此,高空风力发电比太阳能发电在未来更能解决那些电网难以覆盖地区的用电问题。

4.3.4 低风速风力发电技术

平原内陆地区的风速远低于山区及海边,但由于其面积广大,因此也蕴含着巨大的风能资源。由于目前风力发电量增长迅速,而适合安装高风速风机的地点终究有限,因此要实现风力发电的可持续发展,就必须开发低风速风力发电技术。所谓低风速,指的是在海拔10m的高度上年平均风速不超过5.8m/s,相当于4级风。

要在此条件下使发电成本合乎要求,必须对风机进行必要的改进,主要措施包括以下几个。

① 在不增加成本的前提下,尽量增大转子直径,以获取尽可能多的能量。
② 尽量增加塔架高度,好处是可以提高风速。
③ 提高发电设备及动力装置的效率。

4.3.5 涡轮风力发电技术

新西兰研制出一种用涡轮机的新型风力发电技术,这种涡轮机用一个罩子罩着涡轮机叶片,以产生低压区,使它能够以相当于正常速度3倍的速度吸入流过叶片的气流。风洞测试结果表明,有罩的涡轮机比无罩的涡轮机输出功率大6倍以上。涡轮机材质为高强度纤维强化钢材，在不增加重量的情况下，弯曲时承受的应力比普通钢材高3倍。该风力发电机安装有7.3m长的叶片，整机可达21层楼的高度，每台涡轮机额定功率达3MW，其中一台由新西兰电力公司使用，另一台属于南澳大利亚州芒特甘比尔公司管理。专家预测，新型涡轮机发出的电力相当于传统涡轮机的6倍，10台这种新型风力涡轮发电机可为1.5万个家庭提供每年所需电能，如安装在海面巨大的漂浮平台上，由于海上的风力强、刮风多，效果更好。

从目前的技术成熟度和经济可行性来看，风能是除太阳能外最具竞争力的可再生能源。全球风能产业的前景相当乐观，各国政府不断出台的可再生能源鼓励政策，将为未来几年风能产业的迅速发展提供巨大动力。

4.4　风能存储技术

由于风能的不稳定性，风力机产出的功常出现波动与变化，并且由风力机带动的负荷也经常发生变化。例如，联网的风力发电机组在设计风速范围内向电网中送电，风力不足时又从电网中吸取电流，在这里，电网就被当成了大型并网风力机风能的存储器；中小型单独运行的风力发电机则常配备蓄电池蓄能，以应对风况、载荷的变化；随机变化的风能用于提水、制热时，负荷也在随季节、时刻、环境条件和使用要求的变化而变化，一般情形下，高峰和低谷时的负荷有较大差异。在风能利用系统中，应用蓄能技术是解决风能不稳定性和负荷峰谷比问题的重要措施；并且经济可行的蓄能技术的研究在国内外理论界、工程界得到了越来越广泛的重视。将富余的风能存储起来，以满足负荷高峰时的需求，同时风能存储装置能尽量减少存储转换过程中的能量损失。风能被存储的最终产品有电能、水力势能、机械能、热能、氢能和化学能。下面将介绍最为常用的风能存储方式与存储器。

4.4.1　电池储能

由风能转化的电能采用电池来存储是最简便的方法。这时，电能以直流电的形式存在。由于电能供应大多是以交流电的方式完成，而交流电形式的电能是不能存储的，所以通常情况下从装备有交流发电机的风力发电机组得到的交流电在存入电池之前要做直流整流，而在取用能量时又要通过交流逆变器，把它变成具有所需频率的交流电流。所有这些过程都是有损失的，而且使存储成本明显上升。由于电池的充放电既不能过量也不能过亏，一般来说只能使用电池全部容量的50％～60％，加之充与放的过程有能量损失，所以电池存储电能的效率不高，只有50％。并且电池的另一缺陷是充电次数受到限制，最好的情形也就是可充电2000～3000次。电池规格是按工作电压及储蓄电能的容量来划分的。如需要不同的电压和容量时，可采用多个电池串联或并联的方法来达到目的。一般电池的放电时间在8～20h范围内。电池的储蓄容量是指在某特定时间内连续释放所存电能的安培小时数。例如10h放电的360A·h电池，表示该电池能在10h内连续提供36A的放电电流；10h后电池需要重新充电。电池必须保存在清洁干燥的地方。环境温度会直接影响电池效率。如电池按25℃环境温度设计，温度偏低电池功率会降低，反之则提高。此外，其安置处要有良好通风，因为一般电池工作时会释放出氢气，通风不良易引起爆炸事故。

4.4.2　水力蓄能

在水资源充足并有大容量高位水箱或水库的情况下，可以用风能来驱动水泵，构建一个水力蓄能系统。系统流程如图 4-5 所示。当风能过量时，风力机带动水泵把水从低水位抽到高水位。当风能减小或电网中的功率不足时，就可取用存储的水力势能，采用水力涡轮发电机发电。泵和涡轮机的作用能由一个可逆的水轮机担当，以简化设备。但这样的机组也有缺点，即在同一时刻，它不可能作为泵和涡轮机同时运行。

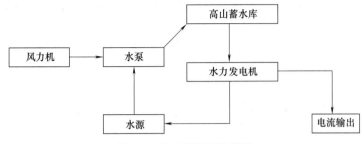

图 4-5　抽水蓄能系统流程

按目前水力涡轮和水泵的技术水平，水力涡轮效率为 0.85～0.91，水泵效率为 0.83～0.87，加上水在管道内的流动摩擦损失，抽水蓄能的能量转换利用效率一般为 0.68～0.75。

1968 年，中国首次在河北省石家庄附近的岗南水库建成单台机组容量为 1.1×10^4 kW、扬程 64m、水轮机为斜流可逆式的抽水蓄能电站。2000 年建成的天荒坪抽水蓄能电站位于浙江省吉安境内，由 4 台 30×10^4 kW 混流可逆式水轮机组组成，转速为 500r/min，水轮机水头为 607.5m，水泵水头为 614m。建在西藏羊卓雍湖的装置利用了天然湖泊，水泵与涡轮单独设置，转速为 750r/min，水头达 840m。

4.4.3　飞轮蓄能

飞轮蓄能是一种容量有限、存储时间较短的蓄能方式。在风力机与发电机之间安装一个飞轮，利用飞轮旋转时的惯性储能。当风速高时，风能以动能的形式储存于飞轮中；当风速低时，储存在飞轮中的动能即可带动发电机发电。由于受飞轮材料强度和结构尺寸的限制，并且随着存储时间延长，能量损失加大，所以它不适合大容量、长时间的存储。飞轮蓄能包括高速飞轮蓄能和超高速飞轮蓄能方式。超高速飞轮蓄能的转速是高速飞轮的 10 倍以上，具有更好的蓄能能力。

飞轮蓄能系统需附带必要的设备来降低飞轮的风损失和轴承损失，可见对飞轮和轴承等零部件的材料提出了更高的要求。

以角速度 ω 绕轴线 z 转动的飞轮所具有的动能为：

$$E_d = \frac{1}{2} J_z \omega^2 \qquad (4\text{-}12)$$

式中，J_z 为飞轮对轴线 z 的转动惯量，kg/m^2，$J_z = \sum m_i r_i^2$，其中 m_i 为分布质量，r_i 为分布质量距飞轮轴线的距离。

用较大质量分布在距飞轮轴线的远端，采用高强度的碳纤维材料，在保证强度、刚度的前提下提高飞轮转速，都可以提高飞轮存储风能的容量。旋转飞轮与空气摩擦以及轴承部位的摩擦是造成储蓄能量损失的主要原因。

飞轮摩擦功率可损失掉储蓄功率的 4%～10%。计及飞轮轴轴承的损耗，在短时间内进行能量转换时，飞轮自身的转换效率最高可达 95%。减小飞轮摩擦功率的措施有：改进飞轮结构；提高气流的雷诺数；减小飞轮的直径与转速；降低飞轮周围空气的密度。但是直径、转速减小将降低飞轮蓄能的容量；在大功率风力机的飞轮处抽真空以降低空气密度在工程上较难实现，且得不偿失。

4.4.4 压缩空气蓄能

压缩空气蓄能（CAES）是一种新型的蓄能方式，它比抽水蓄能装置的建造要节省费用和时间，特别适用于缺水干旱地区风能存储的需要。建造 CAES 装置的一个关键是如何解决压缩空气的存储问题。对于小型装置，可采用强度高、容量大的金属容器；对于大中型装置，目前已有三种储气方法，即利用地下岩盐矿内的岩洞、利用挖掘成的岩石洞、利用现存矿洞。

1978 年，世界上第一个 CAES 装置在德国建成，其额定容量为 $2.9 \times 10^5\,\mathrm{kW}$。美国第一个 CAES 由 Alabama 电气公司制造，1991 年投入运行。该电站综合投资费用为 450 美元/kW（而建抽水蓄能电站的费用约为 1000 美元/kW），容量为 $1.1 \times 10^5\,\mathrm{kW}$。目前，中国哈尔滨电力部门正在研究利用地道存储压缩空气建设 CAES 系统的可能性。

4.4.4.1 常规压缩空气蓄能循环

常规压缩空气蓄能（CAES）系统的工作原理如图 4-6 所示。在储能过程中，电动机 2 与压缩机 1 相连，由风能产生的富余电力带动压缩机向储气室 6 注入压缩空气。风电不足时，发电机与燃气透平 3 相连，从储气室流出的空气经换热器 5 预热并进一步在燃烧室 4 中加热，后进入燃气透平做功，释放出压缩空气所蓄能量。

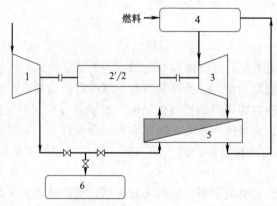

图 4-6 常规压缩空气蓄能（CAES）系统的工作原理
1—压缩机；2—电动机；2′—发电机；3—燃气透平；4—燃烧室；5—换热器；6—储气室

4.4.4.2 电热冷联产压缩空气蓄能系统

图 4-7 给出由西安交通大学研究提出的电热冷联产压缩空气蓄能装置的工作原理。新压缩空气蓄能系统与 CAES 相比，区别在于：新系统以空气透平替代带有燃烧室的燃气透平，用电高峰，压缩空气在空气透平中膨胀做功，带动发电机输出电能，因透平出口工质温度很低，装置同时输出冷量；在空气压缩蓄能的过程中，所产生的热将以提供热水的形式被利用，压缩空气进入空气透平前被冷却，是为了透平出口获得更低温的冷量；新系统实现了电热冷联产，也实现了对环境的零污染排放。

从以上对电热冷联产压缩空气蓄能装置的分析可以看出：当风能不足时，系统以同时供应电、热、冷的方式释放出存储的多余风能；当用户要求以这种装置储能的风力发电机系统

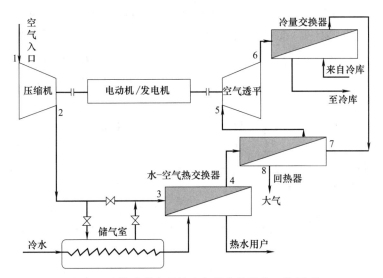

图 4-7 电热冷联产压缩空气蓄能装置的工作原理

不但满足电能的稳定供给，也能实现热、冷连续供应时，则需要对电热冷联产压缩空气蓄能装置产出的热量、冷量也实行存储，以满足用户对它们的连续需求。

4.4.5 热能存储

由风能制热时，必须安装热能存储器。在电热冷联产压缩空气蓄能技术和采暖空调技术中，为了使能量经济合理地使用，并连续稳定地满足用户需求，也需要有相应的热能、冷量存储器。它们的存储是通过对材料冷却、加热、溶解、凝固或者蒸发来完成的。例如，显热存储是通过存储材料的温度上升（或下降）而储存（释放）热能，其蓄热能力主要取决于材料的比热容和密度；潜热存储利用材料从固态变为液态时需要吸收相变热而将热能存储起来，进行逆过程时，则释放相变热。

利用化学反应也可以蓄热。化学能蓄热比显热蓄热和潜热蓄热的储热密度都大，而且可以长时间储存。但因技术较为复杂，目前仅在太阳能领域受到重视。

4.4.5.1 显热存储

显热存储原理是：随着工质温度升高而吸热，随着工质温度降低而放热的现象被称为显热。质量为 M 的工质，温度变化 t_2-t_1 时的显热量 Q 为：

$$Q=C_p m(t_2-t_1) \tag{4-13}$$

式中，C_p 为工质的定压比热容（工质在被加热或冷却时其压力一般保持不变），$J/(kg \cdot ℃)$。

由式（4-13）可知，为提高蓄热量，要求工质有高的定压比热容，要求系统中介质的质量要大，还要求输入和输出热量时工质的温度变化范围较大。但由于一般蓄热介质的比热容较小，工质质量增加时也将加大蓄热装置的体积；而工质温度变化范围扩大将增加热流的不稳定性，为此，需要采用调节和控制装置，从而会提高系统的成本与运行的复杂程度。

4.4.5.2 相变蓄热

一般物质在由固态转变为液态（或由液相到固相）时要吸收（或放出）很大的潜热值，利用这一机理的蓄热装置称为相变蓄热器。储存同样多的热量，潜热蓄能器所需的容积要比显热存储设备的尺寸小得多。此外，物质的相变是在恒定的温度下进行的，这个特性又使相变蓄热器能够保持恒定温度下的供热能力和基本恒定的热力效率。当所选取材料的相变温度与蓄热用户的要求基本一致时，可无须设置温度调节、控制装置，以便简化系统构成，节省投资。

4.4.5.3 蓄冷技术

风能通过吸收式制冷机或压缩式制冷机可制造冷量；剩余风能用电热冷联产压缩空气蓄能技术储蓄时，也有冷量产出。为了风能产出的冷量也能被"削峰填谷"般地合理使用，就需要蓄冷技术。目前，以显热方式运行的蓄冷常用介质有水和盐水；潜热蓄冷常用介质为冰、共晶盐水化合物等相变物质。

(1) 水蓄冷　进入水箱的冷冻水一般为 4～7℃ 的低温水，储存在冷水箱中可用作冷负荷供应。蓄冷量的大小取决于冷水箱中储存的冷水数量和蓄冷温差（负荷回流水与冷箱储水之间的温差）。蓄冷温差为 6～11℃ 时，单位体积水的蓄冷容量为 6.97～12.77kW·h/m³。只要空间和水资源条件许可，水蓄冷系统是一种较为经济的储存方式，并且冷水箱体积越大，单位蓄冷量的投资越低；但因用于显热存储时水的蓄能密度低，大尺寸水箱将占用大面积土地。如能利用建筑物内的消防水池、储水设施或地下室作为蓄冷容器，不但节约用地，还可降低水蓄冷系统的基建投资。

(2) 冰蓄冷　常压下冰与液态水之间的相变潜热为 335kJ/kg，利用这一相变潜热的冰蓄冷系统得到日益广泛的应用。在水蓄冷系统中，1kg 水从 12℃ 降至 7℃ 时，存储冷量 20.9kJ，而 1kg 水从 12℃ 降温并冷冻为 0℃ 冰时，存储冷量 385.16kJ。所以，储蓄同样多的冷量，冰蓄冷所需的体积仅为水蓄冷的 1/18，蓄能密度很大；冰水箱容积小也使其外表面积大幅度减小，因此，冰水箱的热损失减小；此外，由于冰水温度低，在将冷量用于供给制冷空调用户时，可减少冰水供应量和空调送风量，从而减小水泵、送风机功率和降低其噪声排放；冰蓄冷的蓄冷温度几乎恒定，这使设备容易标准化、系列化。

但冰蓄冷系统中的制冷机介质在制冰冷量交换器出口的温度要求低于 -5℃ 以下，低温使蒸汽压缩式制冷中制冷剂的蒸发压力、蒸发温度降低，或者使空气透平制冷中膨胀透平出口空气温度降低，这将减少制冷机的制冷量，降低其工作性能系数（COP 值）。与水蓄冷制冷机组一般冷水出口温度 7℃ 时的情形相比，冰蓄冷机组的制冷量将降低至水蓄冷机组的 60%，耗电量增加约 19%。

(3) 共晶盐相变蓄冷　蓄冷相变介质是共晶盐，它是由无机盐、水、促凝剂和稳定剂组成的混合物。目前较广泛应用的材料是相变温度约为 8.3℃ 的共晶盐，其相变潜热约为 95.36kJ/kg，密度为 1489.6kg/m³。

共晶盐蓄冷系统流程如图 4-8 所示。共晶盐被封装在高密度聚乙烯材质的胶囊内，形成薄块状（尺寸约为 200mm×100mm×15mm）、直径 70～100mm 球状或其他形状的密封件，大量密封件被放置于蓄冷槽中。蓄冷时，水经制冷机组冷却后进入蓄冷槽，在蓄冷槽中将冷量传给共晶盐，使其由液态变为固态；负荷过大需释冷时，水先经冷水机组被冷却，再经过蓄冷槽被进一步冷却到所需温度。

由于共晶盐的相变温度较高，与冰蓄冷装置比

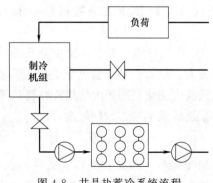

图 4-8　共晶盐蓄冷系统流程

较，可使制冷机组的 COP 提高 30％左右。

4.4.6　氢能存储

氢能是指游离的分子氢（H_2）所具有的能量，而不是成为化合态的氢元素的能量。氢是一种二次能源，可长期储存、便于输送、能高效地使用，还可以再生和循环利用，并且没有或很少有污染。所以用富余风能制氢也是风能存储的一种值得深入研究开发的方法。虽然地球上氢元素的含量非常丰富，但很难找到自然态存在的双原子分子氢，在大气中游离的 H_2 也仅为大气的二百万分之一。

4.4.6.1　氢的制取

从以化合态存在于水、生物质、有机化合物和矿物燃料中提取 H_2 的能耗和费用是相当高的。制取 H_2 的方法有：甲烷与水汽反应制取 H_2、水的直接电解、生物质能的分解等。如果制 H_2 所消耗能量大于制得的 H_2 所产生的能量，从节约能源的角度考虑，就不能认为氢能是二次能源的优选对象。所以，探索高效、低成本和大规模的制 H_2 技术，是人类在能源领域内面临的一项挑战性任务。

目前比较经济的方法是电解水制氢。该法是基于氢氧的可逆反应：

$$H_2 + \frac{1}{2}O_2 \Longleftrightarrow H_2O + \Delta h \tag{4-14}$$

水分解所需能量 Δh 由外加电能供给，它与工作压力有关。为了提高制氢效率，即降低能耗，电解通常在 30～50atm（1atm＝101325Pa）或更高压力下进行。目前的电解效率为 50％～70％，还有待提高，另有许多工艺技术问题需要解决。电解水制氢的成本主要与电解效率、电价以及电解设备的使用费有关。

考虑到风电价格已接近化石能源发电的水平，并且风能又是自然可再生能源，因此负荷低谷时的风能储蓄应采用电解水制氢方法。图 4-9 给出电解水制氢的风能存储系统。

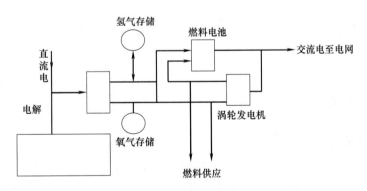

图 4-9　从水中提取氢的风能存储系统

4.4.6.2　氢的储存

氢储存的主要工作在于提高 H_2 储存的体积能量密度，以增加 H_2 作为燃料使用时的运输距离。

氢的储存有三种方法：高压气态储存、低温液氢储存以及化学储存。金属氢化物储存则是化学储存中最有发展前途的储氢方法。

（1）高压气态储存　这一方法需用质量较大的容器，消耗较多的压缩功，并且储存量有限。一般充气压力为 20.4MPa 的高压钢瓶储氢质量只占钢瓶质量的 1.6%，供太空用的钛钢瓶也只达 5%。现正在设计发展一种微孔结构的气态氢储存装置，即利用直径为 10～100μm、壁厚为 1～10μm 的紧密微孔，将高压气态氢储存在微孔中。储存结构被设计为微型球床，微型球床可采用空心玻璃材料，也可采用塑料、金属或陶瓷等材料，这种结构较钢瓶轻，而且价格便宜。

（2）低温液氢储存　氢气液化需要把氢深度冷冻，然后储存于高真空的绝热容器中。氢的低温液化与液氢储存的成本较高，安全技术也比较复杂。目前正在研究多层绝热膜铝合金液氢储箱等液氢储存方法。

（3）金属氢化物储存　氢与氢化金属之间能进行可逆反应。当外界有热量加给金属氢化物时，它就分解为氢化金属并放出氢气；反之，氢和氢化金属构成一种金属氢化物时，氢就以固态结合的形式存储于其中并放出热量。目前已提出的有储氢能力的金属或合金很多，但其使用的可能性还取决于应用的目的、氢化金属本身的化学物理性质、使用过程中的经济性和安全性等。

这些要求的具体项目有储氢密度、平衡压力、温度曲线、生成焓、转化反应速率、化学及机械稳定性、使用成本、对环境及人身有无毒副作用等。已发现的氢化金属中，有希望使用的是 Mg 合金和 Ti 合金，如 Mg_2NiH_4 和 $FeTiH_{1.9}$ 等。

氢化金属的最大缺点是储氢密度不大（其储氢密度是指每 100kg 氢化金属中的储氢千克数），以储氢密度名列前两种的金属 Li 和 Mg 为例，LiH 的储氢密度为 12.6，MgH_2 的储氢密度在 7.6 左右。

氢虽有很好的可运输性，但不论是液氢还是气态氢，它们在运输过程中都有安全问题需要妥善解决。

4.5　风能利用发展现状和趋势

全球风能资源极为丰富，而且分布在几乎所有的地区和国家。技术上可以利用的资源总量估计约 5300TW·h/a（$53×10^6$ 亿度/年）。经过几十年的努力，世界风能利用取得了引人瞩目的成就。

4.5.1　风能利用现状

4.5.1.1　世界风电现状

据全球风能理事会（GWEC）统计数据显示，2017 年全球新增风电装机容量达 52573MW，这一新增容量使全球累计风电装机容量达到 539580MW。其中，欧洲、印度市场以及海上风电装机容量实现创纪录突破。根据初步统计，我国实现 19.5GW 的新增装机容量，稳居全球第一。2001—2017 年全球新增装机容量、全球累计装机容量、区域新增装机容量如图 4-10～图 4-12 所示。

根据全球风能理事会统计，2017 年全球风电新增容量市场排名前十位的国家分别是中国（19500MW）、美国（7017MW）、德国（6581MW）、英国（4270MW）、印度（4148MW）、巴西（2022MW）、法国（1694MW）、土耳其（766MW）、墨西哥（478MW）、比利时（467MW）、全球其他（5630MW），如图 4-13 所示。

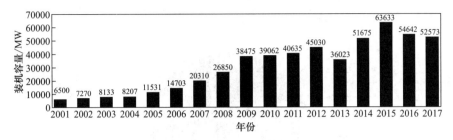

图 4-10 2001—2017 年全球新增装机容量

（数据来源：全球风能理事会）

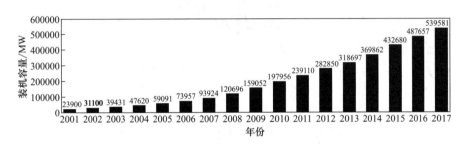

图 4-11 2001—2017 年全球累计装机容量

（数据来源：全球风能理事会）

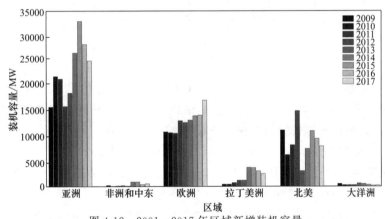

图 4-12 2001—2017 年区域新增装机容量

（数据来源：全球风能理事会）

4.5.1.2 我国风电现状

（1）风电概况 中国风力发电的发展历史较短，大型风力发电机组的研制从 20 世纪 80 年代开始。1982 年中国在山东荣成建成第一个风电场，安装了 3 台 55kW 的风电机组。1986 年中国与德国合作研制出单机容量为 20kW 的立轴达里厄型风力发电机，安装于北京郊区。1991—1995 年期间，与丹麦合作生产出单机容量为 120kW 的风力发电机组。此外，2000 年在引进消化吸收的基础上，研制出装机容量为 600kW 的风力发电机组。自此之后，在全国各地陆续建设了一批风电场。2002 年底，全国微型和小型风力机组约有 24.8 万台，居世界首位。尤其是"十一五"以来风电产业进入快速发展阶段，领跑中国风电发展的地区是内蒙古自治区，其累计装机容量 17.59GW，紧随其后的是河北、甘肃和辽宁，累计装机容量都超过 5GW。

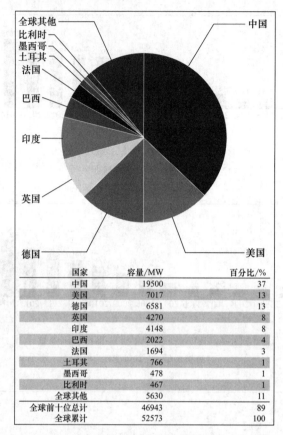

国家	容量/MW	百分比/%
中国	19500	37
美国	7017	13
德国	6581	13
英国	4270	8
印度	4148	8
巴西	2022	4
法国	1694	3
土耳其	766	1
墨西哥	478	1
比利时	467	1
全球其他	5630	11
全球前十位总计	46943	89
全球累计	52573	100

图 4-13　2017 年全球新增容量排名前十位

据中国可再生能源学会风能专业委员会（CWEA）的统计数据，2016 年中国风电新增装机容量为 2337 万千瓦，累计装机容量达到 16873 万千瓦。新增装机容量虽然较上一年有一定幅度的下滑，但仍保持较快的增速，与 2014 年基本持平。

根据国家能源局数据，2017 年全国风电发电量达到 3057 亿千瓦·时，同比增长 26.85%，增长稳定；2018 年 1 月至 2 月，全国风电发电量实现 568.1 亿千瓦·时，同比增长 34.70%，增幅较 2017 年同期（26.9%）提升显著。

发电量的稳定增长主要来源于弃风限电的改善，2017 年全国弃风率为 12%，较 2016 年下降 5.2 个百分点；2018 年继续实现全国弃风电量和弃风率的双降，2018 年全国风电发电量继续增长。风电所产生的环境效益显现：按每度电替代 320g 标准煤计算，可替代标准煤 2200 多万吨，减少二氧化硫排放量约 36 万吨，减少二氧化碳排放量约 7000 万吨，节能减排效益显著。

按照每户居民年用电量 1500kW·h 计算，中国 2011 年风电的上网电量可满足 4700 多万户居民 1 年的用电量需求。

2006—2017 年新增和累计风电装机容量及同比增速如图 4-14 所示。

（2）区域特征　2017 年，六大区域的风电新增装机容量所占比例分别为华北（25%）、中南（23%）、华东（23%）、西北（17%）、西南（9%）、东北（3%）。"三北"地区新增装机容量占比为 45%，中东南部地区新增装机容量占比达到 55%。

与 2016 年相比，2017 年中南地区出现增长，同比增长 44%，新增装机容量占比增长至

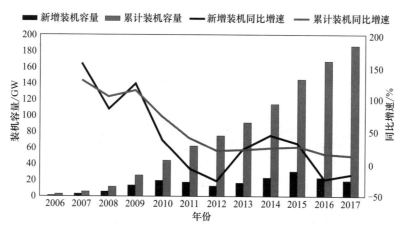

图 4-14 2006—2017 年新增和累计风电装机容量及同比增速

（数据来源：全球风能理事会）

23%；中南地区主要增长的省（自治区）有湖南、河南、广西、广东。另外，西北、西南、东北、华北、华东装机容量同比均出现下降，西北、西南同比下降均超过 40%，东北同比下降 32%，华北同比下降 9%，华东同比下降 5%。

2016 年和 2017 年我国部分区域新增风电装机容量占比情况如图 4-15 所示。2013—2017年我国部分区域新增风电装机容量趋势如图 4-16 所示。东北地区包括辽宁、吉林、黑龙江；华北地区包括北京、天津、河北、山西、内蒙古；华东地区包括山东、江苏、安徽、上海、浙江、江西、福建；西北地区包括新疆、甘肃、青海、宁夏、陕西；西南地区包括四川、重庆、云南、贵州、西藏；中南地区包括河南、湖北、湖南、广东、广西、海南。

（3）项目储备 除已建成的项目外，全国有大量风电场项目正在开展前期工作或已获得核准，为中国风电的长期稳定发展打下了良好的基础。

截至 2017 年底，我国风电核准未建项目为 95.5GW，为享有 0.47～0.60 元/(kW·h)

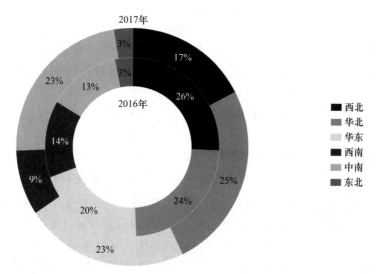

图 4-15 2016 年和 2017 年我国部分区域新增风电装机容量占比情况

（数据来源：CWEA）

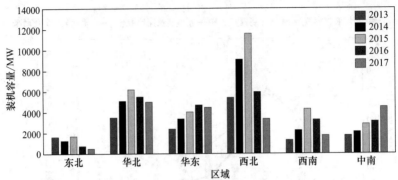

图 4-16 2013—2017 年我国部分区域新增风电装机容量趋势

（数据来源：CWEA）

的风电标杆电价，项目均须在 2019 年底前开工建设。我们预计截至 2020 年底，风电累计装机容量将达 284GW。2017 年全国的弃风情况有较大的改善，弃风率为 12.0%，较 2016 年下降了约 5 个百分点。

4.5.2 主要国家的支持政策和措施

4.5.2.1 德国——实行固定上网电价，全球风电的领先者

1990 年，德国议会通过了著名的强制购电法（Feed-in-Tarrif）。该法案规定：电力公司必须让风电接入电网，并以固定价格收购其全部电量；以当地电力公司销售价格的 90% 作为风电上网价格；风电上网价格与常规发电技术的成本差价由当地电网承担。到 2000 年，强制购电法的原则在新的《可再生能源法》中进一步确立。同时，政府开始对风电投资进行直接补贴。德国在 2001—2007 年保持风电装机容量世界第一，到 2010 年底累计超过 25GW，直到 2008 年、2009 年才分别被美国和中国超越。对于国土面积只有中国和美国 1/30 的国家而言实属不易，德国风电发展的成功经验主要得益于其固定的上网电价政策。

2011 年 7 月，德国通过了《可再生能源法》的修改，德国《可再生能源法》2012 修正案于 2012 年开始实施。德国的《可再生能源法》是德国可再生能源发展的核心推动力，法规每隔数年会对电价水平进行修改，以配合资源开发和产业发展的情况。此次修改的《可再生能源法》包括对陆上电价的修改和海上电价的修改。此次法案修改备受关注，因为在日本福岛核危机后，德国退出核电的呼声高涨，德国议会最终通过决议将于 2022 年彻底结束核电产业，因此可再生能源再次成为公众关注的焦点。

修改后的法案对可再生能源的目标进行了修改，新目标要求到 2020 年 35% 的可再生能源发电目标，2030 年 50%，2040 年 65% 和 2050 年 80%。此次法案修订，明显地提高了对各种可再生能源的补贴。不同可再生能源技术的电价水平或有升高，或维持不变。

4.5.2.2 美国——激励补贴计划和财税优惠并举，可再生能源配额制作用显著

为了推动风电等可再生能源发展，美国两个大法起到了根本支撑，分别是 1992 年出台并不断修订的《能源政策法案》和奥巴马政府 2009 年出台的《经济复苏法案》，这两个法案确立并加强了可再生能源在美国联邦和各州的法律地位。在联邦层次的优惠政策和补贴计划包括风能生产税抵减（PTC）、投资退税（ITC）和国家财政补贴计划以及税收加速折旧等。

风能生产税抵减政策规定应用于风能等部分可再生能源项目，2010 年，风能、闭环生物质能和地热发电的退税额达 2.2 美分/（kW·h）；其他符合条件的技术所获得的退税额为

风力发电项目退税额的 50%［2010 年为 1.1 美分/(kW·h)］。在 2012 年底之前投入运营的风力发电项目目前可获得 10 年退税，其他可再生能源技术的投产日期可延后一年（即 2013 年底之前）。在 PTC 取消的 3 个年份（分别是 2000 年、2002 年和 2004 年），风力发电装机容量的增长速度出现明显停滞，而在预定期满之前的年份，风能开发项目则出现显著增加，由此可见风能生产税抵减对于可再生能源发电，尤其是风力发电行业的重要性。

可再生能源的主要州级推动政策包括可再生能源配额制度（RPS），以及各种州级现金激励计划。此外，还包括其他联邦级和州级举措支持国内可再生能源设备的制造，包括：联邦贷款担保计划；联邦生产退税；联邦与地方财政激励计划，鼓励制造可再生能源设备；联邦与州级研发基金等。

可再生能源配额制度在美国可再生能源发展史上有着不可忽视的贡献，得到了各国的认可，并作为典范学习和借鉴。其核心是要求零售电力供应商逐渐增多对可再生能源的购买量；大部分行政区均允许可再生能源许可证交易，以提高配额标准执行的灵活性，也便于执行的考核。

4.5.2.3 丹麦——稳定持续的政策导向、强大的产业链支撑

丹麦政府在 1976 年、1981 年、1990 年、1996 年和 2012 年先后公布了五次能源计划。其中 2012 年 3 月最新的能源规划目标提出 2020 年丹麦能源需求量减少 12%（与 2006 年相比，或与 2010 年基数相比减少 7%），丹麦能源供应的 35% 来自可再生能源，2050 年能源供应 100% 来自可再生能源的目标，在这一目标的指导下，2020 年丹麦 50% 的电力将由风力提供。这一目标已经公布，被誉为全球最大胆激进、最绿色环保也最具有长效性的国家能源政策。这一目标的建立，旨在帮助丹麦实现 2020 年减排 34% 的目标（在 1990 年的排放量基础上）。

在这一新目标的基础上，政府进一步提出了 1500MW 海上风电发展目标和 1800MW 陆上风电发展目标。丹麦政府制定和采取了一系列政策和措施，支持风力发电发展。在支持风能研发方面，丹麦国家实验室的风能部门科学家和工程师阵容强大，从事空气动力、气象、风力评估、结构力学和材料力学等各方面的研究工作。为了保证风机的质量和安全性能，丹麦政府专门立法，要求风机的型号必须得到批准，并由国家实验室审批执行。

4.5.3 风力发电的发展趋势

（1）机组容量快速稳步上升　国内生产 1.5MW 以下的风力发电机组较多，兆瓦级风电设备主要依赖进口，可喜的是，华创风能有限公司具有完全自主知识产权的首套 3.0MW 双馈风力发电机组在华创青岛产业基地成功下线，这是目前我国容量最大的风电机组。

（2）变桨距调节方式将逐渐成为主流　定桨距失速调节型风力发电机技术是利用桨叶翼型本身的失速特性，在转速不变的条件下，气流的攻角增大到失速条件，使桨叶表面产生涡流，限制输出功率，应用在中小型风力发电机组上。变桨距风力发电机技术是通过调节桨距，使风力机叶片的安装角随风速的变化而变化。变桨距调节的机组启动性能好，输出功率稳定，机组结构受力小，停机方便安全，适用于大功率机组。从目前风机单机容量快速上升的趋势看，变桨距调节方式将迅速取代定桨距调节方式，成为主流调节方式。

（3）从恒速运行方式走向变速运行方式　风电机组分为恒速运行的发电机系统和变速运行的发电机系统，恒速发电机系统是指在风力发电过程中保持发电机的转速不变从而得到和电网频率一致的恒频电能，恒速恒频系统一般来说比较简单，风能利用率低，所采用的发电

机主要是同步发电机和鼠笼式感应发电机。变速运行的发电机系统是指在风力发电过程中发电机的转速可以随风速变化，而通过其他的控制方式来得到和电网频率一致的恒频电能。一般采用双馈异步发电机或多级同步发电机。目前，国内生产的风机以恒速运行为主，但很快将会过渡到变速运行的方式，以达到和国际领先技术接轨。

（4）直驱式无齿轮箱系统的市场份额迅速扩大　从风力机到发电机主要有三种驱动方式：第一种是通过齿轮箱多级变速驱动双馈异步发电机，是目前市场上的主流产品；第二种是风轮直接驱动多级同步发电机，具有节约投资、减少传动链损失和停机时间以及维护费用低、可靠性好等优点，在市场上正在占有越来越大的份额；第三种是单级增速装置加多级发电机技术，该设计介于纯变速装置驱动和直驱之间，旨在融合两者的优点而避免其缺点。

（5）风力发电成本将大幅度降低　随着风力发电技术的快速发展，风力发电机组成本会越来越便宜，即增大风力发电机组的单机容量可减少基础设施的投入费用，同样的装机容量需要更少数目的机组，故节约了成本。随着融资成本的降低和开发商的经验丰富，项目开发的成本也相应得到降低。另外，风力发电机组可靠性的改进也减少了运行维护的平均成本。

（6）海上风电场飞速发展　随着风力发电的迅速发展，陆上风力发电的一些问题如占用土地、影响自然景观、噪声等对周围居民生活带来不便等逐渐显露出来，而海上发电具有资源丰富、风速稳定、不占用陆地、可大规模开发等优势，对此，在欧洲已经呈现将风电机组从陆上移向近海的趋势。我国海上风能的量值是陆上风能的3倍，具有广阔的开发应用前景。大连重工起重集团研制的国内首台具有自主知识产权的风电机组已成功下线。

🔵 思考题

1. 简述风和风能的特点和资源情况。
2. 简述风力发电机的工作原理、系统组成现状与发展趋势。
3. 简述制约风能产业的因素有哪些？
4. 简述风力发电系统的组成。
5. 简述风能利用的途径及现状。
6. 制约风能产业的因素有哪些？
7. 如何实现我国风能产业又好又快发展？

在线试题

🔵 参考文献

[1] 王革华. 新能源概论. 北京：化学工业出版社，2006.
[2] 翟秀静，刘奎仁，韩庆. 新能源技术. 北京：化学工业出版社，2010.
[3] 吴治坚. 新能源和可再生能源的利用. 北京：机械工业出版社，2006.
[4] 王健. 我国风能资源最优化研究. 镇江：江苏大学博士学位论文，2011.
[5] 郑康. 交流励磁变速恒频风电系统研究. 杭州：浙江大学硕士学位论文，2004.
[6] 原鲲，王希麟. 风能概论. 北京：化学工业出版社，2010.
[7] 刘柏谦，洪慧，王立刚. 能源工程概论. 北京：化学工业出版社，2009.
[8] 刘琳. 新能源. 沈阳：东北大学出版社，2009.
[9] 鄂勇，伞成立. 能源与环境效应. 北京：化学工业出版社，2006.
[10] 都志杰，马丽娜. 风力发电. 北京：化学工业出版社，2009.
[11] 郭新生. 风能利用技术. 北京：化学工业出版社，2007.
[12] 李俊峰，等. 中国风电发展报告（2012）. 北京：中国环境科学出版社，2012.

第5章　水能

水资源是人类不可缺少、无法替代的重要自然资源，是指人们直接或间接使用的各种水和水中的物质。水能资源与水资源是不同的。水能资源通常是指水体的动能、势能和压力能等能量资源，是一种重要的可再生能源，是清洁能源，是绿色能源。广义上，水能资源包括河流水能、潮汐水能、波浪能、海流能等能量资源；狭义上，水能是指河流的水能资源。目前人们最易开发和利用的较成熟的水能也是河流能源。

5.1 概述

5.1.1 我国水能资源概况

我国幅员辽阔，江河众多，蕴藏着丰富的水能资源。全国分布着7大水系，河流总长度约为42万千米，主要大河大都是自西向东流入太平洋，其中长江、澜沧江、怒江、雅鲁藏布江、额尔齐斯河等汇入海洋的水系占全国面积的63.8%，径流总量占全国的95.5%。据统计，全国流域面积在100km^{2}以上的河流有5万多条，多年平均年径流总量达$2.71×10^{12}$m^3，其中河长在1000km以上的也有20余条。流域面积在1000km^{2}以上者有1600多条，水能资源蕴藏量在10GW以上者有3000多条。我国山地面积广，大多数河流落差大，其中，长江、黄河发源于青藏高原，落差分别为5400m和4830m；雅鲁藏布江、澜沧江、怒江的落差均在4000m以上；其余的如大渡河、雅砻江、岷江、珠江、红河等许多河流落差也多在2000m以上。河川丰沛的径流量和巨大的落差，构成了我国十分丰富的水能资源。

根据2010年全国水力资源普查，我国江河水能资源理论蕴藏量为6.94亿千瓦，相当于年发电量6.08万亿千瓦·时，占世界总量的14%，居世界第一位；我国水能资源已探明可开发的有3.78亿千瓦，相当于年发电量1.92万亿千瓦·时，也名列世界第一位；已开发水能资源达到2.32亿千瓦，居世界首位。据估计，单机装机容量500kW及以上的可开发水电站共1.1万余座。按照目前统计，我国水能资源的可开发率（即可开发水能资源的年发电量与水能资源理论蕴藏量的年发电量之比）为32%。我国各地区的水能资源的理论蕴藏量及装机容量如图5-1、图5-2所示。

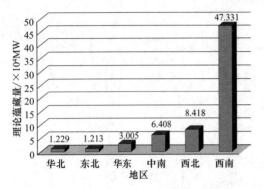

图 5-1　我国各地区的水能资源的理论蕴藏量

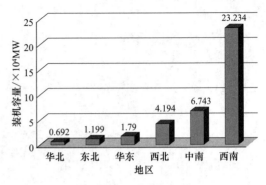

图 5-2　我国各地区的水能资源的装机容量

5.1.2　水能的地位与作用

水能通常是指河川径流相对于某一基准面具有的动能和势能。把天然水流具有的水能集聚起来，去推动水轮机，带动发电机，便可发出电能。这个物理过程使一次能源开发和二次能源生产同时完成，而水流本身并不发生化学变化，因此水能是一种清洁能源。由于地球上水的总量恒定，在太阳能作用下不断进行着蒸发、降水循环，因此，水能又是可再生的能源。除了发电，水流的机械能也可直接利用。

水能是人类最重要的常规能源之一。开发利用水能资源，可以代替大量的煤炭、石油、天然气等化石能源；可以避免燃烧矿物燃料污染环境；并可以实现对水资源的综合利用——兴水利、除水害，兼而取得防洪、航运、农灌、供水、养殖、旅游等经济和社会效益；建设水电站还可同时带动当地的交通运输、原材料工业乃至文化、教育、卫生事业的发展，成为振兴地区经济的前导；电能输送方便，可减少交通运输负荷。

水电站还有启动快、停机快的特点，对变化的电力负荷适应性很强，可以为电力系统提供最便利有效的调峰、调频和备用手段，保证电网运行的安全性。

5.1.3　中国水能资源的特点

中国水能资源有以下五大特点。

(1) 资源总量十分丰富，但人均资源量并不富裕　中国水能资源的理论蕴藏量和可开发利用量，均居世界第一位；人均占有量偏低，只达世界平均水平的 2/3 左右。我国已开发的水能资源约占世界总量的 16.7%，但人均占有量仅有世界人均的 25%，居世界第 109 位。据估计，到 2050 年左右中国达到中等发达国家水平时，如果人均装机能达到 1kW，总装机约为 15 亿千瓦，即使 69.41 万兆瓦的水能蕴藏量开发完毕，水电装机也只占我国发电总装机的 30%～40%。

(2) 水能资源分布不均衡，与经济发展的现状极不匹配　从河流看，我国水电资源主要集中在长江、黄河的中上游，雅鲁藏布江的中下游，珠江、澜沧江、怒江和黑龙江上游，这 7 条江河可开发的大、中型水电资源都在 10GW 以上，总量约占全国大、中型水电资源量的 90%。全国大中型水电 1GW 以上的河流共 18 条，水电资源约为 4.26 亿千瓦，约占全国大、中型水电资源量的 97%。

从地区看，西多东少，西南、西北等经济欠发达地区水能资源量丰富，而经济发达的东部沿海地区水能资源量不足。在全国可开发水能资源的年发电量中，云、川、藏、黔、桂、渝、陕、甘、宁、青、新西南、西北 11 个省、市、自治区水电资源约为 40.7 万兆瓦，占全国水电资源量的 78%；特别是云南、四川（重庆）、西藏 4 省、市区的可开发水能资源共 29.5 万兆瓦，占全国的 64.5%。而经济相对发达、人口相对集中的东部沿海 11 个省、市，包括辽、京、津、冀、鲁、苏、浙、沪、穗、闽、琼，仅占 6.8%。2000 年以来，沿海地区经济高速发展，电力负荷增长很快，目前东部用电量已占全国的 51%。而南北分布也不均匀，南多北少，相差悬殊。长江流域及其以南地区的径流量占全国的 80%，而北方的黄河、淮河和海河三个流域的径流量只占全国的 6.6%。

（3）时间分布不均匀，江、河水量变化大　中国是世界上季风最显著的国家之一，大部分地区受季风影响，降水量的季节和年际变化都很大。冬季干旱少水，夏季高温多雨。通常，降水时间和降水量在年内高度集中，一般雨季 2～4 个月的降水量能达到全年的 60%～80%，南方大部分地区连续 4 个月最大径流量占全年径流量的 60% 左右，华北平原和辽河沿海可达 80% 以上。降水量年际间的变化也很大，长江、珠江、松花江最大年径流量与最小年径流量之比可达 2～3 倍。淮河、海河等相差更甚，高达 15～20 倍。这些不利因素影响水电规划、水电站的供电质量和发电系统的整体效益。

（4）水能资源总开发率低，东西开发差异极大　我国水能资源平均开发率按电量算仅 9.12%，位居世界第 83 位，排在印度、越南、泰国、巴西、埃及等国家之后，与我国是发展中大国的地位极不相称。水能资源东部已开发 88% 以上，可开发的大型水电站仅剩大均电站，装机容量为 46 万千瓦。西部开发率仅 7.5%。西部的水电开发才刚刚开始，因此 21 世纪，水电要结合国家的西部大开发战略，大力开发西部水电，实施大规模的西电东送，才能实现资源的优化配置和电力结构的合理调整。

（5）水资源污染严重，亟须加强保护　我国河流的天然水质是相当好的，全国各主要江河干流的河水矿化度和总硬度也都比较低；但黄河干流矿化度一般只有 300～500mg/L，总硬度一般为 85～100mg/L，属于中等矿化度适度硬水；全国超过 1000mg/L 的高矿化度河水分布面积占全国面积的 13%；总硬度超过 250mg/L 的极硬河水分布面积占全国面积的 12%，主要分布在人烟稀少的内蒙古高原西部、塔里木盆地、准噶尔盆地、柴达木盆地以及黄河流域中上游的黄土高原部分地区，这些地区产生的径流很少，因此这种高矿化度极硬河水的水量甚微。

5.2　水能开发利用原理

5.2.1　水能利用的原理

水能开发主要是开发利用水体蕴藏的能量。由于地球的引力作用，物体从高处落下，可以做功，产生一定能量。同样在流动过程中具有能量，可以做功。水位越高，流量越大，产生的能量也越大。天然河道的水体，具有位能、压力能和动能三种机械能。水能利用主要是指对水体中位能部分地利用。

目前水能主要用于水力发电和水泵农业灌溉。水能发电原理将在 5.4 节介绍，本节主要介绍水能农业灌溉中水能利用的其他形式——水轮泵、水锤扬水机原理。

5.2.1.1　水轮泵

（1）水轮泵的工作原理　水轮泵是潜在水中工作用，利用水流落差提水的环保提水灌溉机械，它由水轮机和水泵组合而成，如图 5-3 和图 5-4 所示。其能量转换过程是：水能→机械能→水能。上游来水通过水轮机的导叶→导流轮毂，推动水轮机的转轮旋转，水能转换为机械能，由主轴输给上面的水泵叶轮；室中的一部分水经水泵的进水滤网→水泵叶轮，旋转着的水泵叶轮把机械能转换为水能，水经泵的叶轮→泵壳→出水管，送向灌溉渠道。水轮机和水泵有同轴直联的，也有通过齿轮或胶带传动的。常用水轮机的类型有轴流式和混流式；水泵的类型有轴流式、混流式和离心式，分别适用于不同的工作水头和扬程。

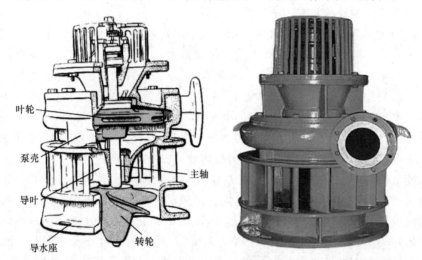

叶轮
泵壳
导叶
导水座
主轴
转轮

图 5-3　水轮泵结构图和实物图

水轮泵的特点是：结构简单，使用方便，不耗油，不用电，依靠自然水力作用而运转，性能可靠，成本低廉。如果不需提水时，还可利用水轮机的动力进行农副产品加工等，进行综合利用。凡有急水、跌水等水量充足的地方都可安装使用。

（2）水轮泵的主要技术参数　水轮泵的主要技术参数有水头、转速、过水流量、出水流量、扬程、功率、效率、水头比、流量比等。前两项与水轮机相同，将在 5.4 节讲述，下面叙述其他参数。

① 过水流量。过水流量是指单位时间通过水轮机的转轮排入尾水管的水体积，以 Q 表示，单位是 m^3/s。

② 出水流量。出水流量是指单位时间由水泵的出水管流出水的体积，以 q 表示，单位也是 m^3/s。

③ 流量比。流量比是指水泵的出水流量与水轮机的过水流量的比值，即 $i=q/Q$。

④ 扬程。扬程又称总扬程，是指单位重量的水通过水泵叶轮后所获得的能量，用 h 表示，单位是 m。

$$h=h_{高}+h_{沿}+h_{局} \tag{5-1}$$

式中，$h_{高}$ 为扬水的几何高度，m；$h_{沿}$ 为沿管路长度的水头损失，m；$h_{局}$ 为管路的局部水头损失，m。

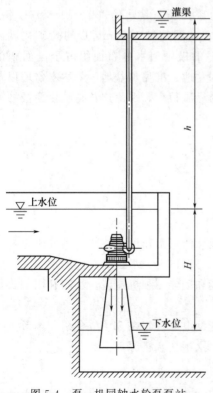

灌渠
上水位
h
H
下水位

图 5-4　泵、机同轴水轮泵泵站

⑤ 功率。水轮机轴输出功率，用 N_L 表示，单位是 W。

$$N_L = \gamma Q H \eta_L \tag{5-2}$$

式中，H 为水轮机的工作水头，m；Q 为过水流量，m^3/s；η_L 为水轮机效率；γ 为水的重度，$\gamma = 9810 N/m^3$。

水泵轴输出的功率，用 N_B 表示，单位是 W。

$$N_B = \gamma q h / \eta_B \tag{5-3}$$

式中，η_B 为水泵效率。

⑥ 水轮泵的机组效率。水轮泵的机组效率等于从水泵出口水得到的能量与输入水轮机水所具有的能量的比值，用 η 表示，即：

$$\eta = \frac{\gamma q h}{\gamma Q H} = \eta_L \eta_B \tag{5-4}$$

若水轮机与水泵非共轴运转，中间有传动装置，则：

$$\eta = \eta_L \eta_B \eta_i \tag{5-5}$$

式中，η_i 为传动效率。

⑦ 水头比。水头比是指水轮泵的扬程与水轮机工作水头的比值，用 i_H 表示。

$$i_H = \frac{h}{H} \tag{5-6}$$

5.2.1.2　水锤扬水机

(1) 结构与工作原理　水锤扬水机又称水锤泵，如图 5-5 所示。其工作原理如下：用操作杆压开锤击阀，水从水源经进水管路、工作室、打开的阀门流出，并在水头的作用下，流速加快。当流速增加到一定值时，由下而上作用的压力把锤击阀顶起关上，此时工作室内的水突然停止流动，就产生了水锤（详细道理查流体力学文献），产生的压强可高于 10 倍的作用水头 H 值。在此压力作用下，单向压水阀被水冲开，进入泵筒的水压缩筒内上部的空气，同时经出水管路流向灌溉渠道。水锤作用结束后，工作室压力降低，压水阀关闭，锤击阀在自身重力作用下开启，工作室的水又经开启的阀门外流，扬水机又自动恢复到起始状态，上述过程重复发生，断续循环。

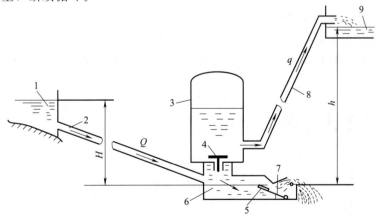

图 5-5　水锤扬水机工作原理

1—水源；2—进水管路；3—泵筒；4—压水阀；5—锤击阀；
6—工作室；7—调节螺钉；8—出水管路；9—灌溉渠道

（2）水锤扬水机的效率　扬水机工作时，沿进水管路的流量 Q 大部分经锤击阀门流到下游，只有一少部分流量 q 沿出水管路升高到 h 处，其效率 η 为：

$$\eta = \frac{qh}{QH} \tag{5-7}$$

效率与作用水头 H、提水高度 h 之间的关系大体见表 5-1。

表 5-1　水锤扬水机效率

h/H	2	3	5	8	10	20
η	0.85	0.78	0.69	0.58	0.52	0.30

5.2.2　水资源综合利用的原则

水资源是国家的宝贵财富，它有多方面的开发利用价值。与水资源关系密切的部门有水力发电、农业灌溉、防洪与排涝、工业和城镇供水、航运、水产养殖、水生态环境保护、旅游等。因此，在开发利用河流水资源时，要从整个国民经济可持续发展和环境保护的需要出发，全面考虑、统筹兼顾，尽可能满足各有关部门的需要，贯彻"综合利用"的原则，开发和利用水资源，以利于人类社会的生存和发展，构建和谐自然、和谐社会。水资源综合利用的原则是，按照国家对生态环境保护、人水和谐、社会经济可持续发展的战略方针，充分合理地开发利用国家的水资源，来满足社会各部门对水的需求，又不能对未来的开发利用能力构成危害，在环境、生态保护符合国家规定的条件下，尽可能获取最大的社会、经济和生态环境综合效益。例如长江水资源的开发利用，应完善长江防洪体系，开发长江水能资源，促进"西电东输"，充分利用长江流域河道通航条件的优势发展水运；治理水土流失，整治江河泥沙，保持河势稳定，加快近、远供水发展速度；加强水资源保护，防治水环境恶化等。同时，水资源利用应力争做到"一库多用""一水多用""一物多能"等。例如，水库防洪与兴利库容的结合使用；一定的水量先用于发电或航运（它们只利用水能或浮力而不耗水），再用于灌溉或工业和居民给水（它们用水且耗水）；同一水工建筑物要有多种功能，如泄水底孔（或隧洞）兼有泄洪、下游供水、放空水库和施工导流等多种作用。因此，综合利用不是简单地相加，而是有机地结合，综合满足多方面的需要。

由于综合利用各有关部门自身的特点和用水要求不同这些要求既有一致的方面，又有矛盾的方面，其间存在着错综复杂的关系。因此，必须从整体利益出发，在集中统一领导下，根据实际情况，分清综合利用的主次任务和轻重缓急，妥善处理相互之间的矛盾关系，才能合理解决水资源的综合利用问题。

5.3　径流调节与水能计算

5.3.1　径流调节

5.3.1.1　径流形成

径流是指流域表面的降水或融雪沿着地面与地下汇入河川，并流出流域出口断面的水流。河川径流的来源是大气降水。降水的形式不同，径流形成的过程也不一样，一般可分为降雨径流和融雪径流。在我国，河流主要以降雨径流为主，融雪径流只在局部地区或某些河流的局部地段发生。

根据径流途径的不同，可以把径流分为地面径流和地下径流。降雨开始后，一部分降雨被滞留在植物的枝叶上，称为植物截流，其余落到地面上的雨水向土中下渗，补充土壤含水量并逐步向下层渗透。下渗水如能到达地下水面，便可以通过各种途径渗入河流，成为地下径流。位于不透水层之上的冲积层中的地下水，它具有自由水面，称为浅层地下径流；位于两个不透水层之间的地下水为深层地下水，其水源很远，流动缓慢，流量稳定，称为深层地下径流。两者都在河网中从上游向下游、从支流到干流汇集到流域出口断面，经历了一个流域汇流阶段。

习惯上把上述径流形成过程，概化为产流过程和汇流过程两个阶段。

（1）产流过程 降雨开始时，一部分雨水被植物茎叶所截留。这一部分水量以后消耗于蒸发，回归大气中。落到地面的雨水除下渗外，有一部分填充低洼地带或塘堰，称为填洼。这一部分水量有的下渗，有的以蒸发形式被消耗。当降雨强度小于下渗能力时，降落在地面的雨水将全部渗入土壤；大于下渗能力时，雨水除按下渗能力入渗外，超出下渗能力的部分便形成地面径流，通常称为超渗雨。下渗的雨水滞留在土壤中，除被土壤蒸发和植物散发而损耗掉外，其余的继续下渗，通过含气层、浅层透水层和深层透水层等产流场所形成壤中流、浅层地下径流和深层地下径流，向河流补给水量（图5-6）。由此可见，产流过程与流域的滞蓄和下渗有着密切的关系。

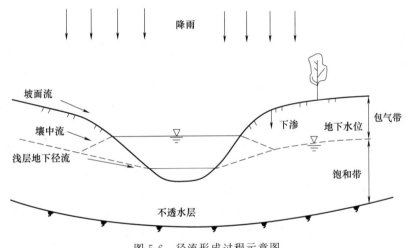

图5-6 径流形成过程示意图

（2）汇流过程 降水形成的水流，从它产生的地点向流域出口断面汇集的过程称为流域汇流。汇流可分为坡面汇流及河网汇流两个阶段。

① 坡面汇流。坡面汇流是指降雨产生的水流从它产生的地点沿坡地向河槽的汇集过程。坡面汇流习惯上被称为坡面漫流，是超渗雨沿坡面流往河槽的过程，坡面上的水流多呈沟状或片状，汇流路线很短，因此汇流历时也较短。暴雨的坡面漫流容易引起暴涨暴落的洪水，这种水流被称为地面径流。

② 河网汇流。河网汇流是指水流沿河网中各级河槽出口断面的汇集过程。显然，在河网汇流过程中，沿途不断有坡面漫流和地下水流汇入。对于比较大的流域，河网汇流时间长，调蓄能力大，当降雨和坡面漫流停止后，它产生的径流还会延长很长的时间。

5.3.1.2 河川径流的基本特性

（1）多变性 河川径流最基本的特性是多变性。由于地区的气候、降水特性、自然地理条件及人类活动等众多因素的影响及错综的变化，使得江河中的水流变化无常。最典型的就是径流的年际变化，有的年份水量大，属丰水年；有的年份水量小，属枯水年。其中，水量越贫乏的地区，丰枯年间的水量相差越大。径流随时间变化的特性，可用流量过程线表示。

图 5-7 表明河中流量涨落变化多端，并且年内流量丰枯变化过程均不相同。一年内，洪水期流量大，变化也大，容易泛滥成灾；枯水期流量小，变化也小，不能满足用水需求。通常汛期连续最大 4 个月的径流占年总径流量的 60％以上，这表明河川径流客观上存在多变性和不重复性。

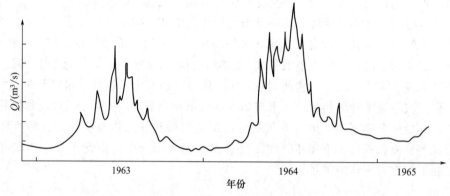

图 5-7 某河某站流量过程线

（2）周期性 由于气候和降水总是随着一年四季而周期性地变化，因而河川径流具有季节性的周期变化。河流中洪水期与枯水期交替出现，周而复始，有明显的年循环性，其周期大约是一年。当然河川径流的这种周期性变化不能理解为机械地重复和物理上严格的周期运动。因为洪水期和枯水期的长短、起讫时间、水量大小等，在不同的年份里也是各不相同的。至于河川径流的多年变化，其丰水年、中水年、枯水年交替出现的规律一般不很明确。某些河流有丰水年或枯水年成组出现的现象，也只能定性地看出一些倾向和趋势，尚无法确定其多年周期性变化规律。

（3）地区性 河川径流还有明显的地区性规律。在同一水文区域内，同一时期相邻河流的径流变化具有一定的相似性或称为水文同步性。而自然地理条件不属一个水文区域的河流，即使两河相隔较近，水文现象差别也很大，其径流变化并无相似性。

5.3.1.3 径流调节的含义

广义的径流调节是指整个流域内，人类对地面及地下径流的自然过程的有意识地改造或干涉。如水利工程以及农业、林业的水土改良设施等，这些措施改变了径流形成的条件，都起着调节径流的作用，有利于防洪兴利。

狭义的径流调节是通过修建水库，重新控制和分配河川径流在不同季节和地区上的河流流量（蓄洪济枯），改善枯水季河流通航条件的一种工程措施。即通过建造和运用水资源工程（枢纽等），将汛期多余水量蓄存在水库里，待枯水季缺水时水库供出水量，以补天然来水量之不足；在地区上根据需要进行水量余缺调配，如引黄（河）济卫（海河支流卫河）、引滦（河）济津（天津）以及把长江的水引到华北的南水北调工程。地区间的径流调配调节，其影响范围和经济意义更大，工程投资也更为可观。

5.3.1.4 径流调节的作用

众所周知，河川径流在一年之内或者在年际之间的丰枯变化都是很大的。我国河流年内洪水季的水量往往要占全年来水总量的 $70\% \sim 80\%$。河川径流的剧烈变化，给人类带来很多不利的后果：汛期大洪水容易造成灾害，而枯水期水少，不能满足兴利需要。因此，无论是为了消除或减轻洪水灾害，还是为了满足兴利需要，都要求采取措施，对天然径流进行控制和调节。

一种是为兴利而提高枯水径流的水量调节，称为兴利调节，或称径流调节；另一种是利用水库拦蓄洪水，削减洪峰流量，以消除或减轻下游洪涝灾害的调节，这种径流调节，称为洪水调节。

利用水库调节径流，是河流综合治理和水资源综合开发利用的一个重要技术措施。通过径流调节，才能控制河流，消除或减轻洪灾和干旱灾害，更有效地利用水资源，充分发挥河流水资源在国民经济建设中的重大作用。

综上所述，径流调节的作用就是协调来水与用水在时间分配上和地区分布上的矛盾，以及统一协调各用水部门需求之间的矛盾。

5.3.1.5　径流调节的分类

（1）按调节周期划分　按调节周期分，即按水库一次蓄泄循环（兴利库容从库空到蓄满再到库空）的时间来分，包括无调节、日调节、周调节、年调节和多年调节等。

① 日调节。在一昼夜内，河中天然流量一般几乎保持不变（只在洪水涨落时变化较大）而用户的需水要求往往变化较大。如图 5-8（a）所示，水平线 Q 表示河中天然流量，曲线 q 为负荷要求发电引用流量的过程线。对照来水和用水可知，在一昼夜里某些时段内来水有余（如图上横线所示），可蓄存在水库里；而在其他时段内来水不足（如图上竖线所示），水库放水补给。这种径流调节，水库中的水位在一昼夜内完成一个循环，即调节周期为 24h，称为日调节。

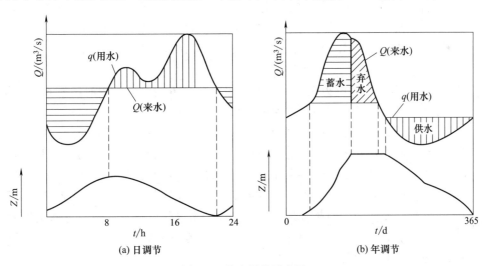

图 5-8　径流调节示意图

日调节的特点是将一天内均匀的来水按用水部门的日内需水过程进行调节，以满足用水的需要。日调节所需要的水库调节库容不大，一般小于枯水日来水量的一半。

② 周调节。在枯水季里，河中天然流量在一周内的变化也是很小的，而用水部门由于假日休息，用水量减少，因此，可利用水库将周内假日的多余水量蓄存起来，在其他工作日去用。这种调节称为周调节，它的调节周期为一周。它所需的调节库容不超过两天的来水量。周调节水库一般也同时进行日调节，这时水库水位除了一周内的涨落大循环外，还有日变化。

③ 年调节。在一年内，河中天然流量有明显的季节性变化，洪水期流量很大，枯水期流量很小，一些用水部门如发电、航运、生活用水等年内需求比较均匀。因此，可利用水库将洪水期内的一部分（或全部）多余水量蓄存起来，到枯水期放出以补充天然来水不足。这种对年内丰、枯水季的径流进行重新分配的调节就称为年调节。它的调节周期为一年。

图 5-8（b）为年调节示意图。图上表明，只需一部分多余水量将水库蓄满（图中横线所示），其余的多余水量（斜线部分）为弃水，只能由溢洪道弃走。图中竖影线部分表示由水库放出的水量，以补足枯水季天然水量的不足，其总水量相当于水库的调节库容。

年调节所需的水库容积相当大，一般当水库调节库容达到坝址处河流多年平均年水量的 $25\%\sim30\%$ 时，即可进行完全年调节。年调节水库一般都可同时进行周调节和日调节。

④ 多年调节。根据来水与用水条件，当水库容积大，丰水年份蓄存的多余水量，不仅用于补充年内供水，而且还可用以补充紧邻枯水年份的水量不足，这种能进行年与年之间的水量重新分配的调节，称为多年调节。这时水库可能要经过几个丰水年才蓄满，所蓄水量分配在几个连续枯水年份里使用完。因此，多年调节水库的调节周期长达几年，而且不是一个常数。多年调节水库同时也可进行年调节、周调节和日调节。

通常人们用水库库容系数 β 来初步判断某一水库属何种调节类型。水库库容系数 β 为水库调节库容与多年平均年水量（W_0）的比值，即 $\beta=V_n/W_0$。具体可参照下列经验系数：当 $\beta\geqslant 30\%\sim50\%$ 时，多属多年调节；当 $3\%\sim5\%<\beta<25\%\sim30\%$ 时，多属年调节；当 $\beta<2\%\sim3\%$ 时，多属日调节。

（2）按两水库相对位置和调节方式划分

① 补偿调节。当水电站依靠远离在上游的水库来调节流量，且区间有显著入流，而入流不受水库控制，这时上游水库的放水不是直接按照电站用水要求排放，为了充分利用区间入流，水库的放水按区间入流大小给予补充放水，即水库放水加上区间来水恰好等于或接近于下游用水要求。这种视水库下游区间来水流量大小控制水库补充放水流量的调节方式，称为补偿调节。

② 缓冲调节。以水力发电为例，由于上游水库放水流到水电站的时间较长，补偿难以做到及时、准确，可在电站处建一小水库进行修正，起到缓冲作用，称为缓冲调节。

③ 梯级调节。在同一条河流上，自上而下如阶梯状布置多座水库，称为梯级水库。水库之间存在着水量的直接联系（对水电站来说有时还有水头的影响，称为水力联系），对其调节，称为梯级调节。其特点是上级水库的调节直接影响到下游各级水库的调节。在进行下级水库的调节计算时，必须考虑到流入下级水库的来水量是由上级水库调节和用水后而下泄的水量与上下两级水库间的区间来水量两部分组成。梯级调节计算一般自上而下逐级进行。当上级水库调节性能好，下级水库调节性能差时，可考虑上级水库对下级水库进行补偿调节，以提高梯级总的调节水量。

④ 反调节。在河流的综合利用中，为了缓解上游水库进行径流调节时给下游各用水部门带来的不良影响，例如发电厂与下游灌溉或航运用水量的时间分配上存在矛盾，如水力发电用水年内比较均匀，水库为发电进行日调节造成下泄流量和下游水位的剧烈变化而对下游航运带来不利影响；上游水电站年内发电用水过程与下游灌溉用水的季节性变化不一致等，可在下游适当地点修建水库对上游水库下泄的水力发电放水流量进行重新调节，以满足灌溉或航运用水量在时间分配上的需要，这种调节称为反调节，又称再调节。河流综合利用中，修建反调节水库有助于缓解这些矛盾。

5.3.2 水能计算

水电站就是利用天然的水能生产电能的一种动力生产企业。水能计算又称水能设计，确定其工程规模是水能规划设计的一项主要任务，是水电站规划设计中一项关系全局的综合性工作。工程规模的大小不仅决定着水能利用的程度，而且决定了工程的投资。因此，在掌握水能计算基本方法的基础上，结合电力系统的特点与要求以及水电站的工作特点和运行方式，综合比较、分析确定水电站的主要参数是本节要介绍的主要内容。

5.3.2.1 水能计算的目的和任务

确定水电站的出力和发电量这两种动能指标的计算称为水能计算。在水电站建设和运行的不同的阶段，水能计算的目的和任务是不同的。在运行阶段，各主要参数指标已定不变，这时需要考虑各个实际因素，如天然入库径流、国民经济各部门的用水要求以及电力系统负荷等情况，不同的运行方式对水电站的出力及发电量影响较大，此时水能计算的目的主要是为了计算水电站各时段的出力和发电量，确定水电站在电力系统中的最优运行方式，以增加系统的经济效益。在工程的规划设计阶段，进行水能计算主要是为选定水电站及其水库的有关参数（比如水电站装机容量、正常蓄水位、死水位等）提供依据，即先根据地形、地质、淹没条件，对可能考虑的水库正常蓄水位拟订几个方案，然后计算出各方案的动力指标，以便进行技术经济分析，从中选出最有利的方案。这时由于参数尚待选择，在计算时要做某些简化考虑，如机组效率取某一常数，对水电站的工作方式做些简化，如按等流量或等出力调节等，待这些参数选定后，再做进一步的修正计算，确定最终的动力指标。这些就是水能计算的主要内容，其主要任务如下。

① 确定水电站的动能指标，包括保证出力、多年平均年发电量和装机容量。
② 配合水工和机电设计，确定水电站的正常蓄水位、死水位及水电站的主机设备等。
③ 对水电站的经济效益进行计算和分析。

5.3.2.2 水能计算的基本方程

在重力作用下，降雨形成河流，河水具有位能，由上游流向下游，如图5-9所示。河水能量消耗于克服沿途的摩擦阻力、挟带泥沙和冲刷河床。河流上、下游断面上单位质量水体的能量 E_A、E_B 根据水力学的伯努利方程，可分别表示为：

$$E_A = z_A + \frac{p_A}{\gamma} + \frac{\alpha_A v_A^2}{2g} \tag{5-8}$$

$$E_B = z_B + \frac{p_B}{\gamma} + \frac{\alpha_B v_B^2}{2g} \tag{5-9}$$

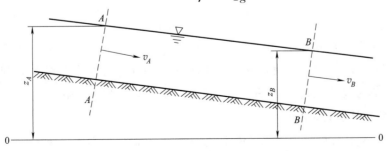

图 5-9 河段水能计算图

上、下游断面之间的能量差为:

$$\Delta E = E_A - E_B = \left(z_A - z_B + \frac{p_A}{\gamma} - \frac{p_B}{\gamma} + \frac{\alpha_A v_A^2}{2g} - \frac{\alpha_B v_B^2}{2g} \right) \tag{5-10}$$

估算河段水能时,取间距较小的两个计算断面,可近似认为两个断面的大气压力水头和流速水头相等,即:

$$\frac{p_A}{\gamma} = \frac{p_B}{\gamma} \tag{5-11}$$

$$\frac{\alpha_A v_A^2}{2g} - \frac{\alpha_B v_B^2}{2g} \tag{5-12}$$

则 $\qquad \Delta E = E_A - E_B = (z_A - z_B) = H_m$

式中,H_m 为上、下游断面之间的水位差,称为落差或水头,m。

上、下游断面之间的水流功率为:

$$N_{h1} = \gamma Q H_m \tag{5-13}$$

式中,Q 为河流的常年径流量,m^3/s;γ 为出力系数。

上、下游断面之间的水能蕴藏量为:

$$W_{h1} = N_{h1} t = \gamma Q H_m t \tag{5-14}$$

式中,t 为时间,h。

由于 $1kW = 102kg \cdot m/s$,水体容重 ρ 为 $1000kg/m^3$,因此变换量纲可得河流水能计算的基本方程式:

$$N_{h1} = \frac{1000}{102} Q H_m = 9.81 Q H_m \tag{5-15}$$

$$W_{h1} = N_{h1} t = 9.81 Q H_m = \frac{t}{3600} = 0.00272 V H_m \tag{5-16}$$

式中,W_{h1} 为河段水流理论发电能量,$kW \cdot h$;N_{h1} 为河段水流理论出力,kW;V 为水体容积,m^3,$V = Qt$;H_m 为河段落差,m;Q 为河流的常年径流量,m^3/s;t 为时间,s。

水电站水能计算的目的是要确定水电站实际的平均出力和平均发电量,为确定水电站的设计方案及装机容量提供依据。实际出力和发电量需考虑水轮机组、发电机组和传动设备的运行摩阻损失,并加入效率系数 η,可按水力发电或水能利用基本方程式(5-17)和式(5-18)计算:

$$N_p = \frac{N_{h1}}{n} = \frac{1}{n} 9.81 \eta Q H_m = 9.81 \eta Q_p H_m \tag{5-17}$$

$$W_{h1} = N_p t = 9.81 \eta Q_p H_m \frac{t}{3600} = 0.00272 \eta V_p H_m \tag{5-18}$$

式中,W_{h1} 为水电站平均发电量,$kW \cdot h$;N_p 为水电站平均出力,kW;V_p 为发电引用平均水体容积,m^3;H_m 为设计发电工作水头,m;Q_p 为 n 个时段发电引用平均流量,m^3/s;n 为计算时段数;η 为水电站机组工作效率系数,大型水电站一般采用 $0.82 \sim 0.90$。

5.3.2.3　水能计算的列表法

列表法是水能计算的基本方法。年调节水电站在各时段的利用流量和出力,与水库水能调节的方式有关。初步水能计算时,常用简化的水能调节方式,例如等流量调节或按固定出力调节。详细计算时，常根据负荷要求，进行变动出力的调节，这个变动出力或事先规定或通过水库调度图的操作来确定。从水能计算方法的角度来划分，可归纳为按等流量调节的水能计算和按已知出力调节的水能计算两种。

（1）等流量调节的水能计算　当已知水电站水库的正常蓄水位和死水位时，按照等流量调节计算，可以确定水电站的出力和发电量。在已知库容求调节流量的径流调节计算的基础上，增加水头和出力的计算项目即可求出相应的出力和发电量。

（2）已知出力时的列表试算　当水电站出力已知，需要计算所需的调节库容及水库运用过程。这种类似于已知用水求库容的径流调节计算。但已知出力的水能计算要复杂一些，因为在出力一定的情况下，$N=kQH$ 中水电站引用流量 Q 与水头 H 互有联系，需要通过试算才能求解。试算从假定 Q 入手，可列表进行。

5.4　水力发电技术

5.4.1　水力发电基本知识

5.4.1.1　水力发电原理

水力发电是利用河川、湖泊等位于高处具有位能的水流至低处，利用流水落差来转动水涡轮将其中所含的位能和动能转换成水轮机的机械能，再由水轮机为原动机，带动发电机把机械能转换为电能的发电方式，如图 5-10 所示。

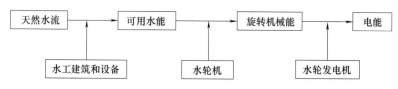

图 5-10　水力发电的转换原理

水力发电站是把水能转化为电能的工厂。为把水能转化为电能，需修建一系列水工建筑物，一般包括由挡水、泄水建筑物形成的水库和水电站引水系统、发电厂房等，在厂房内安装水轮机、发电机和附属机电设备，水轮发电机组发出电能后再经升压变压器、开关站和输电线路输入电网。水工建筑物和机电设备的总和，称为水力发电系统，简称水电站，图 5-11 所示为水电厂。

由图 5-11 可以看出，水力发电的主要生产过程大体可分为四个阶段。

① 集中能量阶段，建坝集中河流径流和分散的河段落差，形成水电厂集中的水体和发电用的水头。

② 输入能量阶段，利用渠道或管道把水以尽可能小的损失输送至水电厂。

③ 转换能量阶段，调整水轮发电机组的运行，将水能高效率地转换成电能。

④ 输出能量阶段，将发电机生产的电能经变压、输电、配电环节供给用户。

5.4.1.2　水力发电的优点

水电是清洁能源，在传统能源日益紧张的情况下，世界各国普遍优先开发水电资源。在常规能源中，水力是理想的能源，有以下五大优点。

① 水力是可以再生的能源，能年复一年地循环使用。

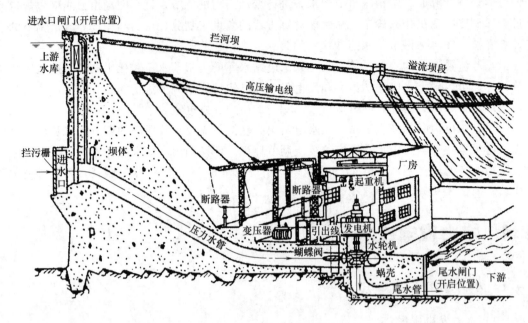

图 5-11　水电厂示意图

② 水电发电成本低，积累多，投资回收快，大中型水电站一般 3～5 年就可收回全部投资。

③ 水电没有污染，是一种干净的能源。

④ 水电站一般都有防洪、航运、养殖、美化环境、旅游等综合经济效益。

⑤ 操作、管理人员少，一般不到火电的三分之一人员就足够了。

5.4.1.3　水力发电系统

水力发电系统的基本构成如下。

① 水库。用以储存和调节河水流量，提高水位，集中河道落差，取得最大发电效率。水库工程除拦河大坝外，还有溢洪道、泄水孔等安全设施。

② 引水系统。用以平顺地传输发电所需流量至电厂，冲动水轮机发电。

③ 水轮机。将水能转换成机械能的水力原动机，主要用于带动发电机发电，是水电站厂房中主要的动力设备。通常将它与发电机一起统称为水轮发电机组。

④ 尾水渠。将从水轮机尾水管流出的水流顺畅地排至下游。

⑤ 传动设备。水电站的水轮机转速较低，而发电机的转速较高，因此需要通过皮带或齿轮传动增速。

⑥ 发电机。将机械能转变为电能的设备。

⑦ 控制和保护设备、输配电设备。包括开关、监测仪表、控制设备、保护设备以及变压器等，用以发电和向外供电。

⑧ 水电站厂房及水工建筑物。

5.4.1.4　水力发电要素

水力发电有两个要素，即水头和流量。下面介绍水电站的水头、流量和水电站的功率。

① 水头。水头是指水流集中起来的落差，即水电站上、下游水位之间的高度差，现用 $H_\text{总}$ 表示，单位是 m（图 5-12）。而作用在水电站水轮机的工作水头（或称静水头）还要从

总水头 $H_总$ 中扣除水流进入水闸、拦污栅、管道、弯头和闸阀等所造成的水头损失 h_1，以及从水轮机出来，与下游接驳的水位降 h_2，即：

$$H = H_总 - h_1 - h_2 \tag{5-19}$$

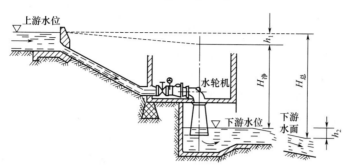

图 5-12 水电站水头示意图

② 流量。流量是指单位时间通过某断面的水量，单位是 m^3/s，常用 Q 表示。一般取枯水季节流量的 $1\sim2$ 倍作为河道电站的设计流量。

③ 水电站的功率。水电站的功率（也称出力）理论值，等于每秒钟通过水轮机水的重量与水轮机的工作水头的乘积，单位是 W，即：

$$N' = \gamma QH \tag{5-20}$$

式中　γ——水的重度，N/m^3，取 $9810N/m^3$；

　　　Q——水轮机的水流量，m^3/s；

　　　H——水轮机的工作水头，m。

于是，水电站的理论功率（kW）为：

$$N' = 9.81QH \tag{5-21}$$

实际上，水流通过水轮机并带动发电机发电的过程中，还要有一系列的能量损失，如水轮机叶轮的转动损失、发电机的转动损失、传动装置的损失等，这些要损失掉水流本身所具有功率的 $20\%\sim40\%$，剩下的能量才用于发电。因此，水电站的实际功率（kW）为：

$$N = 9.81\eta QH \tag{5-22}$$

式中　N——水电站的实际功率（出力）；

　　　η——机组效率，等于水轮机效率 η_L、发电机效率 η_K、传动效率 η_i 三者乘积。

5.4.2　水能开发方式与水电站基本类型

5.4.2.1　水能资源开发的基本方式

水电站的出力是由落差和流量两个要素构成的，所以水能资源的开发方式就表现为集中落差和引用流量的方式。根据引用流量的方式进行分类，水能资源开发分为径流式开发、蓄水式开发和集水网道式开发。利用水能资源发电，除了径流量外，水流要有一定的落差，即发电水头。在通常情况下，发电水头是通过一定的工程措施将分散在一定河段上的河流自然落差集中起来而形成的。河段水能资源的开发，按照集中落差方法的不同，一般有筑坝式开发、引水式开发、混合式开发、梯级开发等基本方式。

（1）按引用流量的方式分类

① 径流式开发。在水电站取水口上游没有大的水库，不能对径流进行调节，只能直接

引用河中径流发电，所以径流式水电站又称无调节水电站。无调节水电站的运行方式，出力变化都取决于天然流量的大小，丰水期由于发电引用流量受到水电站最大过流能力的限制，因无水库蓄水，只能出现弃水，而枯水期因流量小出力不足。这类水电站适于在不宜筑坝建库的河段采用。

②蓄水式开发。在取水口上游有较大的水库，这样就能依靠水库按照用电负荷对径流进行调节，丰水期时满足发电所需之外的多余水量蓄存于水库，以补充枯水期时发电水量的不足，所以蓄水式水电站又称有调节水电站。如前所述的堤坝式、混合式和有日调节池的引水式水电站都属此类。调节径流的能力取决于有效库容、多年平均年径流量和天然径流在时间上分布的不均衡性，按照调节径流周期长短，可分为日调节水电站、年调节水电站和多年调节水电站。

③集水网道式开发。有些山区地形坡降陡峻，小河流众多、分散且流量较小，经济上既不允许建造许多分散的小型水电站，又不可能筑高坝来全盘加以开发。因此在这些分散的小河流上根据各自条件选点修筑些小水库，在它们之间用许多引水道来汇集流量，集中水头，形成一个集水网系统，如图5-13所示，其布置形式因地而异，这类开发修筑的水电站称为集水网道式水电站。

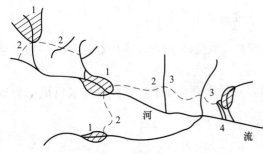

图 5-13　集水网道式水电站

1—水库；2—引水道；3—小河取水闸；4—水电站厂房

（2）按集中落差的方式分类

①筑坝式开发。在河道上拦河建坝或闸抬高上游水位，造成坝上、下游水位落差，这种开发方式称为坝式开发。坝式开发优点是：建坝形成水库，可以调节流量，故这种方式引用的河水流量大、电站规模也大，水能利用充分，综合利用效益高，可同时解决防洪和其他水利部门的水利问题。

采用堤坝式开发修建起来的水电站，统称为堤坝式水电站。在堤坝式水电站中，根据当地地形、地质条件，常常需要对坝和水电站厂房的相对位置做不同的布置，按照坝和水电站厂房相对位置的不同，堤坝式水电站厂房可分为河床式、坝后式、坝内式、溢流式等多种形式。在小型水电站中，最常见的是河床式和坝后式这两种类型。

②引水式开发。在河流的某些河段，如地势险峻、水流湍急的河流中上游，或河道坡降较陡的河段上，由于地形、地质条件限制，不宜采用堤坝式开发时，可采用纵比降很小的人工引水建筑物（如明渠、隧洞、管道等）从河道中引水，使水通过坡降平缓的引水道引到河段下游，在引水道末端与下游河水位之间获得集中落差，构成发电水头，再经压力管道引水到水电站进行发电。这种集中落差的方式，称为引水式开发，相应的水电站称为引水式水电站（图5-15）。

③混合式开发。混合式开发兼有前两种方式的特点，该方式在河道上修筑水坝，形成水库集中落差和调节库容，并修筑引水渠或隧洞，形成高水头差，建设水电站厂房，如图5-16所示。

这种混合式水电开发方式既可用水库调节径流，获得稳定的发电水量，又可利用引水获得较高的发电水头，在适合的地质地形条件下，它是水电站较有利的开发方式。在有瀑布、河道大弯曲段、相邻河流距离近且高差大的地段，采用混合式开发更为有利。

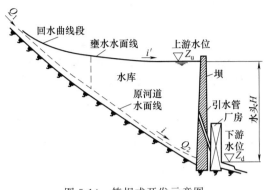

图 5-14 筑坝式开发示意图

图 5-15 引水式水电站

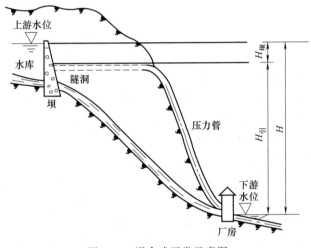

图 5-16 混合式开发示意图

④ 梯级开发。前面所述都是一个河段的水能开发方式。水电开发易受地形、工程地质、淹没区域损失、施工导流、施工技术、工程投资等因素的限制，当一条河流的全长（从河源到河口）超过一个开发段所能达到的最大长度时，往往不宜集中水头修建一级水库来开发水电。因此，权衡利弊，为更好地利用水电资源，一般把河流分成若干个河段，将河流分段分别建设堤坝，分段利用水头，建设梯级式水电站，如图 5-17 所示，所以这种开发方式称为

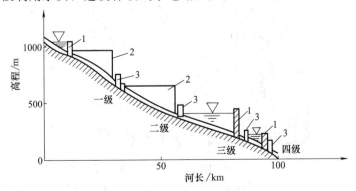

图 5-17 水电梯级开发示意图

1—坝；2—引水道；3—水电站厂房

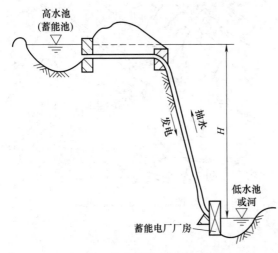

图 5-18 抽水蓄能水电站示意图

梯级开发。梯级开发的水电站称为梯级水电站。

⑤ 特殊开发——抽水蓄能式开发。这类水电站的特点是上、下游水位差是靠特殊方法形成的,抽水蓄能发电是水能利用的另一种形式,它不是开发水力资源向电力系统提供电能,而是以水体作为能量储存和释放的介质,对电网的电能供给起重新分配和调节的作用(图 5-18)。

5.4.2.2 水电站基本类型

不同水能开发方式修建起来的水电站,其建筑物的组成和布局也不相同,故水电站也随之分为堤坝式、引水式、混合式和梯级式水电站等基本类型。水电站除按开发方式分类外,还可以按其是否有调节天然径流的能力而分为无调节水电站和有调节水电站两种类型。

(1)堤坝式水电站 在河道上修建拦河坝(或闸),抬高水位,形成落差,用输水管或隧洞把水库里的水引至厂房,通过水轮发电机组发电,这种水电站称为堤坝式水电站。适用于坡降较缓,流量较大,并有筑坝建库条件的河道,其主要组成部分是堤坝、溢洪道和厂房。根据水电站厂房的位置、地质条件的差别,主要为河床式(图 5-19)与坝后式(图 5-21)两种基本形式。堤坝式开发水电的优点是:水库能调节径流,发电水量利用率稳定,并能结合防洪、供水、航运,其综合开发利用程度高。但工程建设工期长、造价高,水库的淹没损失和对生态环境的影响大,故应综合规划,科学决策。现在世界上堤坝式水电站发电的最大引水流量依次为:我国的三峡水电站 $30924.8m^3/s$,葛洲坝水电站 $17953m^3/s$,巴西伊泰普水电站 $17395.2m^3/s$。

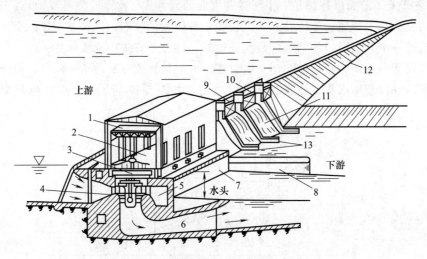

图 5-19 河床式水电站布置示意图

1—起重机;2—主机房;3—发电机;4—水轮机;5—蜗壳;6—尾水管;7—水电站厂房;
8—尾水导墙;9—闸门;10—桥;11—混凝土溢流坝;12—土坝;13—闸墩

图 5-20　葛洲坝水电站

① 河床式水电站。河床式水电站一般修建在平原地区低水头或河流中、下游河道纵向坡度平缓的河段上，在有落差的引水渠道或灌溉渠道上，也常采用这种形式。在这里，由于地形限制，为避免造成大量淹没，只能建造高度不大的坝（或闸）来适当抬高上游水位。其适用的水头范围，在大中型水电站上一般约在 25m 以下；在小型水电站上在 8～10m 以下。由于水头不大，河床式水电站的厂房就直接建在河床或渠道中，与坝（或闸）布置在一条线上或成一个角度，厂房本身承受上游的水压力而成为挡水建筑物的一部分，如图 5-19 所示。河床式水电站通常是一种低水头大流量水电站，目前我国总装机容量最大的河床式水电站是湖北省葛洲坝水电站（图 5-20），其总装机容量为 2715MW。

② 坝后式水电站。坝后式水电站的厂房布置位于挡水坝段后面，即挡水坝的下游侧，水头由坝造成，厂房建筑与坝分开，不承受水压力，水流经过一根短的压力管道引到厂房发电，称为坝后式水电站，如图 5-21 所示。这种形式的电站一般修建在河流的中、上游山区峡谷河段。由于淹没相对较小，它比河床式水电站的坝可以筑得高些，所集中的落差高达数十米。此时上游水压力大，厂房不足以承受水压，因此不得不将厂房与大坝分开，将电厂移到坝后，让大坝来承担上游的水压。适宜在河床较窄、洪水较大的河段上修建。坝后式水电站不仅能获得高水头，而且能在坝前形成可调节的天然水库，有利于发挥防洪、灌溉、发电、水产等方面的效益，因此是我国目前采用最多的一种厂房布置方式。

目前，坝后式水电站最大水头已达 300 多米，前苏联建成的罗贡坝，坝高 323m；瑞士大狄克逊重力坝，坝高 285m；俄罗斯英古里拱坝，坝高 272m。我国最高的大坝是四川省二滩水电站大坝，混凝土双曲拱坝的坝高 240m。举世瞩目的三峡水电站是世界上总装机容量最大的水电站，也是总装机容量最大的坝后式水电站，其装机容量为 22.4 万兆瓦（图 5-22）。

（2）引水式水电站　在河流的某些河段上，由于地形、地质条件的限制，不宜采用堤坝式开发时，可以修建人工引水建筑物（如明渠、隧洞等）来集中河段的自然落差。如图 5-23 所示，沿山腰开挖了一条引水渠道，由于引水渠道的纵坡（一般取 1/100～1/300）远小于该河段的天然坡度，所以在引水渠道末端形成了集中的落差。河段的天然坡度越大，每公里引水渠所能集中的落差也越大。由于引水式开发不存在淹没和筑坝技术上的限制，水头可极高，但引用流量因受引水截面尺寸和径流条件限制，一般较小。这种开发适宜河道上游坡度

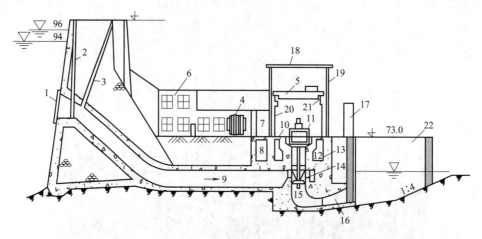

图 5-21　坝后式水电站

1—拦污栅；2—快速闸门；3—通气管；4—主变压器；5—桥式吊车；6—副厂房；7—母线道；
8—电缆道；9—压力水管；10—发电机层楼板；11—发电机；12—圆筒式机墩；13—水轮机层地面；
14—混凝土蜗壳；15—水轮机；16—尾水管；17—尾水闸门起吊架；18—平屋顶；19—墙（柱）；
20—立柱；21—吊车梁；22—尾水导墙

图 5-22　三峡水电站

比降大、流量较小的山区性的河段。我国的小水电多为引水式水电站，一般位于山高坡陡、河谷狭窄、耕地比较分散的山区、半山区。

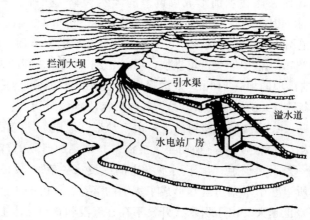

图 5-23　无压引水式水电站示意图

引水式水电站按引水道及其水流状态不同，可分为无压引水式水电站和有压引水式水电站两种类型。

① 无压引水式水电站。无压引水式水电站其引水建筑物是无压的，如明渠、水槽、无压隧洞等，其主要建筑物有坝、进水口、沉沙池、引水渠（洞）、日调节池、压力前池、压力水管、厂房、尾水渠。这种水电站用引水渠道从上游水库长距离引水，与自然河床产生落差。渠首与水库水面为无压进水，渠末接倾斜下降的压力管道进入位于下游河床段的水电站厂房，水流经水轮机以后，再经尾水渠排入原河道。无压引水式水电站只能形成100m左右的水位差。如果使用水头过高，则在机组紧急停机时，渠末水位起伏较大，水流有可能溢出渠道，不利于安全。由于是用渠道引水，工作水头又不高，因此这种水电站总装机容量不会很大，属于小型水电站。

② 有压引水式水电站。引水式水电站其引水建筑物是压力隧道或压力水管时，称为有压引水式水电站，如图5-24所示。其建筑物的组成一般有深式进水口、压力隧道、调压井、压力管道、厂房和尾水渠等，隧道首在水库水面以下有压进水，隧道末接倾斜下降的压力管道，进入位于下游河床的厂房。这种水电站适合于坡降较大、流量小、河道有弯曲的地形，多建在山区河道上，受天然径流的影响，发电引用流量不会太大，故多为中、小型电站。

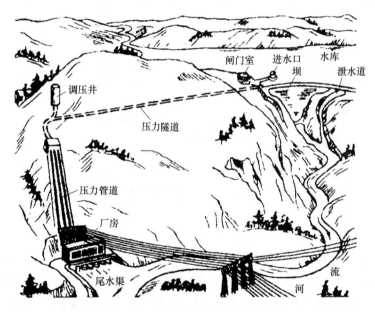

图5-24 有压引水式水电站示意图

（3）混合式水电站 同时用拦河筑坝和修建引水建筑物两种方式来集中河段落差，水头一部分由堤坝所造成，一部分由引水建筑物所造成的水电站，称为混合式水电站。多数混合式水电站，都与防洪、灌溉相结合，筑坝所形成的水库可用来调节水量，引水建筑物则可在不增加坝高的条件下增加水头，所以它具有上述两种开发方式的优点。这种开发方式，一般适用于坝址上游地势平坦，人口、耕地较少，宜于筑坝形成水库，而下游坡度又较陡或有较大河湾的地区，可在这些地区河道坡降平缓的狭窄河段建坝。这样，既可用水库调节径流，获得稳定的发电水量，又能利用引水获得较高的发电水头。在蓄水坝的一端，沿河岸开挖坡降较平的引水渠，将水引到一定地点，再用压力水管把水输向低端建站处，其布置如图5-25所示。我国鲁布格水电站（装机600MW，水头372m）就是目前最大的混合式水电站。

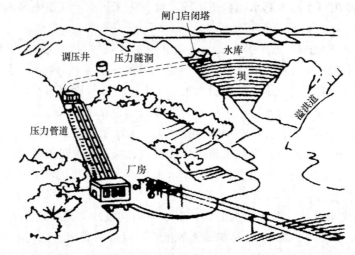

图 5-25　混合式水电站

如图 5-26 所示的安徽省毛尖山水电站就是一座混合式水电站。该站通过拦河建坝（土石混合坝）取得 20m 左右水头，又通过开挖压力引水隧洞，取得 120 多米水头，电站总静水头达 138m，装机容量 2.5MW。由于压力隧洞很长，故在隧洞末端设置了调压井。

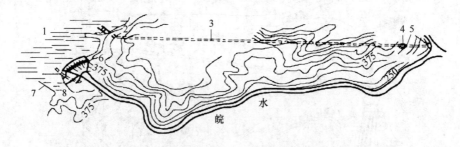

图 5-26　安徽省毛尖山水电站总体布置图
1—水库；2—进水口；3—发电引水洞；4—调压井；5—地面厂房；6—大坝；7—溢洪道；8—导流洞

　　（4）梯级式水电站　由于一条长数百公里甚至数千公里的河流，其落差通常达数百米甚至数千米，不可能将所有的落差都集中在一个水电站上，而且水电开发受地形、地质、淹没损失、施工导流、施工技术、工程投资等因素的限制，往往不宜集中水头修建一级水库来开发水电。因此，必须根据河流的地形、地貌和地质等条件，合理地将全河流分成若干个河段来开发利用。对于小型水电站划分河段通常约在 10km 以内，如此自上而下开发，水电站一个接一个，犹如一级级的阶梯，这种开发方式的水电站称为梯级式水电站，如图 5-27 所示。

　　当然，同一河流的多个梯级式水电站之间在水资源和水能的利用上是互相制约的。因此，水电梯级开发，需要对梯级开发的每一级和整个梯级从技术、经济、施工条件、淹没损失、生态环境等方面进行单独和整体的综合评价，选择最佳开发运行方案，并确定开发次序，逐步投入大量的建设资金，实现梯级开发水电的可持续利用。否则就会因为局部改变了河流两岸的生态环境，形成水库淤积、库岸滑塌、影响鱼类种群等负面影响而付出代价。

5.4.3　水电站的水工建筑物

　　水电站是利用水能资源发电的场所，是水、机、电的综合体。其中为了实现水力发电，

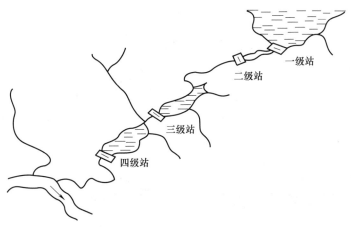

图 5-27　梯级式水电站布置示意图

用来控制水流的建筑物称为水工建筑物。

水工建筑物按功能不同可分为枢纽建筑物和水电站建筑物两大类，其中水电站建筑物由引水系统和厂区枢纽两大部分组成。水电站的类型不同，建筑物的组成有所不同；厂区枢纽包括厂房建筑物和变电站。本节主要介绍水电站水工建筑物中的挡水建筑物、泄水建筑物、引水建筑物和发电建筑物。

5.4.3.1　挡水建筑物

挡水建筑物是指用于拦截江河水流，形成水库或空高上游水位的建筑物。拦截河川水流的挡水建筑物，如各种坝和水闸以及为抗御洪水或挡潮沿江河岸修建的堤防、海塘等，最常见的是坝和水闸。坝的类型很多，可以从不同的角度来划分，下面介绍几种基本类型。

（1）按坝的建筑材料　分为土坝、堆石坝、干砌石坝、浆砌石坝、混合坝、混凝土坝、钢筋混凝土坝等，现介绍两种。

① 土坝。土坝坝体宽厚，由散粒土体压实而成。一般都是就地取材，人工堆建而成。土坝构造简单，对地质条件要求不高。土坝具有能适应变形、抗震能力强的性能，工作可靠，寿命较长。但土坝要求具有较好的防渗透设施。常见的土坝有均质坝、心墙坝、斜墙坝、多种土质坝等（图 5-28）。图中的虚线为浸润线，即坝体内渗流的水面线。在坝下的坡角处设块石排水体，可降低浸润线，有利于坝坡稳定。排水体与土料接触处敷设反滤层，以免渗水带走土料，反滤层由砂、砾石、卵石构成，其粒径沿渗流方向由小渐大，只渗水而不带走土料。当坝址的土料为透水的砂土时，要采取防渗措施，如黏土心墙坝［图 5-28（b）］和黏土斜墙坝［图 5-28（c）］。将斜墙在水平方向往上游延伸一段距离，增长渗流途径，称为带铺盖的斜墙坝［图 5-28（d）］。减压井将渗透水流引至排水沟中，降低了坝基渗透压力。

② 堆石坝。在石多土少的山区，可建堆石坝，它要求基础有较好的抗压强度，大都建在岩石上。堆石坝需要设防渗层，图 5-29（a）是用不透水料（黏土）筑成的塑性斜坡，两边用反滤层过渡；图 5-29（b）是用钢筋混凝土面板防渗，并以干砌石过渡到堆石；图 5-29（c）是用黏土心墙防渗，防渗体与岩石接触作混凝土齿墙，并在岩基上采取水泥浆灌注防渗（帷幕）。

（2）按坝的建筑形式　分为重力坝、拱坝和支墩坝。

① 重力坝。重力坝是用混凝土和浆砌石修筑的大体积挡水建筑物，它主要靠自身的重

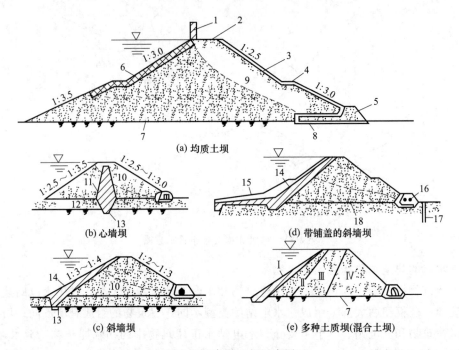

图 5-28　各种土坝示意图

1—防浪墙；2—坝顶；3—草皮护坡；4—马道；5—平面排水块石；6—上游块石护坡；7—不透水性基础；
8—反滤层；9—浸润线；10—透水性土料；11—心墙；12—砂卵石；13—齿墙；14—斜墙；15—铺盖；
16—堆石排水体；17—减压井；18—透水性基础

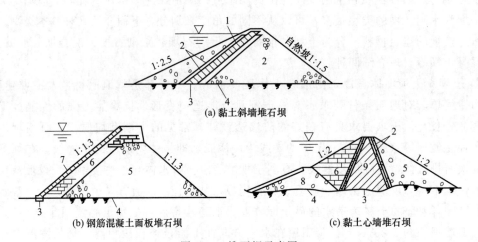

图 5-29　堆石坝示意图

1—斜墙；2—反滤层；3—帷幕；4—岩石；5—堆石；6—砌石；7—钢筋混凝土盖面；8—围堰；9—心墙

力作用维持坝体的稳定，承受迎水面的水平推力和坝体自身的重力。重力坝的坝体用水泥浇筑在岩基层的坝基上。与土石坝相比，重力坝易于解决导流、溢洪问题，对气候、地形、地质等条件也有较好的适应性。重力坝所需养护、维修的工作量小，是永久性的挡水建筑。但重力坝耗用建筑材料多，而且分段、分层施工时，接缝处理技术要求高，结构也远比土坝复杂。重力坝有混凝土重力坝和浆砌石重力坝。图 5-30 为混凝土重力坝。重力坝挡水以后，渗透水流将对坝底面产生向上的水压力，抵消坝体的一部分自重，为此，常采取基础灌浆防渗措施，即在坝基上游侧钻一排或两排深孔，将水泥浆加压灌入，使水泥浆挤满岩石裂缝固结，把岩石缝隙堵死，形成防渗帷幕。若在帷幕下游处再打一排浅的排水孔，通过排水廊道排走绕过帷幕后的渗水，可使向上的水压力进一步降低。

②拱坝。在河谷狭窄岩基良好的地点，为节省混凝土量可建拱坝。拱坝是一种压力结构，拱坝的迎水面呈拱形，迎水面所受水压荷载主要转化为拱推力传至两岸岩石，能充分利用混凝土或浆砌石等材料的抗压性能，坝体各部位应力有自行调整以适应外荷载的潜力，因此超载能力大。图5-31为增城县大封门水电站石拱坝（顶视）。表5-2为大封门水电站石拱坝采用的圆心角。

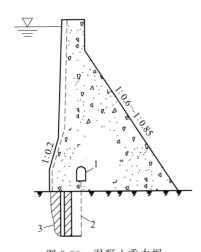

图5-30　混凝土重力坝

1—排水廊道；2—排水孔；3—灌浆帷幕

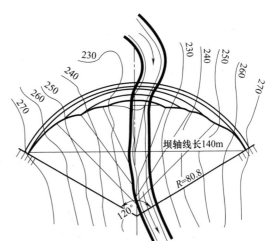

图5-31　增城县大封门水电站石拱坝示意图

（单位：m）

表5-2　大封门水电站石拱坝采用的圆心角

高程/m	内半径/m	圆心角(Φ)/(°)	备注
225	32.0	17.5	
237	48.8	48.5	
247	63.1	68.0	
257	71.3	91.0	
267	78.8	107.5	
270	80.8	120	外半径

③支墩坝。支墩坝由一定间距的支墩及其所支撑的挡水盖板组成，水压力由挡水盖板传给支墩，再由支墩传递到坝基。由于盖板形式不同，支墩坝有多种，图5-32示出三种。

（3）按坝顶是否过流　分为溢流坝和非溢流坝。

①溢流坝。这种坝的坝顶允许过流，它起挡水和泄洪的作用。

②非溢流坝。这种坝只起挡水作用，坝顶不允许过流，过洪水需另设泄水建筑物。

5.4.3.2　引水建筑物

水电站引水建筑物主要有明渠、渡槽、隧洞，还有连接压力引水道与高压管道之间的调压井，以及连接尾水管出口与下游河道的尾水建筑物等，其作用是自水库或河流将具有一定水头符合水质要求的水输送到水电厂房。由于水电站的自然条件和开发方式的不同，引水建

图 5-32　支墩坝的类型

(a) 平板坝　　　　　　(b) 大头坝　　　　　　(c) 连拱坝

筑物的组成也不同。坝后式水电站（图 5-21）的引水线路很短，进水口设在坝的上游面，引水道——压力水管穿过坝身入厂房；而河床式水电站（图 5-19）的引水线路更短，由进水口进的水流直接通入水轮机蜗室。图 5-25 所示的混合式水电站的引水建筑物有进水口、压力隧洞、调压井和压力管道等；而图 5-33 所示的无压引水式水电站的引水建筑物有进水口、溢流堰、无压隧洞（也有用无压引水渠道的）、日调节池、压力前池、高压管道等，下面叙述一下它们的基本结构和功用。

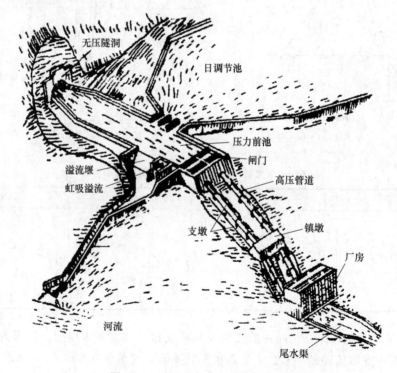

图 5-33　无压引水式水电站示意图

（1）进水口　按水流状态可分为无压进水口和有压进水口两种类型。

① 无压进水口。进水口范围内水流为无压流，如图 5-34 所示，以引进表层水为主，进水口后接无压引水建筑物（引水渠或无压引水隧洞）。无压进水口要注意拦污和防淤问题：一般布置在河流凹岸，其中心线与河道中心线成 30°左右的交角，避免回流引起淤积；底坝 BC 拦截淤沙，定期通过冲沙底孔排沙；其后布置一道拦污栅，以防漂浮物进入引水渠；为了加强防沙措施，进水闸前又布置了一道拦沙坝，通过排沙道定期将淤沙排走。进水闸用于

控制人渠流量和供渠道检修时使用。泄洪闸兼有挡水和泄洪的作用。

② 有压进水口。有压进水口的特点是进水口位于水库水面以下，水流处于有压状态，以引进深层水为主，其后接有压引水隧洞或水管，如图 5-35 所示。有压进水口的拦污栅布置在进水口前沿，其后依次是检修闸门、事故闸门（也称工作闸门）。事故闸门的作用是在机组或引水道发生事故的时候进行紧急关闭。检修闸门供检修事故闸门及清理门槽时使用。

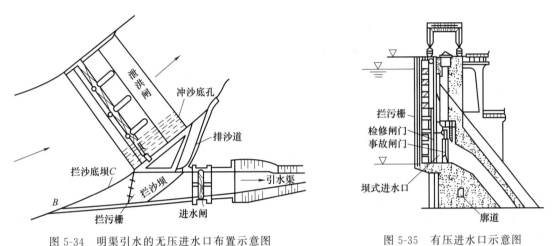

图 5-34 明渠引水的无压进水口布置示意图　　　图 5-35 有压进水口示意图

（2）压力前池　在引水渠道末端设有一个扩大的水池，称为压力前池，简称前池。前池中设有拦污栅、控制闸门、泄水道等。前池的作用是把从引水渠道来的水均匀地分配给各压力水管；泄走多余来水，以防漫顶；拦截和排除渠内漂浮物、泥沙和冰块，以免进入压力水管等。压力前池的结构大体如图 5-36 所示。其水面高度分三个控制水位，即正常水位、最

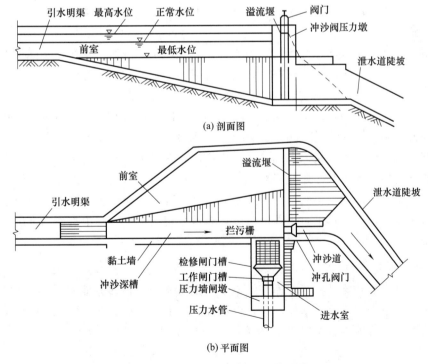

(a) 剖面图

(b) 平面图

图 5-36 压力前池的剖面和平面图

低水位和最高水位。正常水位是水轮机通过设计流量时前池进水室内的水位，小型水电站一般采用当引水渠通过设计流量时渠道末端的水位；最低水位又称死水位，其值要高于压力水管进口顶部 0.5m，防止空气进入管内；最高水位是当电站突然丢弃全部负荷时的水位，小型水电站的溢流堰顶通常比正常水位高 3～5m。

压力前池的前室是引水渠道末端与进水室间扩大和加深的部分，前室末端底板应比进水室底板低 0.5～1.0m，便于污物和泥沙的沉积，前室宽度应为进水室总宽度的 1～3 倍，前室长度通常采用扩散后前室宽度的 2～3 倍。进水室是前池的关键部位，与压力水管的压力墙相连，进水室的宽度与压力水管的流量、直径有关，应使拦污栅前的流速不超过 1.0m/s，小型水电站进水室的宽度应为压力水管直径的 1.4～5 倍，管径小时取大值；进水室的长度一般不小于 3～5m。

（3）引水渠道　电站的引水渠道有引水和形成水头的双重任务。渠线应尽量缩短，以减少水头、流量损失。一般沿等高线绕山而行。在地质、地形条件允许时，亦可开凿一段隧洞，以减少渠线长度。渠线要避免选在滑坡地段。

渠道断面形状是：土基上一般为梯形；岩基上采用矩形。渠道高度为最大水深加安全超高，超高不少于 0.25m，渠堤顶宽不小于 1.5m，以适应维修的需要。引水渠一般要求衬砌，可采用卵石、块石，用干砌或浆砌，厚 15～30cm，下铺反滤层。混凝土衬砌强度高、糙率小，亦常采用。

（4）压力水管　压力水管是指从水库、压力前池或调压井向水轮机送水的管道。其特点是安装坡度陡（一般为 20°～50°），内水压力大，又靠近厂房，必须安全可靠。压力水管的材料有钢管、钢筋混凝土管、预应力钢筋混凝土管、铸铁管等。在选择高压水管安装线路时，应选择最短最直的路线，以缩短管长，降低造价，减少水头损失，降低水锤压力。尽量选择好的地质条件，水管必须敷设在坚固、稳定的坡地上，以免地基滑动，引起水管破坏。尽量使压力水管沿纵向保持同一坡度，管道如有起伏，不仅使结构复杂，而且会增加水头损失和工程造价。

（5）引水隧洞　引水隧洞分为有压引水隧洞和无压引水隧洞。有压引水隧洞能以较短的路径集中较大的落差，为不使水头损失过大，隧洞内的水流流速一般为 2.5～4m/s。有压引水隧洞一般为过水能力大、承受内水压力好的圆形或马蹄形断面，沿线要求为岩石基础，通常需进行衬砌，以承受内水压力和山岩压力，同时可减少糙率和渗透，衬砌采用钢筋混凝土或钢板，为便于施工，洞径应不小于 1.8m。引水隧洞末端与水轮机的进水压力钢管相连接。压力钢管的末端（水轮机入口前）要装设主阀，这是为了当压力水管较长、水轮机组突然甩负荷而调速器又失灵时，避免机组飞车事故。在无压引水式水电站，为了缩短引水渠道长度或避开引水道沿线地表不利的地形和地质条件，有时用无压引水隧洞代替引水渠道。其断面形状可采用上部为圆弧拱，下部为方形，亦可采用马蹄形。洞中水面以上净空应不小于 0.4m，或洞高的 15%。

5.4.3.3　泄水建筑物

泄水建筑物主要功能是，当水库容纳不下汛期洪水时，使多余水量从泄洪建筑物排走；非常时期用于放空水库或降低水库水位，以清理和维护水下建筑物；用于某些特殊用途，如冲沙、排放漂木、排冰等。常见的有溢流坝、河岸溢洪道和深式泄水道等，本节主要介绍两种。

（1）溢流坝　溢流坝大都是混凝土坝或钢筋混凝土坝，泄洪通过坝顶溢流，兼有挡水和

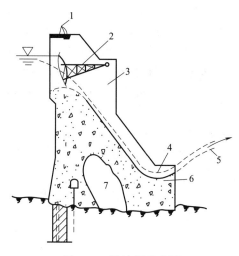

图 5-37 溢流坝示意图

1—启闭机；2—弧形闸门；3—闸墩；4—反弧；

5—挑流；6—鼻坎；7—腹腔

泄洪作用，如图 5-37 所示。

一般来说，重力坝和大头坝可作溢流坝；泄流量不大时拱坝也可以坝顶溢流；平板坝、连拱坝要加溢流设施（下游溢流面板）后才能从坝顶溢流。溢流坝对坝顶溢流堰的形状应有严格的要求，以保证水流平顺，不使高速水流产生严重的表面汽蚀和振动；溢流坝下泄水流具有很大的动能，要采取消能措施，以免冲刷坝基，危及坝的安全。

（2）河岸溢洪道　在不宜采用坝顶溢流时，应在坝体之外的岸边凹口处设溢洪道（图 5-38）。溢洪道由进口段 A、溢流堰 B、陡坡段 C、消能段 D 等部分组成。进口段要有足够的宽度，便于洪水引入，防止洪水冲刷上游坝坡。溢流堰与坝顶溢流堰类似，当开挖量大时，也可做成宽顶堰。陡坡段水流速度高，要求平直，并用混凝土护面，不要留宽缝，以免被水冲垮。消能段可用挑流或底流消能。在非岩基上，不宜做陡坡，可用多级跌水消能。

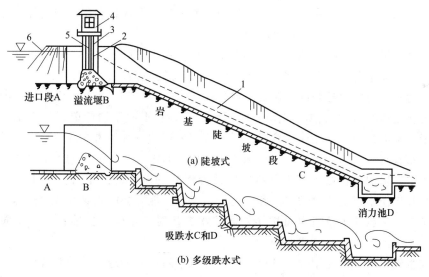

图 5-38 河岸溢洪道示意图

1—边墙；2—工作闸门；3—闸墩；4—启闭台；5—检修门槽；6—边墙

5.4.3.4 水电站厂房

水电站厂房是将水能转换为电能的中心设施，是水工、机械、电气的综合体，是水电站的主要建筑物之一。

（1）厂房位置的选择　水电站厂房和前池、压力水管、升压电站、尾水渠等应按地形、地质等条件进行合理布置，尽可能减少工程量以降低造价。厂房布置要求地形平坦，尽可能选择坡度平缓处，开挖成平地。发电机层高程应设在高于洪水位 0.5m 以上，升压电站应布置在厂房附近，与厂房同一高程。厂房应与公路连通，门前设停车场。

（2）厂房形式　厂房为安装水轮机、发电机、配电盘及其他辅助设备的处所，是电站的关键部位，厂房布置需考虑电站的水头、流量、进水方式、机组型号、台数和传动方式、地形、地质和水文条件等，按运行要求把这些设备合理地布置于厂房之内，其原则是操作方便、面积紧凑、采光充足、通风良好、检修容易、节约投资。小型水电站厂房按水轮机型号分为立式机组厂房和卧式机组厂房。

按其结构特征分类有引水式、坝后式和河床式三种基本类型。随着水电技术的发展，每种基本类型又发展出若干形式，从坝后式厂房发展出溢流式和坝内式厂房；从河床式厂房发展出立轴轴流式机组的河床式厂房和贯流式机组的河床式厂房；引水式地下厂房广泛用于水电建设中，已成为一种独特的厂房形式。常见的厂房形式有引水式、河床式、坝后式、地下式、坝内式。

5.4.4　水电站的机电设备

水电站的机电设备包括水轮机、电力设备和附属设备。

5.4.4.1　水轮机

水轮机是水电站的关键设备。它是将水能转换成机械能的水力原动机，主要用于带动发电机发电，是水电站厂房中主要的动力设备。通常将它与发电机一起统称为水轮发电机组。

（1）水轮机分类　水流的能量包括动能和势能，而势能又包括位置势能和压力势能。根据水轮机利用水流能量的不同，可将水轮机分为两大类，即单纯利用水流动能的冲击式水轮机和同时利用动能和势能的反击式水轮机。

冲击式水轮机主要由喷嘴和转轮组成。来自压力钢管的高压水流通过喷嘴变为极具动能的自由射流。它冲击转轮叶片，将动能传给转轮而使转轮旋转。按射流冲击转轮方式的不同，又可分为水流与转轮相切的水斗式（或称切击式）、水流斜侧冲击转轮的斜击式以及水流两次冲击转轮的双击式三种，如图5-39所示。后两种形式结构简单，易于制造，但效率低，多用于小水电站中。水斗式水轮机是目前应用最广的一种冲击式水轮机，其结构特点是在转轮周向布置有许多勺形水斗。这种水轮机适用于高水头、小流量的水电站。

反击式水轮机的转轮是由若干具有空间曲面形状的刚性叶片组成。当压力水流过转轮时，弯曲叶片迫使水流改变流动方向和流速，水流的动能和势能则给叶片以反作用力，迫使转轮转动做功。反击式水轮机也可按转轮区的水流相对于水轮机主轴方位的不同分为混流式、轴流式、斜流式以及贯流式四种。

混流式水轮机是广泛应用的一种反击式水轮机。水流开始进入转轮叶片时为径向，流经转轮叶片时改变了方向，最后为轴向从叶片流出（图5-40）。它的结构简单，运行稳定，效率高，适应的水头范围为2~670m，单机出力自几十千瓦到几十万千瓦小流量电站。

轴流式水轮机是另一种采用较多的反击式水轮机，其特点是水流进入转轮叶片和流出转轮叶片的水流方向均为轴向（图5-41）。根据转轮的特点，轴流式水轮机又可分为转桨式和定桨式两种。定桨式水轮机运行时叶片不能随工况的变化而转动，改变叶片转角时需要停机进行。其结构简单，但水头和流量变化时其效率相差较大，不适宜于水头和负荷变化较大的水电站，多用于负荷变化不大、流量和水头变化不大（工况较稳定）的小水电站。转桨式水轮机在运行时叶片能随工况的变化而转动，进行双重调节（导叶开度、叶片角度），故能适应负荷的变化，平均效率比混流式水轮机高，且高效率区广。它多用在低水头和负荷变化大

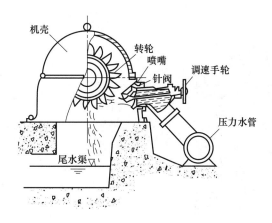

(a) 水斗式水轮机

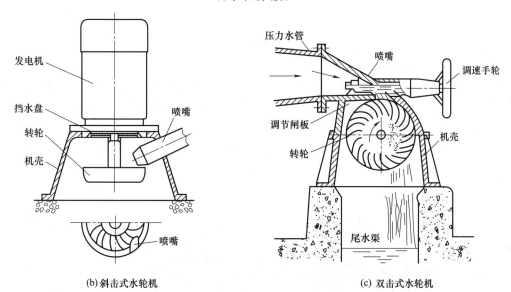

(b) 斜击式水轮机

(c) 双击式水轮机

图 5-39　典型冲击式水轮机

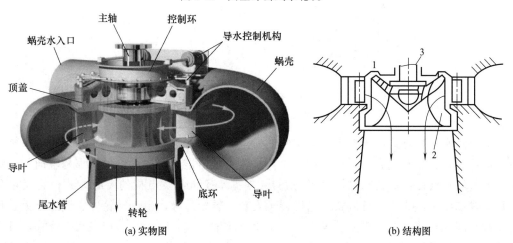

(a) 实物图

(b) 结构图

图 5-40　混流式水轮机

1—导叶；2—转轮叶片；3—发电机

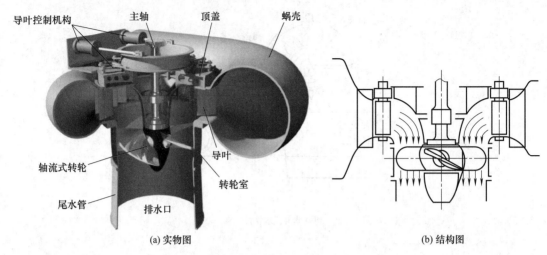

导叶控制机构　主轴　顶盖　蜗壳

轴流式转轮

导叶

尾水管　转轮室

排水口

(a) 实物图　　　　　　　(b) 结构图

图 5-41　轴流式水轮机

的大中型水电站。我国葛洲坝水电站的 125MW 和 170MW 的机组就是采用这种水轮机。

斜流式水轮机是一种新型水轮机。它的叶轮轴线与主轴线斜交，水流经过转轮时是斜向的（图 5-42）。其转轮叶片随工况变化而转动，高效率区广，可做成转桨式或定桨式。它兼有轴流式水轮机运行效率高和混流式水轮机强度高、抗汽蚀的优点，适于高水头下工作。而且斜流式水轮机是可逆机组，既能作为水轮机，又能作为水泵，因此特别适宜于在抽水蓄能电站中应用。

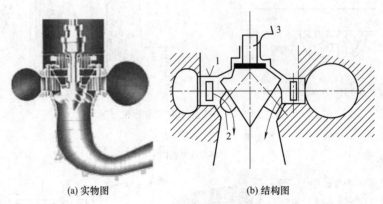

(a) 实物图　　　　　　　(b) 结构图

图 5-42　斜流式水轮机

1—导叶；2—转轮叶片；3—主轴

贯流式水轮机是适用于低水头水电站的另一类反击式水轮机。当轴流式水轮机主轴水平或倾斜放置，且没有蜗壳，水流直贯转轮，水流由管道进口到尾水管出口都是轴向的，这种形式的水轮机就是贯流式水轮机（图 5-43）。根据水轮机与发电机的装配方式，它又可分为全贯流式和半贯流式。全贯流式发电机转子安装在转轮外缘，由于转轮外缘线速度大，且密封困难，因此目前已较少采用。半贯流式水轮机有轴伸式、竖井式、灯泡式等形式，其中以所谓灯泡贯流式应用最广。它是将发电机布置在灯泡形壳体内，并与水轮机直接连接［图 5-43（a）］，这种形式结构紧凑，流道平直，效率高。

表 5-3 列出了水轮机的类型、适用范围及其特点。

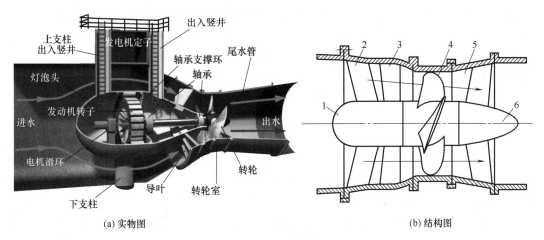

(a) 实物图   (b) 结构图

图 5-43　贯流式水轮机

1—导水锥；2—前支架；3—导叶；4—转轮；5—后支架；6—泄水锥

表 5-3　水轮机的类型、适用范围及其特点

类型		代号	适用水头 /m	比转速 (n_s)	机型特点
冲击式	水斗式	CJ	＞200	3～35	适用于高水头、小流量电站。小型机组多用于水头在50m以上，流量在 $1m^3/s$ 以下的电站
	斜击式	XJ	25～300	30～70	与水斗式相比，转轮较简单，过水能力大，制造容易，使用流量较水斗式大
	双击式	SJ	5～80	35～150	水流从喷嘴射出后，先冲击转轮上部叶片，然后水流通过转轮中心再冲击下部叶片，主要用于小型电站
反击式	轴流式	定桨：ZD 转桨：ZZ	3～50 3～80	250～700 200～850	过水能力大，适用于大流量、低水头电站，用转桨式（ZZ）能克服定桨式（ZD）在流量变化时造成的运行不稳定和低负荷运行时效率低的缺点
	混流式	HL	≤700	50～300	运行稳定，效率高，多用于中等水头和中等流量的电站
	斜流式	XL	40～120	100～350	多数为转桨式的，运行高效率区较宽，对水头和流量变化较大的情况适用
	贯流式	定桨：GD 转桨：GZ	2～30 2～30	＜1000 ＜1000	过水能力大，流道畅通、水力损失小，效率高，建筑投资少，但密封止水和绝缘要求高，适用于平原地区低水头、大流量的电站和潮汐电站

（2）水轮机的工作参数　水轮机的工作参数反映水轮机工作过程的基本特征，是选择水轮机的主要技术依据。水轮机的主要工作参数有以下几个。

① 水轮机比转速。水轮机的比转速 n_s 是指当工作水头 $H=1m$、发出的功率 $N=1kW$ 时，水轮机所具有的转速。某系列水轮机的比转速由下式确定：

$$n_s = \frac{7}{6} \times \frac{n\sqrt{N}}{H^{5/4}} \tag{5-23}$$

式中，n 为水轮机的转速，r/min；N 为水轮机的功率，kW；H 为水轮机的工作水头，m。

比转速 n_s 是水轮机的重要综合参数，代表着水轮机的系列特征。它对于同系列的水轮机为常数；不同系列的水轮机则不同。

② 工作水头（H）。水轮机蜗壳进口断面与尾水管出口断面之间的单位能量差。工作水头是水轮机做功的有效水头，它还包括设计水头、最大水头、最小水头等参数。设计水头指水轮机发出额定出力时的最小水头。水电站上游水位最高而下游水位最低时为最大水头，反之为最小水头。

③ 流量（Q）。指单位时间内水轮机所耗用的水量，即水轮的流量，单位为 m^3/s。水轮机发出额定出力时所需的流量则称为设计流量。

④ 功率（N）。指水轮机在单位时间内所能传递的机械功，也称出力。

⑤ 水轮机效率（η）。指水轮机输出功率与输入功率之比，单位为％。

⑥ 水轮机直径（D）。即水轮机的标称直径，单位为 cm。不同类型水轮机的标称直径的表示方法不同。

（3）水轮机的型牌号　根据我国"水轮机型号编制规则"规定，水轮机型牌号由三部分组成，每一部分用短横线"-"隔开。第一部分由汉语拼音字母和阿拉伯数字组成，拼音字母表示水轮机形式，阿拉伯数字表示转轮型号（采用该转轮的比转速）；可逆式水轮机在水轮机形式后加"N"表示；第二部分由两个汉语拼音字母组成，前者表示主轴装置方式，后者表示引水室特征；第三部分是以厘米为单位的转轮标称直径（不同类型的水轮机转轮标称直径所指不同，请查水轮机文献）。对冲击式水轮机，第三部分表示为：水轮机转轮标称直径/(作用在每一个转轮上的喷嘴数目×射流直径)。

各种形式水轮机的转轮标称直径（简称转轮直径，常用 D_1 表示）规定如下。

① 混流式水轮机转轮直径是指其转轮叶片进水边的最大直径。

② 轴流式、斜流式和贯流式水轮机转轮直径是指与转轮圆叶片轴线相交处的转轮室内径。

③ 冲击式水轮机转轮直径是指转轮与射流中心线相切处的节圆直径。

反击式水轮机转轮标称直径 D_1 的尺寸系列规定见表5-4。随着科学技术的不断进步，计算手段和加工能力不断发展，目前，除小型机组之外，大中型机组的转轮直径一般不套用标准系列，而是根据实际需要进行设计。

表 5-4　反击式水轮机转轮标称直径系列　　　　　　单位：cm

25	30	35	(40)	42	50	60	71	(80)	84
100	120	140	160	180	200	225	250	275	300
330	380	410	450	500	550	600	650	700	750
800	850	900	950	1000					

注：括号中的数字仅适用于轴流式水轮机。

表 5-5 示出了水轮机的主轴装置方式和引水室形式的符号。

表 5-5　主轴装置方式和引水室形式符号

主轴装置方式	符号	引水室形式	符号
		罐式	G
卧轴	W	金属蜗壳	J
立轴	L	混凝土蜗壳	H
斜轴	X	明槽	M
		灯泡式	P

水轮机型牌号举例如下。

① HL240-LJ-120，表示为混流式水轮机，转轮型号为240，立轴，金属蜗壳引水室，转轮标称直径为120cm。

② ZZ560-LH-500，表示为轴流转桨式水轮机，转轮型号为560，立轴，混凝土蜗壳，转轮标称直径为500cm。

（4）水轮机的调速设备　为保证供电质量，根据电力用户的要求，发电机的频率应保持不变。要保持频率不变必须使转速保持不变。调速设备的作用就是根据发电机负荷的增减，调节进入水轮机的流量，使水轮机的出力与外界的负荷相适应，使转速保持在额定值，从而保持频率不变。调速设备的分类方法有几种，按操作方式可分为手动和自动两大类。按调整流量的方式可分为单调和双调两类。自动调速器按工作机构动作方式的不同，又可分为机械液压式和电气液压式两大类。机械液压式调速器又可分为压力油槽式和川流式两种。

以自动调速设备为例，它通常由敏感、放大、执行和稳定四种主要元件组成。敏感元件负责测量机组输出电流的频率，并与频率给定值进行比较，当测得的频率偏离给定值时，发出调节信号。放大元件负责把调节信号放大，执行元件根据放大的信号改变导水机构的开度，使频率恢复到给定值；稳定元件的作用是使调节系统的工作稳定，如图5-44所示。

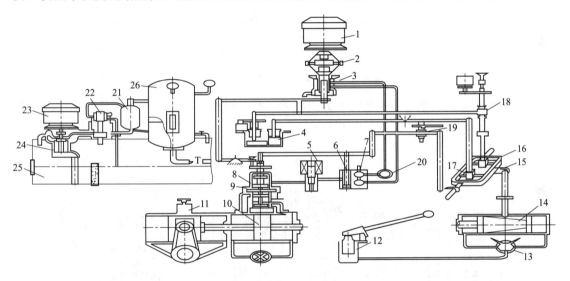

图5-44　XT-100型调速器系统

1—离心飞摆电动机；2—离心飞摆；3—引导阀；4—缓冲器；5—紧急停机电磁阀；6—开度限制阀；7—切换阀；8—辅助接力器；9—主配压阀；10—接力器；11—锁定装置；12—手动油泵；13—手动切换旋塞；14—反馈锥体活塞；15—框架；16—残留不均衡度机构；17—缓冲强度调整机构；18—变速机构；19—开度限制机构；20—滤油器；21—中间油箱；22—补气阀；23—油泵电动机；24—油泵；25—油箱；26—压力油箱

5.4.4.2　水轮发电机

水轮发电机是水电站主要设备之一，它是将旋转的机械能转变为电能。水轮发电机按其轴的装置方式分为立轴和卧轴两种，随水轮机装置形式而定。

（1）立轴水轮发电机　发电机按推力轴承与转子的相对位置不同，可分为悬式和伞式两种。悬式发电机的推力轴承位于转子之上的上机架上，发电机有两个导轴承，分别位于上机架和下机架上，上导轴承位于推力轴承之下。伞式发电机的推力轴承位于转子之下的下机架上，这种发电机有一个或两个导轴承。具有两个导轴承时，与悬式布置相同；具有一个导轴承时，可安置在上机架的中央，也可放在下机架的中央，即在推力轴承的区域内。

　　伞式发电机可减小机组高度，减轻机组重量，在检修发电机转子时，可不拆除推力轴承，这样可减少发电机检修的工作量和缩短检修时间，相应地提高了机组的利用率。但只有在大容量、低转速时采用伞式发电机才是合理的，而小型水轮发电机一般采用悬式结构，如图 5-45 所示。

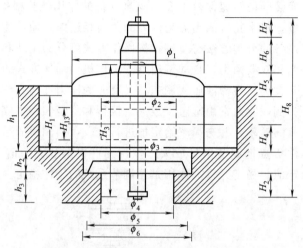

图 5-45　立轴水轮发电机外形安装尺寸

　　立轴水轮发电机的主要部分由定子、转子、推力轴承、上导轴承、下导轴承、上部机架、下部机架、通风冷却装置、制动装置及励磁装置等部件构成，如图 5-46 所示。

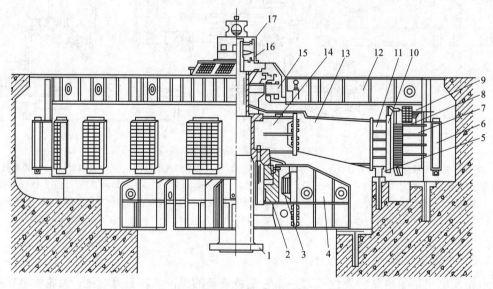

图 5-46　伞式水轮发电机组

1—转轴；2—推力轴承；3—导轴承；4—下机架；5—制动器；6—冷却器；7—定子机座；8—定子铁芯；9—定子绕组；10—磁极；11—磁轭；12—上机架；13—转子支臂；14—转子中心体；15—励磁机；16—副励磁机；17—永磁发电机

　　定子是产生电能的主要部件，由机座、定子铁芯、定子绕组等组成。

　　转子是产生磁场的转动部分，包括有转轴、转子中心体、转子支臂、磁轭等。推力轴承用来承受机组转动部分的总重和作用在水轮机上的轴向水压力。

　　上、下导轴承的作用是使转子置于定子中心位置，限制轴向摆动。上、下部机架用来装置推力轴承和励磁部件及上、下导轴承。

　　通风冷却的作用是控制发电机的温升。冷却方式有空气冷却、氢气冷却和导线内部冷却。

　　励磁装置的作用是向发电机转子提供直流电源，建立磁场。

　　（2）卧轴水轮发电机　小型高速混流式水轮发电机组和小型冲击式水轮发电机组做成卧轴结构，如图 5-47 所示。卧轴水轮发电机一般由转子、定子、座式滑动轴承、飞轮及制动装置等组成。卧式水轮发电机常用于中小型水电站。

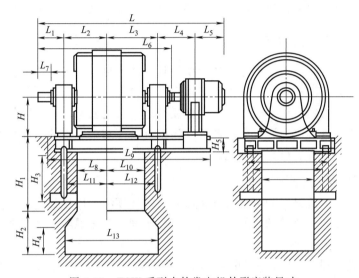

图 5-47　TSW 系列水轮发电机外形安装尺寸

　　（3）贯流式水轮发电机　贯流式水轮发电机也是卧轴装置，但为特殊的结构形式。目前国内贯流式机组一般为灯泡式结构，发电机装在一个密封的壳体内部，压力水绕过灯泡外壳。发电机定子是灯泡体的组成部分，其形状与发电机的直径有关。

5.5　水能利用发展现状和趋势

　　水能是可再生的清洁能源，是国家优先发展的符合可持续发展要求的产业。中国水能蕴藏量 1 万千瓦以上的河流有 300 多条，水能资源丰富程度居世界第一。

5.5.1　我国水电建设成就

　　我国早在四千年前就开始兴修水利，至春秋战国时期，水利工程已经具有相当规模，建设的水利工程也非常先进。但是，现代化的水电建设起步很晚，直至 1910 年才开始在云南螳螂川修建第一座水电站——石龙坝水电站，装机容量为 472kW。改革开放以来，水电事业有了突飞猛进的发展，我国水电建设取得了很大的成绩。2002 年以来的 10 年，是水电快速发展壮大的 10 年。截至 2011 年底，我国水电装机容量达到 2.3 亿千瓦，是 2002 年的 2.7 倍，在总装机容量中占比保持在 22% 左右，自 2004 年以来一直居世界第一位。在此期间，水电科技依托国家重大工程建设，取得明显进步。

三峡工程是迄今为止世界上规模最大的水利枢纽工程，也是我国水电技术进步的典范。2003年7月，三峡工程首台70万千瓦机组并网发电；2012年7月三峡地下电站最后一台机组并网投运，三峡总装机容量达到22.40万兆瓦。在此期间，我国通过引进、消化、吸收、再创新，拥有了水轮机水力设计、定子绕组绝缘、发电机蒸发冷却等具有自主知识产权的核心技术。哈尔滨电机厂和东方电机厂各自设计制造的三峡右岸4台（套）水轮发电机组，运行实践表明其各项主要指标优于左岸进口机组，实现了国产70万千瓦水轮机的突破。

近10年来，我国建成投产的大型水电工程还有龙滩、拉西瓦、构皮滩、瀑布沟等。目前，我国已建、在建和拟建的单机70万千瓦及以上水轮发电机组超过120台（套）。在建的溪洛渡、向家坝、白鹤滩、乌东德等电站，单机容量从70万千瓦向80万千瓦乃至100万千瓦机组发展。我国大型水电机组的制造能力和水平正逐步达到世界先进水平。

5.5.2 我国水电建设技术成就

新中国成立以来，我国水电事业发展很快，坝工技术也有了长足的进步。除对常规坝型外，重点对碾压混凝土坝和钢筋混凝土面板堆石坝的设计和筑坝技术，开展了大规模的研究和广泛的应用。对在特定条件下建设高坝，如复杂地形、地质条件，高地震烈度区，在狭窄河谷宣泄大洪水等，进行过专题攻关。此外，还围绕设计与施工中的关键技术问题，开展了多学科的综合研究，取得了可喜的成就。

5.5.2.1 坝型的优选

从我国的资源、建筑材料和劳动力优化出发，优选坝型可以达到优化利用资源、改善生态环境、提高社会和经济效益的目的。在碾压混凝土坝、钢筋混凝土面板堆石坝和高薄拱坝等方面应用广泛，成就突出。

(1) 碾压混凝土坝　我国自1986年成功地建成第一座碾压混凝土坝以来，已建和正在设计的该类坝约有50座。已建、在建和即将开工建设的高度在100m以上的碾压混凝土坝有龙滩（216m）、江垭（131m）、百色（126m）、大朝山（121m）、棉花滩（111m）。龙滩水电站碾压混凝土量占65%左右，施工月高峰浇筑强度超过25万立方米，达到世界先进水平。

我国的碾压混凝土筑坝技术创立了自己的独特经验，以高掺粉煤灰、低稠度、薄层、全断面、快速短间歇连续填筑为特点的碾压混凝土筑坝技术在国际上独树一帜。

(2) 混凝土面板堆石坝技术　混凝土面板堆石坝是近二三十年发展起来的一种新坝型，我国的混凝土面板堆石坝虽然起步晚，但起点高、发展快。十多年来，已建、在建和拟建面板堆石坝坝高在100m以上的有10多座，如广西南盘江天生桥一级面板堆石坝坝高178m，贵州省乌江洪家渡面板堆石坝坝高232m。

除面板堆石坝和面板砂砾石坝坝型外，我国还创新发展出土心墙与混凝土面板坝结合的堆石坝、喷混凝土堆石坝、溢流面板堆石坝和趾板建在深厚覆盖层上的面板堆石坝等新坝型，对建在强地震区的混凝土面板坝（如黑泉面板坝，按8度设防）也有独到之处。

(3) 高混凝土拱坝技术　我国已经建成的高度超过30m的拱坝有300多座，是世界上拱坝最多的国家之一。20世纪80年代以来，我国陆续建成高度大于100m的拱坝多座。已建、在建和拟建的双曲拱坝有黄河李家峡（坝高165m，$B/H=0.163$）、雅砻江二滩（坝高250m，$B/H=0.232$）、乌江构皮滩（坝高225m）、黄河拉西瓦（坝高250m）等。尤其是在300m级特高混凝土拱坝专门技术和在高地震烈度区高拱坝的合理体型研究方面，在高拱坝应力控制标准、高拱坝建设全过程仿真技术、高拱坝设计判据理论依据、高拱坝孔口配筋理论、设计方法等方面的研究已经取得突破性进展，拥有坚实的科学理论依据。

以澜沧江小湾和金沙江溪浴渡为代表的我国混凝土双曲薄拱坝，代表了世界拱坝技术的最高水平。澜沧江小湾水电站坝高292m，泄洪总功率为46000GW（比雅窖江二滩水电站多7000GW），坝体受总水推力为170MN，地震基本烈度为8度。溪浴渡水电站坝高295m，泄洪总功率为100GW，地震烈度为8度。金沙江溪浴渡水电站坝体受总水推力为200MN，比世界最高水平高出2～3倍。

（4）混凝土重力坝筑坝技术　在我国的大坝建设中，混凝土重力坝是主要的坝型之一，长江三峡水电工程大坝（坝高175m）也是实体重力坝。长江三峡工程重力坝泄洪量大，泄洪建筑物结构复杂，大坝下泄千年一遇流量是68000m³/s，万年一遇加10%的洪水也都集中在坝身宣泄。坝身孔数之多、尺寸之大实属罕见。20世纪80年代以来，我国重力坝的设计理论与施工技术取得新的进步，在坝工设计中，广泛应用了有限单元分析法、可靠度设计理论、坝体优化、坝体温度应力仿真计算、断裂力学、坝体裂缝及扩展追踪、新的坝体泄洪消能工技术，为长江三峡工程等重力坝建设奠定了坚实的基础。

5.5.2.2　高坝大流量泄水建筑物及消能工技术

我国水电工程泄水建筑物的特点：一是高水头、大流量、窄河谷、单宽流量大；二是低水头、低佛氏数、宽河谷。这两种泄洪水流的消能工技术都是非常难处理的。世界上最大的伊泰普水电站的泄洪功率为500TW，而我国的大型电站（如二滩、构皮滩、小湾和溪浴渡等工程）消能要求大都是在河床宽80～110m的范围内，其泄洪功率接近或超过了500TW，如构皮滩为316TW，二滩为390TW，小湾为460TW，溪浴渡为980TW。

泄洪建筑物的消能工设计不仅要考虑水头高、流量大，而且要考虑高水头高速水流空化和有泥沙磨蚀的情况。在泄洪建筑物和消能工的研究方面，我国采取了多种途径和方式，如在设计泄洪安排上，采用联合消能工技术为一体，即坝身、坝上、隧洞和水垫塘联合消能，圆满地解决了实践中出现的技术难题。

5.5.2.3　钢筋混凝土引水岔管技术

在20世纪60年代，我国洪门口水电站引水管采用了钢筋混凝土岔管。90年代我国建成的广州天荒坪大型抽水蓄能电站，水头高达700～800m，引水岔管主洞直径为8～9m、支洞直径为3.5～4.2m，由于充分利用了围岩的支承作用，所以钢筋混凝土衬砌体厚仅为0.6m。通过对抽水蓄能电站钢筋混凝土引水岔管的安全进行的大量科学实验，更清楚了岔管和围岩联合受力，为今后设计和建造数量更多、难度更大的抽水蓄能电站积累了经验。

5.5.2.4　高坝地基及高边坡预应力锚固处理技术

在混凝土坝修建过程中，经常遇到不良的地质条件，如断层破碎带、节理、裂隙等密集带或软弱夹层，需要进行处理。我国在坝基不良地质处理方面，有代表性的工程之一是黄河龙羊峡水电站坝基的4号断层。这一断层系伟晶岩劈理带，在经过高压水泥灌浆处理后，又进行环氧化学灌浆和聚氨酯灌浆，使劈理带的变形模量、抗剪强度、单位吸水率都符合设计要求。其次是铜街子水电站，该工程地质复杂，断层、层间错动发育，含有较多软弱夹层，经过大坝部分全部采用深孔高压喷射冲洗，再进行固结灌浆处理，喷射压力、固结灌浆压力均达到施工要求。在坝基深厚覆盖层防渗处理方面，我国有代表性的工程是四川省南粒河冶勒水电站、二滩水电站上下游围堰河床和小浪底工程，防渗设计均有独到之处。

5.5.2.5　地下建筑物建设

据统计，我国已建和在建的水工隧洞有 400 余条，长达 400km，地下厂房 40 多座。如云南鲁布革水电站，其地下洞室群上下重叠，交错布置，共有 42 个洞室，总长为 3.12km，开挖量为 238 万立方米，地下厂房尺寸为 $18m \times 38.4m \times 125m$。二滩水电站的导流隧洞尺寸为 $17.5m \times 23m$，是我国目前开挖尺寸最大的隧洞。溪浴渡水电站，两岸各有 8 条泄洪、引水、交通、变电室等地下洞室群，地下厂房有 18 台机组，单机为 800MW，两座地下厂房分别布置在左右两岸山体内，将成为世界上规模最大的地下厂房。

在技术难度具有特色的小浪底工程，其泄洪、排沙、引水、发电、灌溉工程均为地下洞室，集中布置在左岸山体内，洞群密集、纵横交错，堪称世界地下工程建筑奇观。

5.5.3　我国水能资源的应用发展前景

我国丰富的水力资源，在整个能源资源中，其地位是举足轻重的。100 年后煤、石油、天然气等化石燃料将基本开采完，而水电仍可继续供用。况且，煤、石油等化学能源资源不单是一种能源，而且是化工、医药、纺织、轻工等重要而宝贵的工业原料。因此，优先开发水力，合理开发利用水力能源资源，具有广阔的发展前景。

21 世纪是中国水电大发展的时期，西部大开发和"西电东送"战略任务将支撑我国水电事业的腾飞，中国水电技术也将因此走在世界前列。

《中共中央关于制定国民经济和社会发展第十个五年计划的建议》明确指出：电源建设要发展水电、坑口大机组火电，建设龙滩、小湾、水布垭、构皮滩、三板溪、公伯峡、瀑布沟、溪浴渡和向家坝等大型水电站，国务院和国家计委在有关的"西电东送"工作会议上，明确"西电东送"要以水电为主，优先发展水电。这表明，党和国家对大力开发水电给予高度的重视，把大力开发水电作为实施西部大开发和"西电东送"战略的重要组成部分，为加快水利电力的开发创造了良好的机遇。2001—2010 年期间，三峡、龙滩、小湾、公伯峡、水布垭等一大批常规水电站建成发电，东部及部分中部缺少水电或接受西电的省、市、区还要建设一批大型的抽水蓄能电站。2010 年，水电装机容量达到 1.55 亿千瓦以上，我国的水电装机容量超过美国，居世界第一，完成从资源第一大国到生产第一大国的转变。2011～2049 年，我国人均装机以 1kW 计，全国总装机约为 15 亿千瓦。基本完成常规水利电力的开发，开发率达到 $85\% \sim 90\%$，装机约为 4.3 亿千瓦。"西电东送"的规模超过 1.0 亿千瓦，东中部受电区和风电发展比较集中的地区，抽水蓄能电站也将相应得到发展，装机规模将达到 0.7 亿千瓦。水电装机总量达到 5.0 亿千瓦，约占总装机比例的 33%。中国的水电技术将达到世界领先水平，进一步由生产数量上的水电第一大国，成为水电数量、质量、科技、管理、效益等方面全面领先、真正意义上的水电第一大国。

我国水力发电的未来发展趋势如下。

① 环保友好型、和谐发展水电技术是未来水电利用技术的主力军。

② 高新技术不断提升水电工程的技术含量，水电利用技术不断创新，相应的标准、规范不断完善。

③ 流域、梯级、滚动、综合的有序开发成为水电开发利用的重要趋势。

④ 抽水蓄能技术在未来水电中将大有作为。

⑤ 在保护生态基础上，科学规划、有序开发、加强管理，促进小水电的健康发展。

思考题

1. 什么叫径流调节、兴利调节和洪水调节？

2. 什么是调节周期、补偿调节和反调节？

3. 简述水力发电的优点。

4. 简述水能开发方式与水电站基本类型。

5. 简述水力发电系统的基本构成。

6. 简述水电站的水工建筑物。

7. 试述我国水能发展现状。

在线试题

参考文献

[1] 鄂勇，伞成立. 能源与环境效应. 北京：化学工业出版社，2006.
[2] 刘琳. 新能源. 沈阳：东北大学出版社，2009.
[3] 陈祖安. 中国电力百科全书水力发电卷. 北京：中国电力出版社，1995.
[4] 韦港. 水利水电工程地质实例剖析. 北京：中国地质大学出版社，1997.
[5] 陈祖安. 水利水电工程应用概述及设想规划. 水利水电工程地质，2006，12 (17)：44-49.
[6] 崔振才. 水文及水利水电规划. 北京：中国水利水电出版社，2007.
[7] 陈惠源，万俊. 水资源开发利用. 武汉：武汉大学出版社，2001.
[8] 黄强，王义民. 水能利用. 第四版. 北京：中国水利水电出版社，2009.
[9] 刘荣厚. 新能源工程. 北京：中国农业出版社，2006.
[10] 邹冰. 水利工程概论. 北京：中国水利水电出版社，2006.
[11] 何晓科，殷国仕. 水利工程概论. 北京：中国水利水电出版社，2007.
[12] 李全林. 新能源与可再生能源. 南京：东南大学出版社，2008.
[13] 吴宗鑫，陈文颖. 以煤为主多元化的清洁能源战略. 北京：清华大学出版社，2001.
[14] 鲁楠. 新能源概论. 北京：中国农业出版社，1995.
[15] 颜竹立. 水能利用. 北京：水利电力出版社，1986.
[16] 连建栋. 水能利用. 北京：水利电力出版社，1993.
[17] 邢运民，陶永红. 现代能源与发电技术. 西安：西安电子科技大学出版社，2007.
[18] 张超. 水电能资源开发利用. 北京：化学工业出版社，2005.
[19] 马可. 环境与可持续发展导论. 北京：科学出版社，2000.
[20] 施嘉炀. 水资源综合利用. 北京：中国水利水电出版社，1996.

第6章 海洋能

　　地球表面被陆地分割为彼此相通的广大水域称为海洋。海洋是一个新兴的具有战略意义的开发领域，海洋拥有地球上最丰富的资源。到目前为止，人类探索的海洋只有5%，还有95%的海洋未知。随着海洋科学技术的发展，人们发现海洋中蕴藏着许多资源，远远超过了陆地上已知的同类资源的蕴藏量。从海水到海底或海底以下，都蕴藏着极其丰富的资源。目前，海洋领域备受重视的开发利用主要集中在海洋油气开采和海洋能资源开发利用两个方面。

6.1 概述

6.1.1 海洋资源及海洋能

　　海洋是一个巨大的能源宝库，也被称为能量之海。地球表面积约为 $5.10 \times 10^8 km^2$，其中，海洋面积达 $3.61 \times 10^8 km^2$，占 70.9%。从分布状况来看，北半球海洋占 60.7%，南半球海洋占 80.9%。以海平面计，全部陆地的平均海拔约为840m，而海洋的平均深度却为3800m，整个海水的容积多达 $1.37 \times 10^9 km^3$。世界上最深的海是太平洋的马里亚纳海沟，其深度达11034m。典型海域的基本数据见表6-1。

表6-1　典型海域的面积、体积和平均海深

地区	面积 /$\times 10^6 km^2$	体积 /$\times 10^6 km^3$	平均海深 /m
日本海	1.008	1.361	1350
白令海	2.268	3.259	1470
鄂霍次克海	1.528	1.279	838
东海	1.249	0.235	188
太平洋(包括缘海)	179.679	723.699	4028
大西洋(包括缘海)	106.463	354.679	3332
印度洋(包括缘海)	74.917	291.945	3897

海洋中生物资源极其丰富，海洋中生活着 16 万～20 万种动物，其中鱼类 2.5 万多种，软体动物和甲壳动物 4 万多种。在海水中生长着的植物中仅藻类就有 10 万种之多，它们是人类潜在的巨大食物资源。海洋中还蕴藏着丰富的矿产资源，并拥有地球半数以上石油、天然气资源。一望无际的大海不仅为人类提供航运、水源和丰富的矿藏，它还能将太阳能以及派生的风能等以热能、机械能等形式蓄积在海水里，蕴藏着巨大的能量。21 世纪海洋将在为人类提供生存空间、食品、矿物、能源以及水资源等方面发挥重要作用，扮演重要角色。

海洋能通常是指一种蕴藏在海水中，并通过海水自身呈现可再生的清洁能源，它既不同于海底或海底下储存的煤、石油、天然气、热液矿床等海底能源资源，也不同于溶存于海水中的铀、氘、氚等化学能源资源。狭义上，它是波浪能、潮汐能、海水温差能、海流（潮流）能和盐度差能的统称。更广义的海洋能还包括海洋上空的风能、海洋表面的太阳能以及海洋生物质能等。从成因上来看，海洋能是由太阳能辐射加热海水、天体（主要是月球、太阳）与地球相对运动中对海水的万有引力、地球自转力等因素的影响下产生的，因而是一种取之不尽、用之不竭的可再生能源。人们在一定的条件下可以把这些海洋能转换成电能、机械能或其他形式的能，供人类使用，开发海洋能不会产生废水、废气，也不会占用大片良田，更没有辐射污染，因此，海洋能被称为 21 世纪的绿色能源，是具有开发价值的能源。

6.1.2 海洋能分类

海洋能按能量的储存形式可分为机械能（也称流体力学能）、热能和物理化学能。按能量的表现形式包括波浪能、潮汐能、海洋温差能、海流能和海洋盐度差能等。其中海水温差能是一种热能，潮汐能、海流（潮流）能、波浪能都是机械能，河口水域的海水盐度差能是物理化学能。

（1）波浪能 波浪能是指海洋表面波浪所具有的动能和势能，由风引起的海水沿水平方向周期性运动所产生的能量。波浪的能量与波高的平方、波浪的运动周期及迎波面的宽度成正比。波浪能的缺点是它是海洋能源中能量最不稳定的一种能源。其优点是资源丰富，例如，大浪对 1m 长的海岸线所做的功，每年约为 100MW。波浪能丰富的欧洲北海地区，其年平均波浪功率也为 20～40kW/m，我国海岸大部分的年平均波浪功率密度为 2～7kW/m。全球海洋的波浪能达 7×10^7 MW，可供开发利用的波浪能为 $(2～3) \times 10^6$ MW，年发电量可达 9×10^{13} kW·h。我国波浪能约有 7×10^4 MW，其中浙江、福建和台湾沿海为波浪能丰富的地区。

（2）潮汐能 潮汐是地球与月球、太阳作相对运动时产生的作用于地球上海水的引潮力，使地球上的海水形成周期性的涨落潮现象，因海水涨落及潮水流动所产生的能量称为潮汐能，其主要利用方式为发电。全世界海洋的潮汐能约有 3×10^6 MW。若用来发电，年发电量可达 1.2×10^{12} kW·h。我国潮汐能蕴藏量丰富，约 1.1×10^5 MW，年可发电量近 2.75×10^{11} kW·h，其中可开发的约为 3.58×10^4 MW，年发电量 8.70×10^{10} kW·h。目前世界上最大的潮汐电站是法国的朗斯潮汐电站，我国的江夏潮汐实验电站为国内最大。我国有 11 个省、市、自治区有潮汐能资源。其中，浙江和福建两省的蕴藏量最大，且港湾地形优越，潮差较大，有利于开发；其他蕴藏较多的省有山东、广东、辽宁等。

（3）海水温差能 海水温差能又称海洋热能，是海洋表层海水和深层海水之间水温之差而产生的热能。一方面，在热带和亚热带海区，由于太阳照射强烈，海水表面大量吸热，温度升高，而在海面以下 40m 以内，90% 的太阳能被吸收，所以 40m 水深以下的海水温度很低。热带海区的表层水温高达 25～30℃，而深层海水的温度只有 5℃ 左右，表层海水和深层海水之间存在的温差，蕴藏着丰富的热能资源。另一方面，接近冰点的海水大面积地在不到 1000m 的深度从极地缓缓地流向赤道，这样，就在许多热带或亚热带海区终年形成 20℃ 以上的垂直海水温差，利用这一温差可以实现热力循环并发电。世界海洋的温差能达 5×10^7 MW，而可能转换为电能的海洋温差能仅为 2×10^6 MW。我国可利用的温差能约为 1.5×10^6 MW，其中 99％ 在中国南海。

(4) 海流(潮流)能　海流能是指海水流动的动能，主要是指海底水道和海峡中较为稳定的流动，以及由于潮汐导致的有规律的海水流动能量。相对海浪能而言，海流能的变化要平稳且有规律得多。潮流能随潮汐的涨落每天大小和方向都会改变两次。一般来说，最大流速在 2m/s 以上的水道，其海流能均有实际开发的价值。海流能遍布世界各大洋，全世界可利用的海流能理论估算值约为 5×10^4 MW；根据我国各种观测和分析资料统计，我国海流能的蕴藏量年平均功率理论值为 3×10^4 MW。我国的海流能属于世界上功率密度最大的地区之一，其中辽宁、山东、浙江、福建和台湾沿海部分水道的海流能量为 15～30kW/m^2，特别是浙江舟山群岛的金塘、龟山和西侯门水道，平均功率密度在 20kW/m^2 以上，开发环境和条件很好。

(5) 盐度差能　盐度差能指海水和淡水之间，或者两种盐浓度不同的海水之间的化学定位能，主要存在于江河入海口含盐量高的海水与江河流的淡水之间。盐度差能是海洋能中能量密度最大的一种可再生能源。通常，海水(3.5％盐度)和河水之间的盐度差能有相当于 240m 水头的位差能量。这种位差可以利用半渗透膜在盐水和淡水交接处实现，利用这一水位差就可以直接由水轮发电机发电。全世界海洋可利用的盐度差能约为 2.6×10^6 MW。我国盐度差能的蕴藏量约为 1.1×10^5 MW，主要集中在各大江河的出海处。

6.1.3　海洋能资源的特点

蕴藏于海水中的海洋能具有其他能源未具备的以下特点。

① 能量密度低，但蕴藏量大。海洋能单位体积、单位面积、单位长度所拥有的能量较小，如潮汐能的潮差较大值为 13～15m，我国最大潮差杭州湾澉浦仅为 8.9m，平均潮差较大值为 4～5m；潮流能的流速世界较大值为 5m/s，我国最大值(舟山海区)达 4m/s 以上；海流能的流速较大值为 1.5～2.0m/s，要想得到大能量，就得从大量的海水中获得，海洋总水体中的蕴藏量巨大。海洋可再生能源估计值见表 6-2。

表 6-2　海洋可再生能源估计值

资源种类	发电量/(TW·h/a)	能量/(EJ/a)
潮汐能	22000	79
波浪能	18000	65
温度差能	2000000	7200
盐度差能	23000	83
总计	2063000	7424

注：资料来源：WEC, 1998；WEC, 1994；Cavanch et al, 1993。

② 海洋能具有非耗竭、可再生性。海洋能来源于太阳辐射能与天体间的万有引力，只要太阳、月球等天体与地球共存，海洋就会永不间断地接受着太阳辐射和月亮、太阳的作用，这种能源就会再生，就会取之不尽，而且海洋能的再生不受人类开发活动的影响，因此

没有耗竭之虞。

③ 海洋能有稳定与不稳定能源之分。较稳定的为温度差能、盐度差能和海流能。不稳定能源分为变化有规律与变化无规律两种。属于不稳定但变化有规律的有潮汐能与潮流能。人们根据潮汐与潮流变化规律，编制出各地逐日逐时的潮汐与潮流预报，预测未来各个时间的潮汐大小与潮流强弱。潮汐电站与潮流电站可根据预报表安排发电运行，既不稳定又无规律的是波浪能。

④ 海洋能属于清洁能源，海洋能开发，其本身对环境污染影响很小。海洋能发电不消耗一次性化石燃料，几乎都不伴有氧化还原反应，不向大气排放有害气体和热，因此也不存在常规能源和原子能发电存在的环境污染问题。

⑤ 开发环境严酷，一次性投资大，转换装置造价高。开发海洋能资源都存在能量密度低，受海水腐蚀，海生物附着，大风、巨浪、强流等环境动力作用影响等问题，致使转换装置设备庞大、要求材料强度高、防腐性能好、投资大、造价高，因而开发利用海洋能的技术难度大。

6.1.4 海洋能开发利用及其意义

20 世纪 70 年代，人们开始认识到，矿物燃料开始枯竭，开发新能源已经刻不容缓。除了核能与太阳能外，海洋能作为新能源，越来越被人们所关注。从 20 世纪 80 年代以来，不少工业发达国家都在积极研究开发利用海洋能源，不同形式的能量有的已被人类利用，有的已列入开发利用计划。

在《联合国气候变化框架公约》以及哥本哈根世界气候大会的背景下，我国政府于 2009 年 11 月 25 日率先公布了控制温室气体排放的行动目标，即到 2020 年单位国内生产总值的二氧化碳排放比 2005 年下降 40%～50%，并将其作为约束性指标纳入国民经济和社会中长期发展规划，制定了新能源和可再生能源产业发展规划，制定并颁布了《中华人民共和国可再生能源法》。开发利用海洋能是实现这一行动目标的重要途径之一。初步估计，我国近海海洋能理论装机容量的总和超过 27.5 亿千瓦，是 2009 年我国电力总装机容量的 3 倍。海洋能的开发利用可有效缓解东部沿海特别是海岛地区的能源紧缺问题，对于优化我国能源结构、促进清洁能源开发、应对气候变化、发展低碳经济等具有重要的战略意义。

6.2 海洋能的开发技术

海洋能源技术就是利用海洋的潮汐、波浪、海流（潮流）及温差等使其发生转换进行发电或产生热力的技术。生产电力的发电方式主要包括潮汐能发电、波浪能发电、潮流能发电和温差能发电等。

6.2.1 潮汐能发电技术

由于电能具有易于生产、便于传输、使用方便、利用率高等一系列优点，因而利用潮汐的能量来发电目前已成为世界各国利用潮汐能的基本方式。潮汐发电是海洋能发电的一种，是海洋能利用中发展最早、规模最大、技术较成熟的一种。但时至今日，由于认识及资金等原因，人类对于潮汐能的利用还远远不足。

6.2.1.1 潮汐能发电技术原理

潮汐能发电是利用潮水涨、落产生的水位差所具有的势能来发电的，其发电原理与一般的水力发电差别不大。从能量转换的角度来说，潮汐能发电首先是把潮汐的动能和位能通过水轮机转变成机械能，然后再由水轮机带动发电机，把机械能转变为电能。具体来说，潮汐能发电就是在海湾或有潮汐的河口建一个拦水堤坝，把靠海的河口或海湾同大海隔开，造成一个天然的水库，在大坝中间留一个缺口，并在缺口中安装上水轮发电机组。在涨潮时，海水从大海通过缺口流进水库冲击水轮机旋转，从而带动发电机发电；在落潮时，海水又从水库通过缺口流入大海，从相反的方向带动发电机组发电。这样，海水一涨一落，电站就可源源不断地发电。潮汐发电的原理如图 6-1 所示。

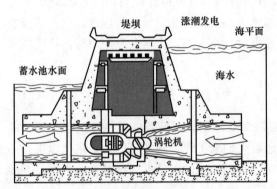
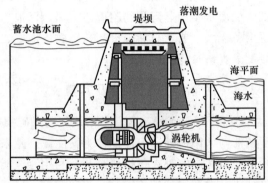

图 6-1　潮汐发电的原理

潮汐能发电技术优点主要有以下几点。

① 潮汐能是一种清洁、不污染环境、不影响生态平衡的可再生能源。

② 它是一种相对稳定的可靠能源，潮汐的涨落具有规律性，可以做出准确的长期预报，很少受气候、水文等自然因素的影响。因而供电量稳定可靠，可长年发电。

③ 潮汐发电不需要淹没大量农田构成水库，因此不存在人口迁移、淹没农田等复杂问题。

④ 潮汐电站不需要筑造高大水坝，即使发生地震等自然灾害，水坝受到破坏，也不至于对下游城市、农田、人民的生命财产等造成严重的灾害。

⑤ 潮汐能开发一次能源与二次能源相结合，不消耗化石燃料，不受一次能源价格的影响，而且运行费用低，是一种经济能源，但也和河川水电站一样，存在一次投资大、运行费用低等特点。

⑥ 机组台数多，不用设置备用机组。

6.2.1.2 潮汐发电方式和电站的类型

潮汐发电按能量形式的不同可分为两种：一种是利用潮汐的动能发电，就是利用涨落潮水的流速直接去冲击水轮机发电；另一种是利用潮汐的势能发电，就是在海湾或河口修筑拦潮大坝，利用坝内外涨、落潮时的水位差来发电。

（1）单库潮汐电站　单库式的潮汐电站是最早出现且最简单的潮汐电站，通常这种电站只有一个大坝，其上建有发电厂及闸门，如图 6-2 所示。

目前，单库潮汐电站有两种主要的运行方式，即双向运行和单向运行。

① 单库单向式潮汐电站。单库单向式潮汐电站也称单效应潮汐电站，顾名思义，单库

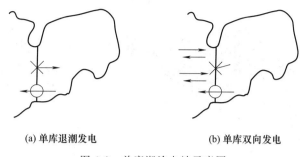

(a) 单库退潮发电   (b) 单库双向发电

图 6-2 单库潮汐电站示意图

单向运行是指电站仅建一个水库调节进出水量，以满足发电的要求，且电站只沿一个水流方向进行发电，通常是单向退潮发电。在整个潮汐周期内，电站的运行按下列 4 个工况进行，如图 6-3 所示。

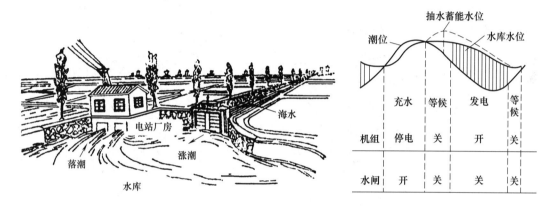

图 6-3 单库单向式潮汐电站的布置及运行工况

a.充水工况。电站停止发电，开启水闸，潮水经水闸和水轮机进入水库，至水库内外水位齐平为止。

b.等候工况。关闭水闸，水轮机停止过水，保持水库水位不变，海洋侧因落潮而水位下降，直到水库内外水位差达到水轮机组的启动水头。

c.发电工况。开动水轮发电机组进行发电，水库的水位逐渐下降，直到水库内外水位差小于机组发电所需要的最小水头为止。

d.等候工况。机组停止运行，水轮机停止过水，保持水库水位不变，海洋侧水位因涨潮而逐步上升，直到水库内外水位齐平，转入下一个周期。

这种电站只能在落潮时单方向发电，所以每日发电时间较短，发电量较少，在每天有两次潮汐涨、落的地方，平均每天仅可发电 10~12h，潮汐能得不到充分的利用，一般电站效率仅为 22%。

单向运行方式也可是涨潮单向发电，这一方式的发电量比退潮发电少，较少被电站采用。这主要是因为涨潮发电运行时的水库水位上涨速度比退潮发电运行时的水库水位下降速度快。

② 单库双向式潮汐电站。单库双向式潮汐电站也只用一个水库，但是在涨潮、落潮时沿两个水流方向均可发电。只有在平潮时，即水库内外水位相平时，才不能发电。单库双向式潮汐电站有等候、涨潮发电、充水、等候、落潮发电、泄水 6 个工况。其电站布置及运行工况如图 6-4 所示。

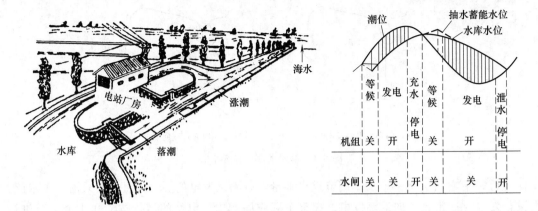

图 6-4　单库双向式潮汐电站的布置及运行工况

（2）双库潮汐电站　为了克服单库方案发电不连续的问题，采用双库方案。双库方案有两种，即双库连接方案和双库配对方案，如图 6-5 所示。

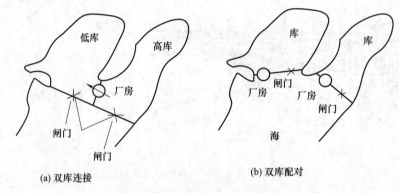

(a) 双库连接　　　　　(b) 双库配对

图 6-5　双库潮汐电站示意图

双库式潮汐电站连接方案如图 6-5（a）所示，两库之间建发电厂，一个水库设有进水闸，仅在潮位比库内水位高时引水进库；另一个水库设有泄水闸，仅在潮位比库内水位低时泄水出库。这样，前一个水库的水位便始终较后一个水库的水位高，故前者称为上水库或高水位库，后者则称为下水库或低水位库。水轮机进水侧在高水位库，出水侧在低水位库，其电站布置及运行工况如图 6-6 所示。为增加发电量，应选两库中较小的一个为高水位库。高水位库闸门在高潮位时打开，让潮水进入，以保持其高水位；当海潮由高潮位下落至一定值时，此闸门关上，防止库水流出，这样，高水位库与低水位库之间终日保持着水位差，水流即可终日通过水轮发电机组不间断地发电。这种形式的电站需建 2 座或 3 座堤坝、2 座水闸，工程量和投资较大。但由于可连续发电，因此其效率较第一种形式的电站要高 34% 左右。此外，这种电站易于和火电、水电或核电站并网，进行联合调节。

双库式潮汐电站配对方案如图 6-5（b）所示。双库配对方案的实质就是将两个单库电站配对使用，相互补充，克服单库电站的缺点。由于灵活性是这一方案的主要优点，因此参加配对的两个电站应设置为双向运行方式。根据电网需求的不同，配对的方式有多种。

（3）发电结合抽水蓄能式潮汐电站　为了使涨潮进水时获得更高的水库水位，可以采用泵水的方法。即在海潮位达到最高而又未开始进行退潮正向发电之前，用泵从海侧向库侧泵水，使水库水位进一步提高，以增加退潮时的发电量。虽然泵水需要耗电，但由于泵水时的

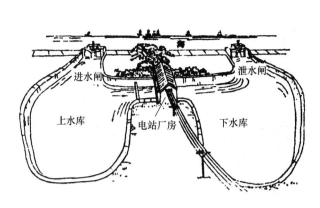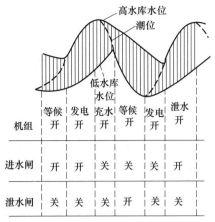

机组	等候开	发电开	充水开	等候开	发电开	泄水开
进水闸	开	开	关	关	关	开
泄水闸	关	关	关	开	关	关

图 6-6　双库单向式潮汐电站的布置及运行工况

扬程低于发电时的落差，发电量比耗电量多，所以此法是有利的。另外，水位的提高有利于增强电站的灵活性，延长发电时间。若泵水功能由水轮机来完成，即选用多工况水轮机，如法国朗斯潮汐电站所用的 6 工况水轮发电机（双向发电、双向泵水、双向泄水）则运行起来较方便，且可减少大坝费用。具体做法如下。

① 对于单向发电，涨潮时开闸进水；平潮时将水抽入水库，这时是低水头抽水，耗电小；落潮时放水发电，因增加了有效水头、水量，故发电量得到了提高。

② 对于双向发电，涨潮时进水发电；平潮时将水抽入水库，以增加出水发电的有效水头；落潮时放水发电，泄水完毕时将水库内残存的水往海中抽，以增加进水发电的有效水头，这时也是低水头抽水，耗电省。

上述四种形式的电站各有特点、各有利弊，在建设时，要根据当地的潮型、潮差、地形、电力系统的负荷要求、发电设备的组成情况以及建筑材料和施工条件等技术经济指标综合进行考虑，慎重加以选择。

6.2.1.3　潮汐能发电站的组成

潮汐能发电站是由几个单项工程综合而成的建设工程，主要由拦水堤坝、水闸和发电厂三部分组成。有通航要求的潮汐能发电站还应设置船闸。

（1）拦水堤坝　拦水堤坝建于河口或港湾地带，用来将河口或港湾水域与外海隔开，形成一个潮汐水库。其作用是利用堤坝构成水库内、外的水位差，并控制水库内的水量，为发电提供条件。堤坝的种类繁多，按所用材料的不同可分为土坝、石坝和钢筋混凝土坝等。近年来，利用橡胶坝的结构形式和采用爆破方法进行基础处理的施工方法日渐增多，取得了较好的效果。

① 土坝。土坝分为单种土质坝和多种土质坝两种。单种土质坝施工比较简单，但如果单种土料数量不够，就只能采用多种土料。如果单质土壤是非黏性土，阻水性能差，则必须在坝内夹筑一道黏性土壤的心墙，以起到挡水的作用。如果坝建于非黏性土壤的基础上，还应在心墙之外再设置板桩或深的齿墙，使之与不透水的黏土层或岩石层连接，以达到从上到下都起挡水作用的目的。如不透水层很深，则可将隔水墙沿坝的上游坡脚向上游方向水平延伸，以增强坝的阻水能力。土坝可以采用当地的土料，结构简单，投资较少，对地基要求不高，岩基和土基均能适应，但在雨期长的地区则施工比较困难。土坝的横断面如图 6-7 所示。

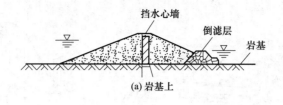

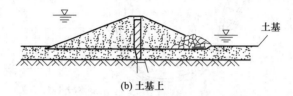

图 6-7　土坝横断面示意图

② 石坝。石坝分为堆石坝和干砌石坝两种。堆石坝横断面如图 6-8 所示。

堆石坝的横断面和土坝差不多，也是靠堆石的自然坡度来维持稳定。断面的两边是用不同大小的石块堆积而成的，以使坝体稳定。坝的中间要设置隔水心墙，或设置沿上游边坡倾斜的隔水墙。隔水墙有的由混凝土或钢筋混凝土建造，也有的由黏土填筑而成。采用黏土隔水墙时，应在墙的上、下游两面均设置颗粒由小到大分层排列的倒滤层，以防止黏性土壤颗粒被渗水冲走。当堆石坝较高时，要求应有岩石基础，以防止不均匀沉陷导致的隔水墙破坏。

干砌石坝对于石块的大小和形状要求较高，劳动力需要量也较大，并且需要较多有经验的砌石工，不便于机械化施工，因而造价较高，一般很少采用。

③ 钢筋混凝土坝。这种坝有的筑成平板式挡水坝，有的筑成重力式挡水坝。平板式挡水坝是把钢筋混凝土的挡水平板支撑于两端的支撑墩上建成的，它要求各支撑墩间没有不均匀沉陷，因而最好建于岩石基础上，在土基上建造时需设置坝的底板，以尽量减少支撑墩间的不均匀沉陷。平板坝如图 6-9 所示。重力式挡水坝主要依靠坝体本身的重量来维持稳定，如果全用混凝土，则混凝土用量太大，很不经济，因此目前多采用先制成钢筋混凝土箱形结构，然后在箱内填放块石或砂卵石等，以增大其自身质量。

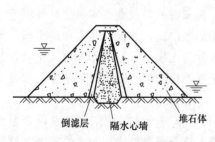

图 6-8　堆石坝横断面示意图

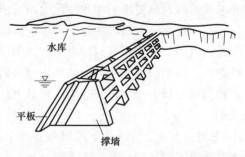

图 6-9　平板坝（适用于单向水位的挡水工程）

④ 浮运式钢筋混凝土沉箱堵坝。上述几种坝型都要在坝址周围先造围堰挡水，以便施工，故增加了工程量，提高了造价，工期也较长。为解决该问题，近年来研究开发出了浮运式钢筋混凝土沉箱堵坝，并已在工程上广为采用。这种坝是在岸上预制好钢筋混凝土箱式结构，然后将其浮运至建坝地点，沉放到预先处理好的河床坝基上面，接着在沉箱之间用挡水

板及砂土等填充物将它们连接成为一个整体。这种坝也是依靠坝身的重量来维持稳定，因而严格地说，也属于重力坝，只是建造方法不同。这种坝不需建造围堰，可在坝基上直接浇灌，施工较简便，因而工程量、资金、劳动力均较少，工期也较短。另外，采用围堰施工对防洪、排涝、防潮、航运等会有一定的影响，而采用浮运式沉箱建坝对上述各方面干扰较少，因而在目前这种坝是比较先进的。

（2）水闸　水闸用来调节水库的进出水量，在涨潮时向水库进水，在落潮时从水库往外放水，以调节水库的水位，加速涨、落潮时水库内、外水位差的形成，从而缩短电站的停机时间，增加发电量。水闸的另一作用是在洪涝和大潮期间用来加速库内水量的外排，或阻挡潮水侵入，控制库内最高、最低水位，使水库迅速恢复到正常的蓄水状态，同时满足防洪、排涝、挡潮、抗旱、航运等多方面的水利要求。水闸的闸墩、闸底板等一般均采用钢筋混凝土制成，但当闸孔不宽、闸内外水位差不大且当地石料较多时，也可采用浆砌块石建造。这种闸目前多采用平底的宽顶堰形式，这种形式泄流比较稳定，施工也较方便。闸门可用木材、钢材和钢筋混凝土制造。闸门形式一般有平面和弧形两种，结构比较简单。闸的施工方法主要有现场浇筑和预制浮运两种。

（3）发电厂　发电厂是直接将潮汐能转变为电能的机构。发电厂的设备主要有水轮发电机组、输配电设备、起吊设备、中央控制室和下层的水流通道及阀门等。其中最关键的设备是水轮发电机组。潮汐电站的水轮发电机组有竖轴式机组、卧轴式机组和贯流式机组3种基本结构形式，如图6-10～图6-13所示。

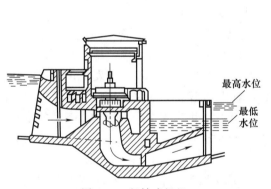

图 6-10　竖轴式机组

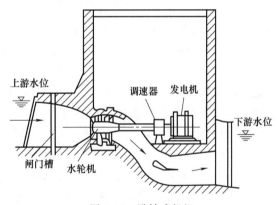

图 6-11　卧轴式机组

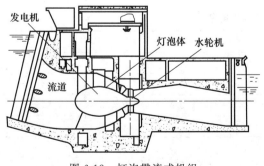

图 6-12　灯泡贯流式机组

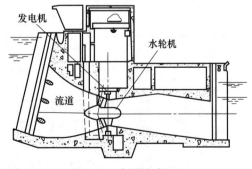

图 6-13　全贯流式机组

6.2.1.4 潮汐发电应用

19世纪末,法国工程师布洛克首先提出了一个在易北河下游兴建潮汐能发电站的设计构想。1912年,德国首先在石勒苏益格-荷尔斯太因州的苏姆湾建成了一座小型潮汐能发电站;接着,法国在布列太尼半岛兴建了一座容量为1865kW的小型潮汐能发电站。近30多年来,由于扩大能源来源的要求日益增长,法国、英国、俄罗斯、加拿大、美国等潮汐能资源丰富的国家都在进行潮汐能发电的开发建设。目前,世界潮汐能发电站总装机容量为265GW,年发电量约 $6 \times 10^8 \text{kW} \cdot \text{h}$,是海洋能中技术最成熟且利用规模最大的一种。据世界动力会议估算,目前约有近百个站址可建设大型潮汐能发电站,能建设小型潮汐能发电站的地方则更多,到2020年全世界潮汐发电量将达到1亿~3亿兆瓦。表6-3为世界上正在运行的大型潮汐电站。

表6-3 世界上正在运行的大型潮汐电站

国家	站址	库区面积/km²	平均潮差/m	装机容量/MW	投入运行时间
法国	朗斯	17	8.5	240	1966年
加拿大	安娜波利斯	6	7.1	20	1984年
俄罗斯	基斯拉雅	2	3.9	0.40	1968年
中国	江厦	2	5.1	3.20	1980年

潮汐电站与其他形式的发电站的区别之一,就是综合利用条件较好。一些潮汐能丰富的国家,都在进行潮汐能发电的研究工作,使潮汐电站的开发技术趋于成熟,建设投资有所降低。现已建成的国内外具有现代水平的潮汐电站,大都采用单库双向型。

世界上规模最大的潮汐电站是法国的朗斯潮汐电站,位于法国西北部,在流入英法海峡的朗斯河口2.5km处,该处最大的潮差为13.5m,是世界上最著名的潮差地点之一。电站于1961年元月动工,1966年8月首台机组发电,1967年12月全部竣工。发电设备置于坝内,共有24台单机容量10MW的水车(4叶片、横轴圆桶形卡卜兰式水轮机)和可逆式灯泡发电机组,年发电量为544GW·h。在20世纪60年代,朗斯发电厂使用的设备和技术都是世界顶尖水平。四十余年过去了,发电机组仍然安全地运行着。目前,朗斯发电厂是布列塔尼地区供电量最大的发电厂,其发电量可以满足一座30万人口的城市的需要。

目前我国沿海一带已建成了8座小型潮汐电站,具体见表6-4。其中1980年5月建成的江夏潮汐电站是我国第一座单库双向潮汐电站,也是目前世界上较大的一座双向潮汐电站,装五台机组,总装机容量32MW。

表6-4 中国主要潮汐电站

站名	潮差/m	容量/MW	运行时间	站名	潮差/m	容量/MW	运行时间
江厦	5.1	3.2	1980年	海山	4.9	0.15	1975年
白沙口	2.4	0.64	1978年	沙山	5.1	0.04	1961年
幸福洋	4.5	1.28	1989年	浏河	2.1	0.15	1976年
岳浦	3.6	0.15	1971年	果子山	2.5	0.04	1977年

目前制约潮汐能发电的因素主要是成本因素,由于常规电站廉价电费的竞争,建成投产的商业用潮汐电站不多。然而,由于潮汐能蕴藏量的巨大和潮汐能发电的许多优点,人们还是非常重视对潮汐能发电的研究和试验。潮汐能发电是一项潜力巨大的事业,经过多年来的

实践，在工作原理和总体构造上基本成型，可以进入大规模开发利用阶段，随着科技的不断进步和能源资源的日趋紧缺，潮汐能发电在不远的将来将有飞速的发展，潮汐能发电的前景是广阔的。

6.2.2　波浪能发电技术

6.2.2.1　波浪发电的原理

海浪是发生在海洋中的一种波动现象，又称波浪。海洋中的波浪是海水的重要运动形式之一，它的产生是外力、重力与海水表面张力共同作用的结果。

波浪发电的原理主要是将波力转换为压缩空气来驱动空气透平发电机发电。波浪能转换的能量转换过程主要有三个阶段：第一级是吸能装置；第二级是能量传递机构，其目的是要把低速、低压即低品位波能变成高品位的机械能；第三级是发电机系统等，图 6-14 所示为波浪能转换流程。

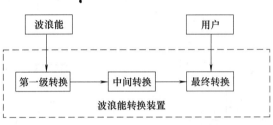

图 6-14　波浪能转换流程

（1）第一级转换　第一级转换是指将波能转换为装置实体所特有的能量。因此，要有一对实体，即受能体和固定体。受能体必须与具有能量的海浪相接触，直接接受从海浪传来的能量，通常转换为本身的机械运动；固定体相对固定，它与受能体形成相对运动。

波力装置有多种形式，如浮子式、鸭式、筏式、推板式、浪轮式等，它们均为第一级转换的受能体。图 6-15（a）～（d）是几种常见的受能体。此外，还有蚌式、软袋式等受能体，如图 6-15（e）～（h）所示，是由柔性材料构成的。水体本身也可直接作为受能体，设置库室或流道容纳这些受能水体，例如波浪越过堤坝进入水库，然后以位能形式蓄能。但是通常的波能利用，大多靠空腔内水柱振荡运动作为第一级转换。

按照第一级转换的原理不同，波能的利用形式可分为活动型、振荡水柱型、水流型、压力型四类。压力型主要是利用波浪的压力使气袋压缩和膨胀，然后通过压力管道做功。几种常见的波能转换形式见表 6-5。

按装置在海上不同的布置和不同的吸能效果，大概分成点吸式、衰减式、截止式三类。

① 点吸式。单体的浮体锚泊在离岸水较深的海域，浮体随着波浪运动而上下垂荡和摆荡，当浮体的垂荡固有频率或纵摇固有频率与波浪运动的频率相同时，浮体运动的幅度异常增大，像无线电波一样，让该频率能与波浪的最高能量波发生共振，达到最大的吸能效果。在宽造波水池里，可以看到单点的浮体迎面来的入射波的波峰线是以浮体为圆心的弧线，这说明浮体吸收的不单单是浮体迎面宽度的波浪能，而是更大角度范围的波浪能，即点吸式的浮体有聚波的功能。

② 衰减式。多个单元漂浮的波浪能转换装置连接成一线，像木排一样面向外海面，多数是迎着来波方向布置，也可以是顺着来波方向布置。大部分入射波的波浪能被装置吸收，

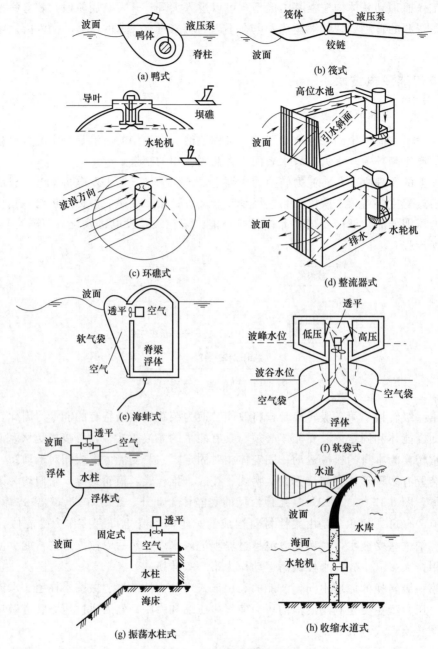

图 6-15　几种常见的受能体

表 6-5　几种常见的波能转换形式

类　　型	一级转换	研制国家	原理及特征
活动型	鸭式	英国	浮体似鸭,液压传动,转换效率 90%,用于发电
	筏式	英国	铰接三面筏,随波摆动,液压传动,发电用
	蚌式	英国	软袋浮体,压缩空气驱动发电机发电
	浮子式	英国	浮筒起伏运动,带动油泵,用于发电

续表

类 型	一级转换	研制国家	原理及特征
振荡水柱型	鲸鱼式	日本	浮体似鲸鱼,振荡水柱驱动空气发电机发电
	"海明"号	日本	波力发电船,12个气室,长80m,宽12m
	浮标灯	日本、英国、中国	浮标中心管水柱振荡,汽轮机发电
	岸坡式	挪威	多共振荡水柱,汽轮机发电
水流型	收缩水道	挪威	采用收缩水道将波浪引入水库,水轮机发电
	推板式	日本	波浪推动挡板,液压传动,用于发电
	环礁式	美国	波浪折射引入环礁中心,水轮机发电
压力型	柔性袋	美国	标床上固定气袋,压缩空气,汽轮机发电

少部分入射波绕到装置后面的水域,使装置后面水域的波浪相对平静,有消波的作用。

③ 截止式。多个单元的波浪能转换装置连成一线坐立在离海岸不远的水域,像防波堤一样阻挡从外海来的波浪,或者是坐立在海边的岩石上,大部分入射波能被装置吸收,少部分被反射回大海。

从波浪发电的过程看,第一级收集波能的形式是先从漂浮式开始,要想获得更大的发电功率,用岸坡固定式收集波能更为有利,并设法用收缩水道的办法提高集波能力。所以大型波力发电站的第一级转换多为坚固的水工建筑物,如集波堤、集波岩洞等。

在第一级波能转换中,固定体和浮体都很重要。由于海上波高浪涌,第一级转换的结构体必须非常坚固,要求能经受场强的浪击和耐久性。浮体的锚泊也十分重要。

(2)中间转换 中间转换是将第一级转换与最终转换相连接。由于波浪能的水头低,速度也不高,经过第一级转换后,往往还不能达到最终转换的动力机械要求。在中间转换过程中,将起到稳向、稳速和增速的作用。此外,第一级转换是在海洋中进行的,它与动力机械之间还有一段距离,中间转换能起到传输能量的作用。中间转换的种类有机械式、液动式、气动式等。早期多采用机械式,即利用齿轮、杠杆和离合器等机械部件。液动式(图6-16)波浪能发电主要是采用鸭式、筏式、浮子式、带转臂的推板等,将波浪能均匀地转换为液压能,然后通过液压马达发电。这种液动式的波浪能发电装置,在能量转换、传输、控制及储能等方面比气动式使用方便,但是其机器部件较复杂,材料要求高,机体易被海水腐蚀。气动式(图6-17)转换过程是通过空气泵,先将机械能转换为空气压能,再经整流气阀和输气道传给汽轮机,即以空气为传能介质,这样对机械部件的腐蚀较用海水作介质大为减少。目前多为气动式,因为空气泵是借用水体作活塞,只需构筑空腔,结构简单。同时,空气密度小,限流速度高,可使汽轮机转速高,机组的尺寸也较小,输出功率可变。在空气的压缩过程中,实际上是起着阻尼的作用,使波浪的冲击力减弱,可以稳定机组的波动。近年来采用无阀式汽轮机,如对称翼形转子、S形转子和双盘式转子等,在结构上进一步简化。

(3)最终转换 为适应用户的需要,最终转换多为机械能转换为电能,即实现波浪发电。这种转换基本上是用常规的发电技术,但是作为波浪能用的发电机,首先要适应有较大幅度变化的工况。一般小功率的波浪发电都采用整流输入蓄电池的办法,较大功率的波力发电站一般与陆地电网并联。

最终转换若不以发电为目的,也可直接产生机械能,如波力抽水或波力搅拌等。也有波力增压用于海水淡化的实例。

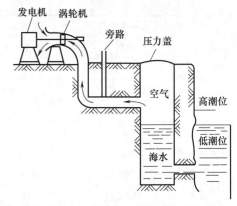

图 6-16　液动式波浪能发电示意图　　　　　图 6-17　气动式波浪能发电示意图

6.2.2.2　波浪发电的类型

目前已经研究开发比较成熟的波浪发电装置基本上有三种类型。

一是振荡水柱型。用一个容积固定的、与海水相通的容器装置，通过波浪产生的水面位置变化引起容器内的空气容积发生变化，压缩容器内的空气（中间介质），用压缩空气驱动叶轮，带动发电装置发电（图 6-18、图 6-19）。中科院广州能源研究所在广东汕尾建成的 100kW 波浪发电站（固定岸式）、日本"海明"号波力发电船（浮式）以及航标灯式波力装置都是属于这种类型。

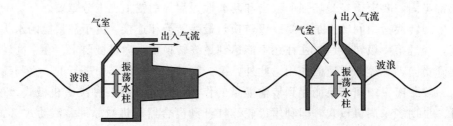

图 6-18　漂浮式振荡水柱波浪能发电装置示意图

图 6-19　漂浮式振荡水柱波浪能发电装置外观图

二是机械型。利用波浪的运动推动装置的活动部分——鸭体、筏体、浮子等，活动部分压缩（驱动）油、水等中间介质，通过中间介质推动转换发电装置发电。

三是水流型。利用收缩水道将波浪引入高位水库形成水位差（水头），利用水头直接驱动水轮发电机组发电。这三种类型各有优缺点，但有一个共同的问题是波浪能转换成电能的中间环节多，效率低，电力输出波动性大，这也是影响波浪发电大规模开发利用的主要原因之一。把分散的、低密度的、不稳定的波浪能吸收起来，集中、经济、高效地转化为有用的电能，装置及其构筑物能承受灾害性海洋气候的破坏，实现安全运行，是当今波浪能开发的难题和方向。

6.2.2.3　波浪发电的装置

长期以来，世界各地出现了形形色色的海洋波浪能转换装置，其种类是各种海洋能开发装置中最多的，因此对它们进行分类的标准也很多。按照工作的场所，可以分为海岸式波浪能转换装置和海洋式波浪能转换装置；按照波浪能转换装置吸收波浪能的方式，大略可以分为垂直摆荡式、空腔共振式、压力式等。

海洋式波浪能发电装置的主要组成部分（图 6-20）可归纳如下。

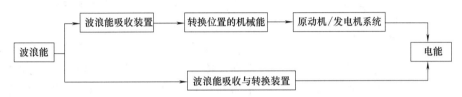

图 6-20　海洋式波浪能发电装置的主要组成部分

（1）浮体　用于安装发电设备，使装置能浮于海面，为漂浮式的波浪能发电装置所必需。浮体必须具有一定的容积与浮力，结构要坚固，能耐海水腐蚀，外形能适应波浪环境；还要能够承载全部发电设备，使整个装置浮动于海面之上。

（2）波浪能接收器　用于接收或吸收波浪的能量。由于波浪能是一种散布在海面的低密度能量，故该部件尺度要足够大，或组成阵列，以吸收较多的波浪能。波浪能接收器实收波浪能力的效率高低是衡量整个装置性能优劣的主要指标。

（3）波力放大器　这是将波浪能接收器所吸收的分散波浪能变成集中能量的设备。一般波浪的冲压力只有 $(2\sim4)\times10^4\,\mathrm{Pa}$，必须变成 $(1.47\sim1.96)\times10^7\,\mathrm{Pa}$ 以上，才能冲击发动机，使之旋转。通常用气筒、油压泵、水压泵等来完成。例如在气柱振荡式波浪能发电装置中，需要把流经空气涡轮的气流速度加大，最多从 $1\mathrm{m/s}$ 左右提高到 $100\mathrm{m/s}$，才能驱动空气涡轮高速旋转，带动发电机发电。

（4）原动机-发电机　它们的作用是完成波浪能向电能的转换，原动机可用空气涡轮、油马达、水轮机等。发电机可用交流发电机，也可用直流发电机。

（5）电气控制与自动控制设备　主要用来保证整个装置，在无人看管的条件下正常运转。例如在恶劣的海况条件下运转、防护海水的侵蚀、在潮湿环境中保持电气设备的良好绝缘性能等。

6.2.2.4　波浪发电的应用

波浪能可以用于抽水、供热、海水淡化和制氢等。但目前波浪能的主要利用方式是波浪发电。其发电主要应用于以下几个方面。

（1）海上波力发电浮航标　海上航标用量很大，其中包括浮标灯和岸标灯塔。波力发电的航标灯具有市场竞争力。因为需要航标灯的地方，往往波浪也较大，一般航标工也难到达，所以航运部门对设置波力发电航标较感兴趣。目前波力航标价格已低于太阳能电池航标，很有发展前景。

波力发电浮标灯是利用灯标的浮桶作为第一级转换的吸能装置，固定体就是中心管内的水柱。由于中心管伸入水下 4～5m，水下波动较小，中心管内的水位相对海面近乎于静止。当灯标浮桶随浪漂浮时产生上下升降，中心管内的空气就受到挤压，气流则推动汽轮机旋转，并带动发电机发电。发出的电不断输入蓄电池，蓄电池与浮桶上部的航标灯接通，并用光电开关控制航标灯的关启，以实现完全自动化，航标工只需适当巡回检查，使用非常简便。图 6-21 为波力发电浮标灯。

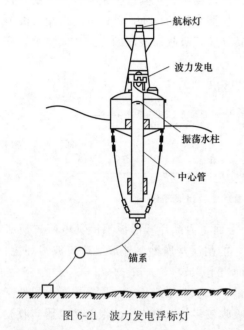

图 6-21　波力发电浮标灯

（2）波力发电船　波力发电船是一种利用海上波浪发电的大型装置，实际上是漂浮在海上的发电厂，它可以用海底电缆将发出的电输送到陆地并网，也可以直接为海上加工厂提供电力。日本建造的"海明"号波力发电船，船体长 80m，宽 12m，高 5.5m，大致上相当于一艘 2000t 级的货轮。该发电船的底部设有 22 个空气室，作为吸能固定体的空腔。每个空气室占水面面积 25m²，室内的水柱受船外海浪作用而升降，使室内空气受压缩或抽吸。每 2 个空气室安装 1 个阀箱和 1 台空气汽轮机和发电机。共装 8 台 125kW 的发电机组，总计 1000kW，年发电量 $1.9 \times 10^5 kW \cdot h$。日本又在此基础上研究出冲浪式浮体波力发电装置，如图 6-22 所示。

（3）岸式波力发电站　为避免采用海底电缆输电和减轻锚泊设施，一些国家正在研究岸式波力发电站。

日本建立的岸式波力发电站，采用空腔振荡水柱气动方式，如图 6-23 所示。电站的整个气室设置在天然岩基上，宽 8m，纵深 7m，高 5m，用钢筋混凝土制成。空气汽轮机和发电机装在一个钢制箱内，置于空气室的顶部。汽轮机为对称翼形转子，机组为卧式串联布置，发电机居中，左右各一台汽轮机，借以消除轴向推力。机组额定功率为 40kW，在有效波高 0.8m 时开始发电，有效波高为 4m 时，出力可达 4kW。为使电力平稳，采用飞轮进行蓄能。

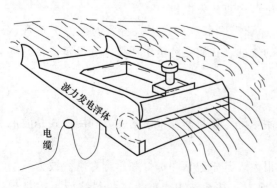

图 6-22　冲浪式浮体波力发电装置

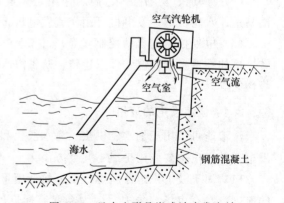

图 6-23　日本山形县岸式波力发电站

（4）浮力摆式波浪能发电站 浮力摆式波浪能发电装置的发电原理为，利用摆在波浪力的作用下作往复摆动从而捕获波浪能量，通过与摆相连的机械结构或液压系统转换将摆的动能和势能转换为机械能或液压能，进而转换为电能，如图6-24所示。中国国家海洋技术中心于2012年研发100kW浮力摆式波浪能发电装置，目前该电站在山东省青岛市即墨区大管岛进行海试运行。波浪能发电系统采用离岸浮力摆形式，由摆板、液压传动系统和电控系统三部分组成。摆板的摆轴位于摆板底部，摆板在波浪的作用下偏离平衡位置，此时摆板在浮力作用下向平衡位置恢复，同时摆板还受到重力和水的阻力作用，从而使摆板绕摆轴前后摆动。

图6-24 浮力摆式波浪能发电装置

6.2.3 温差能发电技术

6.2.3.1 海洋温差能发电原理及分类

海洋温差发电的基本原理是利用海洋表面的温海水（26～28℃）加热某些低沸点工质并使之气化，或通过降压使海水气化以驱动汽轮机发电。同时利用从海底提取的冷海水（4～6℃）将做功后的乏气冷凝，使之重新变为液体。

海洋温差发电的主要方式有三种，即闭式循环系统、开式循环系统和混合式循环系统。图6-25～图6-27分别为这三种循环方式的系统原理图。

在开式循环系统中，将表层海水引入真空状态的蒸发槽中，因低压下水的沸点极低而沸腾为水蒸气，再引至凝结槽，以深层海水使之凝结为水。此过程中会在蒸发槽与凝结槽之间因压力差而形成蒸汽流，在其间加上涡轮机即可发电。闪蒸器和冷凝器之间的压差和焓降都非常小，所以必须把管道的压力损失降到最低，开式循环在发电的同时可以得到淡水。

闭式循环系统由于不以海水而使用

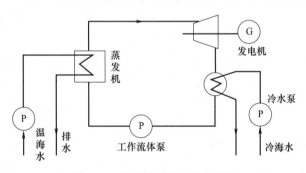

图6-25 闭式海洋温差发电系统

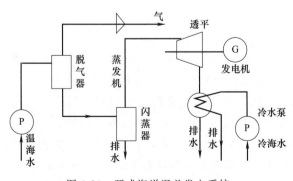

图6-26 开式海洋温差发电系统

了低沸点物质（例如丙烷、氟利昂、氨）作为工作介质，使整个装置特别是透平机组的尺寸大大缩小。海洋温差发电用的透平与普通电厂用的透平不同，电厂透平的工质参数很高，而海洋温差发电用透平的工质压力温度都相当低，且焓降小。大型海洋温差发电装置一般采用轴流式透平。海水温差发电时，需抽取表层温度较高的海水，使热交换机内的低沸点液体沸腾为

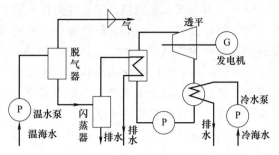

图6-27　混合式海洋温差发电系统

蒸汽，然后推动发电机发电，再将其导入另一热交换机，使用深层海水将其冷却，如此完成一个循环。

　　混合循环系统综合了开式和闭式循环系统的优点，开始时类似开放式循环，将温暖的海面水引进真空容器使其闪蒸成蒸汽，蒸汽再进入氨的蒸发器（vaporizer），使工作流体（氨）气化来转动涡轮机发电，如同封闭式循环一般。它以闭式循环发电，同时生产淡水。

　　这三种循环系统中，技术上以闭式循环方案最接近商业化应用。开式和闭式循环海洋热能电站均可安装在船上就地利用电能制造可运送到陆地的产品；而建在岸边，则需要有一条较长的通过水下陡峭斜坡的冷水管。无论是开式还是闭式的工作循环，都类似于常规热电站的工作方式，不同的是温度低些，并且不需要支付燃料费。海洋热能电站用的是表层海水的热量，而不是燃料燃烧产生的热量。

6.2.3.2　海洋温差能发电技术优缺点

　　海洋热能转换电站与波浪能和潮汐能电站不同之处在于它可提供稳定的电力。同矿物燃料电站或核电站相比，温差电站的运行与维护保养费用低，工作寿命长。如果不是维修问题，这种电站则可无限期地工作，并且适合于基本负荷发电。这种发电过程无废料，不但不会制造空气污染、噪声污染，整个发电过程几乎不排放任何温室气体，例如二氧化碳，而且还有其他的好处，即能产生副产品淡水，可供使用。开式循环电站本身就是一台海水淡化器，冷凝后的水基本上是无盐的，并且可以很容易地与冷却水分开。开式或闭式循环电站发电时，从海洋深处抽取的用于冷却的海水是富营养水，可用于海洋养殖。

　　海洋温差电站附近的海洋环境会受到影响。尽管这种影响要比矿物燃料电站或核电站的影响小得多，但研究结果表明，对某些方面的影响，如排放的羽状热水流造成的温度结构异常，进水管工作时生物被吸入管内，排放的水中营养物的重新分布和生物生产力的增加，以及工作介质溢漏后对生物的潜在毒害等。

6.2.3.3　海洋温差能发电技术应用

　　早在1881年，法国物理学家德尔松瓦（Jacquesd'Arsonval）提出利用海洋表层温水和深层冷水的温差使热机做功，过程如同利用一种工作介质（如二氧化硫液体）在温泉中气化而在冷河水中凝结。1926年，德尔松瓦的学生法国科学家克劳德在法国科学院进行一次公开海洋温差发电试验：在两只烧杯分别装入28℃的温水和冰屑，抽去系统内的空气，使温水沸腾，水蒸气吹动透平发电机而为冰屑凝结，所发出的电点亮3个小灯泡。当时克劳德向记者发表他的计算结果时称：如果1s用1000m³的温水，能够发电10万千瓦·时。

　　1930年，在古巴曼坦萨斯湾海岸建成一座开式循环发电装置，出力22kW。但是，该装

置发出的电力还小于为维持其运转所消耗的功率。

20 世纪 70 年代以来，用了近 2 亿美元的经费，于 1979 年在夏威夷州海面一艘驳船上，成功地运转了一个名为"MINI OTEC"的闭式循环发电机组，用海面 28℃ 暖海水及 670m 深处的 3.3℃ 冷海水作为热源和冷源，发出 50kW 的电力，净输出功率在 15kW 左右。这是一个被认为有重大意义的成果。

20 世纪 70 年代以来，美国、日本和西欧、北欧诸国，对海洋热能利用做了大量的工作，包括基础研究、可行性研究、各式电站的设计直到部件和整机的实验室试验和海上试验。研制几乎集中在闭式循环发电系统上。

除了闭式循环发电技术接近成熟之外，其他利用海洋热能的方式也在研究中。1982 年，美国决定在夏威夷群岛的瓦胡岛中建立岸式和海上试验电站各一座，功率均为 4 万千瓦，并继续进行新的热力循环和利用方式的研究以及冷水管等部件和工程设施的改进。在这期间，日本把温差发电纳入其解决能源问题的"阳光计划"，做了很多踏实的基础研究和试验工作。1981 年在太平洋赤道地区的瑙鲁岛建立了世界第一座功率为 100kW 的岸式试验电站，用浮游拖拽法敷设长 900m 的冷水管，净功率 15kW。在国内还进行一项九州德元岛的 50kW 试验工程。此外，法国、瑞典等欧洲国家以及印度等发展中国家也在开发海洋热能转换技术。据估计，全世界有 99 个国家有海洋热能资源可以利用，其中 62 个是发展中国家。估计目前，全世界利用海洋热能的发电容量可达 1MW 水平。

6.2.4　盐差能发电技术

6.2.4.1　盐差能发电原理

盐差能的利用主要是发电。盐差能发电利用的是海水中的盐分浓度和淡水间的化学电势差。其基本方式是将不同盐浓度的海水之间的化学电位差能转换成水的势能，再利用水轮机发电，具体主要有渗透压式、蒸汽压式和机械-化学式等，其中渗透压式方案最受重视。

6.2.4.2　盐差能发电种类

目前提取盐差能主要有三种方法：渗透压能法（PRO），利用淡水与盐水之间的渗透压力差为动力，推动水轮机发电；反电渗析法（RED），用阴阳离子渗透膜将浓、淡盐水隔开，利用阴阳离子的定向渗透在整个溶液中产生的电流；蒸汽压能法（VPD），利用淡水与盐水之间蒸汽压差为动力，推动风扇发电。下面对常见的盐差发电进行简单介绍。

（1）水压塔式盐水发电　水压塔与淡水之间用半透膜隔开。先由海水泵向水压塔内充入海水，运行时淡水从半透膜向水压塔内渗透，使水压塔内水位不断上升，从塔顶水槽溢出，海水（经管道）冲击水轮机旋转，带动发电机发电。该系统的示意图如图 6-28 所示，主要由水压塔、半透膜、海水泵、水轮机-发电机组等组成。

在运行过程中，为了使水压塔内的海水保持盐度，海水泵不断向塔内打入海水。发出的电能，有一部分要消耗在装置本身，如海水补充泵所消耗的能量、半透膜洗涤所消耗的能量。

（2）压力室盐水发电　为了实现盐水发电的目标，也可以不采取修建水压塔把水引入高空的办法，而采取压力室代替上述水压塔。该装置也是用海水泵把海水压缩到某一压力（小于海水和淡水的渗透压差）后进入压力室，运行时在渗透压作用下，淡水透过半透膜渗透到压力室同海水混合，渗入的淡水部分获得了附加的压力。混合后的海水和淡水与海水比具有较高的压力，可以在流入大海的过程中推动涡轮机做功发电。

（3）强力渗压发电　在河水与海水之间建两座水坝，坝间挖一个低于海平面的水库。前坝内安装水轮发电机组，使河水与水库相连；后坝底部安装半透膜渗流器，使水库与海水相通。水库的水通过半透膜不断流入海水中，水库水位不断下降，这样河水就可以利用它与水库的水位差冲击水轮机旋转，并带动发电机发电。该系统的示意图如图 6-29 所示。

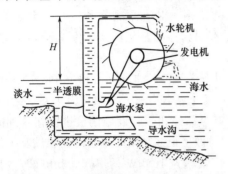 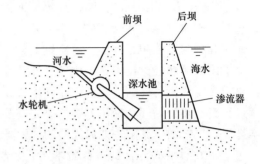

图 6-28　水压塔式盐水发电系统示意图　　　　图 6-29　强力渗压发电系统示意图

6.2.4.3　海洋盐差能发电研究进展

海洋盐差能利用研究历史较短。最早在 1939 年美国人提出利用海水和河水靠渗透压或电位差发电的设想。1954 年建造并试验了一套根据电位差原理运行的装置，最大输出功率为 15MW。第一份关于利用渗透压差发电的报告发表于 1973 年。1975 年以色列人建造并试验了一套渗透法发电装置，表明其利用的可行性。目前正在研究的盐差能发电装置为渗透压式盐差能发电系统、蒸汽压式盐差能发电系统、化学式盐差能发电系统和渗析式盐差能发电系统。但均处于研发阶段，要达到经济性开发目标尚需一定时间。

渗透法发电较早的一批设想是利用渗透膜两侧的河水和海水之间的水位差驱动水轮机发电。但这一工程要在海上建造高达 200m 的拦水建筑，特别是有大面积、长寿命而昂贵的渗透膜较困难，而且其存在过流、防蚀、防垢、防砂等问题。

反渗析法采用阴、阳离子渗透膜相间的浓淡电池。它是目前盐度差能利用中最有希望的技术，但是它需要面积大而昂贵的膜。美国有两个小组、瑞典有一个小组都在积极从事研究。

以色列最近建立了 1 座 150kW 盐差能发电试验装置。Statkraft 公司从 1997 年开始研究盐差能利用装置，2003 年建成世界上第一个专门研究盐差能的实验室，2008 年设计并建设一座功率为 2～4kW 的盐差能发电站。

6.3　海洋能利用发展现状和趋势

6.3.1　国外发展现状和趋势

世界上很多国家很早就重视对海洋能资源开发并加以利用，积极探索研究利用这种可再生能源。早在中世纪时期人类就开始对海洋能加以利用。11 世纪在高尔、安达卢西亚和英国沿岸就已有原始的潮汐水车在运转。在 19 世纪末就已提出利用波浪能和温差能的设想。但是对海洋能有规模的进行开发和研究是 20 世纪 50 年代以后，首先是潮汐能，然后是波浪能、温差能等。

现代人类对海洋能的可利用方式较多，发电是人类对海洋能的主要利用方式，目前潮汐发电和小型波浪发电技术已经实用化，波浪发电还处在开发阶段，海水温差能仍然处于试验阶段。但是目前人类对海洋能源的开发尚处于探索阶段，这是因为利用海洋能发电面临一系列的关键技术问题，如安装维护、电力输送、防腐、海洋环境中的载荷与安全性能等，再加上世界地理、经济、政治等多方面因素的影响与制约。

英国、日本和法国可以列为典型的重视海洋能开发的国家。从这些国家的海洋能研究与开发情况中，可以进一步了解国外海洋能源开发的一些情况。

6.3.1.1 英国

作为海岛国家，英国素有"海浪能源故乡"之称。英国具有世界上最好的波浪能资源。为了保护环境和实现社会的可持续发展，英国制定了强调多元能源的能源政策，鼓励发展包括海洋能在内的各种可再生能源。早在 20 世纪 90 年代初，英国政府就制定了可再生资源发展规划。如今在英国，海洋能发电事业蓬勃发展。据估计，到 2020 年海浪能和潮汐能发电将占英国总发电量的 3%，甚至更多。

20 世纪 70 年代以来，英国就把波浪发电研究放在新能源开发的首位，在 80 年代初就已经成为世界波浪能研究中心。目前，英国波浪发电技术居世界领先地位，波浪发电在英国已经实现了商业化，并且与陆地电网并网运行，颇具出口潜力。2007 年 9 月 17 日，英国政府批准了建立一座海浪能发电站的计划，建成后将是世界上规模最大的海浪能发电站，从而树立英国在海浪发电技术发展领域的全球标杆地位。这座耗资 2800 万英镑的海浪能发电站建在英国西南部的圣艾夫斯湾，当时计划于 2009 年投入运行。发电站的设计装机容量为 20MW，发电量能满足 7500 个家庭的电力需求，它帮助英格兰西南部地区实现到 2010 年可再生能源发电量达到 15% 的目标，最终将在 25 年内生产价值达 7600 万英镑的电能，并可在 25 年内减少 30 万吨二氧化碳排放。

英国潮汐能资源也同样丰富，但由于种种原因，潮汐电站开发速度较慢，但在过去的十多年中，对一些拟议中的潮汐电站已经进行了大规模的可行性研究和前期开发研究，其中包括塞汉、墨西、怀尔、康维、达登等河口潮汐电站。1997 年英国在塞汉河口建造第一座潮汐电站，装机容量为 8.6GW，年发电量约为 170 亿千瓦·时，该电站于 2003 年开始发电，2005 年正式全面运行。

另外，英国还对一些河口和海湾进行了潮汐能发电经济效益分析研究，发现了 30 多个装机容量可达 30～150MW 的理想的小型潮汐能发电站站址，年发电量可以达到 50 亿千瓦·时。由于小型潮汐电站投资少，建设周期短，在潮汐电站的建设中，会得到优先考虑。

据统计，如果英国的潮汐能都能利用起来，每年可发电 540 亿千瓦·时，相当于英格兰和威尔士目前电量的 20%，从而可以有效地改变英国的能源供应结构。

6.3.1.2 日本

日本政府和民间产业界充分利用本国的地理环境条件，积极开发和利用海洋新能源。为此，日本专门成立了由大学、研究所和公司组成的海洋科学技术中心。日本的海洋能研究特点是着重波浪技术的开发，同时，在海洋热能发电和换热器技术上取得了举世瞩目的成就。

日本的波浪能研究与开发十分活跃。它的十多家研究与开发机构既明确分工又互相协作，并重视技术向生产应用的转化，使日本在波浪能转换技术实用化方面走在世界前列。

1978年，日本海洋科学中心与诸多发达国家合作，在被称为"海明"号的漂浮式装置上进行联合试验研究。该装置先后经过了两期试验，提高了发电效率，减少了机组体积和重量，改善了海底输电及锚泊系统。

1983年，日本海洋科学中心在西北海岸建造了一座40kW的岸式振荡水柱试验电站，并进行了一个冬季的发电试验。该电站输出功率为40kW，平均输出功率为11.3kW，总效率约为11%。

20世纪90年代初日本海洋科学中心开始研建一个称为"巨鲸"的波能装置，其外形类似一条巨大的鲸鱼，是一个包括波浪发电、净化海水、海上养殖、消波避风和旅游的综合系统。1990年日本在鹿儿岛建成了10MW的海洋热能转换（OTEC）电站，并计划在隅群岛和富士湾建设10万千瓦级大型实用OTEC发电装置。

1996年9月日本东北电力公司投运了在原町火电站南部防波堤上装设的130kW的波力发电设备。现在日本的波浪能研究与开发十分活跃，已有4座实型波力电站投入运行，还有8座正在试运行中，其波能可满足国内能源总需求量的三分之一。

6.3.1.3　法国

1910年，法国的普莱西发明了利用海水波浪的垂直运动压缩空气推动风力发电机组发电的装置，把1kW的电力送到堤岸上。从此，法国开创了人类把海洋能转化为电能的先河。

法国的阿松瓦克最早提出开放循环式温差发电，他的学生克劳德在1926年试验成功海水温差发电，并于1930年在古巴海滨建成世界上第一座海水温差发电站，功率为10kW。1948年，法国在非洲象牙海岸建造了一座功率为7000kW的海水温差发电站。

法国规模最大的潮汐电站——朗斯电站，它位于法国西北部流入英法海峡的朗斯河口。电站于1961年动工，在朗斯河口修建了一座高12m、宽25m的大坝，形成面积22km^{2}的水库。首台机组在1966年8月发电，1967年全部竣工，是第一个商业电站。发电设备置于坝内，总装机容量为240MW，年发电量5.4亿千瓦·时。

6.3.2　我国发展现状和趋势

我国利用海洋能发电起步比较早。有关资料显示，从1958年起，我国陆续在广东顺德东湾、山东乳山等地建立了多座潮汐能发电站。总体发电技术已比较成熟，取得了很大成就。截止到2010年底，我国正在运行发电的潮汐能发电站有8座，分布在浙江、江苏、广东、山东和福建等省，总装机容量为10.6MW。其中最大的潮汐电站是浙江省温岭市江厦潮汐试验电站，电站总库容为490万立方米，发电有效库容为270万立方米。最大潮差为8.39m，装机容量为3.2MW，1980年开始并网发电，它的发电揭开了我国较大规模建设潮汐电站的序幕。浙江沙山的40kW小型潮汐电站，从1959年建成至今，运行状况良好，投资4万元，收入已经超过35万元，海山潮汐电站装机容量为150kW，年发电量为29万千瓦·时，并养殖蛳子、鱼虾及制砖，年收入20万元。

20世纪70年代我国开始研究波浪发电技术，1986年开始在珠江口大万山岛建设3kW的波浪电站，随后几年又在该电站的基础上改造成20kW的电站。发电装置采用变速恒频发电机与柴油发电机并联运行，发电比较平稳。1996年2月试发电，初步试验结果表明，运行的各项目标达到预定值，性能优于日本、英国和挪威的同类电站。位于广东省汕尾市遮浪镇的100kW岸式波浪能电站2001年2月进行试发电，现已与当地电网并网运行。

第一座海流能发电站于1994年在浙江省岱山县关山岛建成。另外，我国在舟山海域进行了 8kW 潮流发电机组原理性试验，20 世纪 80 年代一直进行立轴自调直叶水轮机潮流发电装置试验研究，目前正在采用此原理进行 70kW 潮流试验电站的研究工作，在舟山海域的站址已经选定。我国在这一方面已经在国际上居领先地位。

总之，目前我国海洋能开发事业进展很快，国家和地方政府都比较重视，而且与海洋能源有关的产业增长也十分迅速。但也存在一些问题，比如还没有充分认识到海洋能源开发的重要意义。

思考题

1.海洋能按蕴藏形式分为哪几种形式？

2.潮汐电站有哪几种？试分别简述。

3.波浪能发电系统中，水流的能量通过哪几个步骤转化为电力？

4.波浪发电类型可分为哪几类？试分别简述。

5.简述我国海洋能发展现状。

6.查阅文献，试述海洋能双库单向潮汐发电的工作原理及特点。

在线试题

参考文献

［1］ 李传统. 新能源与可再生能源技术. 南京：东南大学出版社，2005.
［2］ 邢运民，陶永红. 现代能源与发电技术. 西安：西安电子科技大学出版社，2007.
［3］ 翟秀静，刘奎仁，韩庆. 新能源技术. 北京：化学工业出版社，2005.
［4］ 翟秀静，刘奎仁，韩庆. 新能源技术. 第2版. 北京：化学工业出版社，2010.
［5］ 钱伯章. 水力能与海洋能及地热能技术与应用. 北京：科学出版社，2010.
［6］ 张晓东，杜云贵，郑永刚. 核能及新能源发电技术. 北京：中国电力出版社，2008.
［7］ 王传崑. 海洋能知识讲座（1） 海洋能及其分类. 太阳能，2008，（9）：17-18.
［8］ 辛仁臣，刘豪，关翔宇. 海洋资源. 北京：化学工业出版社，2013.
［9］ 刘琳. 新能源. 沈阳：东北大学出版社，2009.
［10］ 李全林. 新能源与可再生能源. 南京：东南大学出版社，2008.
［11］ 刘全根. 世界海洋能开发利用状况及发展趋势. 能源工程，1999，（2）：5-8.
［12］ 王传崑. 国内外海洋能技术的发展与展望. 中国动力工程学会成立四十周年文集，2002.
［13］ 张灿勇，马明礼. 核能及新能源发电技术. 北京：中国电力出版社，2009.
［14］ 苏亚欣，毛玉如，赵敬德. 新能源与可再生能源概论. 北京：化学工业出版社，2006.
［15］ 吴治坚. 新能源和可再生能源的利用. 北京：机械工业出版社，2006.
［16］ 夏登文，康健主. 海洋能开发利用词典. 北京：海洋出版社，2014.

第7章 地热能

地热能,是世界上第三大可再生能源,具有储量巨大、分布广泛、来源稳定、绿色环保、可循环利用的特点。地热能是新能源家族中的重要成员之一,直接利用地热能不受白昼和季节变化的限制,在许多方面具备了与太阳能、风能竞争的优势。地热能利用已有数千年的历史,人类很早以前就开始利用地热能,例如利用温泉沐浴、医疗,利用地下热水取暖、建造农作物温室、水产养殖及烘干谷物等,但真正认识地热资源并进行较大规模的开发利用却是始于 20 世纪中叶。20 世纪 70 年代初期,全球出现石油危机,再加上自然环境日趋恶化,常规能源储量日渐减少,许多国家为寻找可代替能源,掀起了一个以开发新能源和可再生能源的热潮。地热能以资源覆盖面广、对生态环境污染小、运营成本低等优势而受到人们的青睐。目前,全球潜在的地热资源总量为 1401EJ,而利用的只有 2EJ,占潜能的 0.14%,所以地热资源开发利用的潜力巨大。

7.1 概述

7.1.1 地球内部的结构

地球是庞大的热库,它既有源源不断产生的热能,也有自身储存丰厚的热能,所以是一种巨大的自然能源。它通过火山爆发、温泉以及岩石的热传导等形式不断地向地表传送和流失。火山喷发时的岩浆、从地下涌流和喷发出的热水和蒸汽以及大面积有地温异常的放热地面等,都是不断将地球内部热能带到地表的载体,出露地表就形成强烈的各种类型的地热显示,未出露的就形成具备动力开发的地热田。我国著名的地质学家李四光教授于 1970 年曾讲到,"地球是一个大热库,地下热能的开发与利用,是件大事,就像人类发现煤炭、石油可以燃烧一样,这是人类历史上开辟的一个新能源,也是地质工作者的一个新领域"。

地球内部由地壳、地幔以及地核三部分构成(图 7-1)。其中,地壳由土层和坚硬岩石构成,成分为镁铝和硅镁盐;地幔由温度在 1100~1300℃温度范围的岩浆构成;地核由铁、镍等金属构成,其温度高达 2000~5000℃。地球内部富集巨大的热能,温度高达 5000℃,

而在 120～160km 的深度处，温度会降至 650～1200℃，透过地下水的流动和熔岩涌至离地面 1～5km 的地壳，热力得以被转送至较接近地面的地方。高温的熔岩将附近的地下水加热，这些加热了的水最终会渗出地面。运用地热能最简单和最合乎成本效益的方法，就是直接取用这些热源。

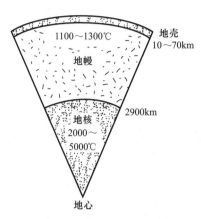

图 7-1　地球内部结构图

图 7-2　地球内部构造解剖图

在地球的表面可以看到各种各样的岩石，有时是沉积岩，如黏土、砂岩或石灰岩等；有时候是大部分由花岗岩组成的古老"地盾"；而另些时候可以见到的是从火山流出的熔岩。沉积岩在地质上十分重要，因为它包含着石油的全部以及地球矿物资源的大部分。沉积岩还含有化石，有关地球的历史以及生物演化等方面的研究主要依赖于化石。

地壳之下 35km 以下至 2900km 之间为地幔。地幔物质在目前技术条件下是直接取不出见不到的，只能依赖于对地震波速的推论，或者依赖于可能直接来源于地幔的地表岩石的研究。

地幔延伸到 2900km，2900km 以下至 6370km 之间的这一深度为地核地区，根据地震资料，把地核划分成两部分，2900～5020km 区域是更加致密的液态物质，这种物质很可能是熔融铁组成的液态外地核，液态外地核的内部是一个半径为 1350km 的"内地核"，内地核也许是由压力作用下固化的铁所组成（图 7-2）。

7.1.2　地球内部的能源

地球内部的热能是地球发展的内在动力。地球热源分为外部热源和内部热源两个部分。外部热源包括太阳辐射和来自月球与太阳的引力、宇宙射线及陨石坠落产生的热能；内部热源包括天然核反应物、外成-生物作用、人类经济活动及放射性衰变产生的热能等地壳热源，以及地球的残余热、地球物质的重力分异热和地球转动热。

地球内部热源中，经常起作用的全球性热源有放射性元素衰变热、地球转动热以及外成-生物作用释放的热能。天然核反应物产生的热源是一种间接起作用的局部热源。至于地球的残余热、地球物质的重力分异热以及人类的经济活动所产生的热，均归属混合热源类。

地热能是来自地球内部的熔岩，并以热力形式存在的天然能量，是一次能源。地热能是引致火山和地震爆发的能量，它源于地球的熔融岩浆和放射性物质的衰变。地下水的深处循环和来自极深处的岩浆侵入到地壳后，把热量从地下深处带至近表层。地热能储量比目前人们所利用能量的总量多很多，大部分集中分布在构造板块边缘一带，该区域也是火山和地震多发区。地热能不但是无污染的清洁能源，而且如果热量提取速度不超过补充的速度，那么地热能是可再生的。

能够被直接感知的地热能有：一是微温地面或放热地面，有水汽释放时，地面上容易形成特殊的晨雾；二是温泉和热泉，包括与它相关的各种泉塘和热水湖；三是沸泉；四是湿喷汽孔；五是间歇喷泉，包括泥火山；六是干喷汽孔；七是水热爆炸；八是火山喷发。

7.2 地热能的分类及分布

7.2.1 地热能的分类

（1）按赋存状态分类 地热能按其在地下的赋存状态，可以分为蒸汽型、热水型、干热岩型、地压型和岩浆型五种，其中应用最广泛的是蒸汽型和热水型。

蒸汽型地热能是指以温度较高的干蒸汽形式存在的地下储热，是最理想的地热资源（图7-3）。

热水型地热能是指以热水形式存在的地热能，分为低温热水田、中温热水田和高温热水田三种。90℃以下称为低温热水田；90～150℃称为中温热水田；150℃以上称为高温热水田。中低温热水田分布广，储量大，我国已经发现的热水田大多属于这种类型。

干热岩型地热能是指地层深处普遍存在的没有水或蒸汽的岩石。干热岩型地热能温度范围很广，在150～650℃之间，干热岩型地热能储量非常丰富，比蒸汽、热水和地压型资源多。

地压型地热能是指埋藏在深为2～3km的沉积岩中的高盐分热水，被不透水的页岩包围，其温度处在150～260℃范围内。

岩浆型地热能是指蕴藏在地层更深处，处于黏弹性状态或完全熔融状态的高温熔岩，火山喷发时常把这种岩浆带到地面，这种资源占地热资源总量的40%（图7-4）。

图7-3 典型蒸汽型地热能（西藏，羊八井）

图7-4 岩浆型地热能

（2）按温度分类　地热能按温度分类可分为高温地热能、中温地热能和低温地热能三类。

高温地热能是指高于 150℃ 的地热能，主要用于发电。20 世纪 70 年代后期，我国开始利用高温地热资源发电，先后在西藏羊八井、郎久建工业性地热发电站。高温地热发电成本较低，如羊八井地热电厂上网电价 0.41 元/（kW·h），具有较强的商业竞争力，但用于发电的地热流体要求温度较高。由于发电所使用的地热蒸汽因分离不彻底而含水，因而具有较高的含盐量，易导致设备的腐蚀与结垢，且大量 80℃ 废水排放地面，造成液体的严重亏空诱发地面沉降，需要建立回灌开发系统。

温度在 90～150℃ 范围内的地热能称为中温地热能，主要用于供暖、工业干燥、脱水加工等。温度低于 90℃ 的地热能称为低温地热能，主要用于温室、家庭用热水、水产养殖、饲养牲畜、土壤加温以及脱水加工等。中低温地热可被直接利用，例如地热供暖、医疗保健、洗浴和旅游度假、养殖、农业温室种植和灌溉以及工业生产等。

（3）按地热区或地热田的形成要素分类　按照地热区或地热田的形成要素，结合我国大陆所处的大地构造环境和地热地质条件，将我国的地热资源归类划分出岩浆型、隆起断裂型和沉降盆地型三大基本类型。

① 岩浆型地热资源。属于高温的岩浆型地热资源只能出现在板缘地热带上。岩浆型进一步可划分为火山型和岩浆型。我国著名的腾冲热海地热田和西藏羊八井地热田分别是火山型和岩浆型的典型代表。

羊八井地热田位于拉萨市西北 90km 的羊八井区西侧，念青唐古拉山山前一断陷盆地之中，盆地海拔 4250～4500m。藏布曲河自西南而东北纵贯羊八井盆地，河水补给主要来自冰雪融水。

羊八井地热田的钻探工程始于 1975 年，至 1994 年钻成勘探和生产井共 70 余口，深度范围从几十米至 2006.8m，探测井下温度 140～329.8℃，第一台地热发电站试验机组于1977 年 9 月试行成功，至 1991 年共装机 25.18MW，藏布曲河水成了地热电站理想的冷源。经过钻取的地热流体采用两级扩容，综合热效率为 6%，发出的电力至 1981 年开始通过110kW 高压输电线路送往拉萨电网，成为我国第一个具有一定规模的地热发电基地。

② 隆起断裂型地热资源。属于中低温的隆起断裂型地热资源，它只会出现在板块内部地热带上，这类热田区出露的水热活动显示一般以温泉为主，热源主要靠地下水深循环对流传热。有代表性的热田有广东邓屋、福建的福州、漳州、陕西临潼等。

邓屋地热田位于广东省丰顺县汤坑镇南 2km，为板内东南沿海地热带上著名的低温热田之一。在地址构造上属于粤东隆起区，热田位于两组断裂交汇处，地面出露有 7 处温泉。瑶前坝温泉水温最低，为 39℃，邓屋热田水温最高，为 88℃。1968—1970 年钻探进尺约10000m，钻井 64 个，一般井深在 100～300m，最深进尺也仅 800m。

地热田位于燕山期花岗岩组成的中、低山谷地中，谷地被第四纪冲积坡积物所覆盖，厚2～20m，由淤泥质土和砂砾石组成，温泉自地形低洼或切断较深的沟谷处溢出。第四纪盖层之下的基底，由燕山期中粒或细粒黑云母花岗岩组成。花岗岩体裂隙中常见有经热液蚀变矿物——蜡石、绿泥石等。

③ 沉降盆地型地热资源。中国大陆主要的低温地热田均属板内沉降盆地型地热资源。此类资源可进一步划分为断陷盆地型和坳陷盆地型两类。上述地热资源区，一般地表无显示，热储温度低，无特殊热源，只靠正常的低温梯度增温。

任丘地热田出露在冀中坳陷任丘潜山构造带上，属浅层热田，面积约100km²。热田主要热储层有两层，上层为上第三系明化镇组热储，热储层岩性为中粗砂及中细砂，局部含砾石组成。埋深一般为750～1000m，水温36～49℃，产水量每天1000～1500t，高质量的生产井日产热水可达2500t。热异常区平均地温梯度每百米为3.36℃。热水水化学类型为重碳酸盐-钠型或重碳酸盐-氯化物-钠型水。中国地热资源的基本类型的形成特征见表7-1。

表7-1 中国地热资源的基本类型和形成特征

地热资源基本类型	地热地质			地热特征		
	地质构造背景	盖层	热储	地表显示	热储温度/℃	地温梯度/(℃/100m)
火山型	板块边缘与第四火山活动异常区构造活动异常	各种火山岩、沉积岩或矿物沉淀及水热蚀变发生自封闭	砂、砂砾岩、粗砂岩或各种火成岩	沸泉、喷泉、喷汽孔、水热爆炸、硅化及蚀变带	150～300	10～30以上
岩浆型	板块碰撞边缘，构造活动异常强烈	各种火山岩、沉积岩或矿物沉淀及水热蚀变发生自封闭	各种火成岩、沉积岩或松散沉积	沸泉、喷泉、喷汽孔、水热爆炸、硅化及蚀变带	150～330	10～30以上
隆起断裂型	板内基岩隆起区，活动性深断裂发育	绝大多数无盖层，少数为薄层第四系松散沉积	花岗岩为主，火山岩、变质岩和沉积岩次之	一般为温泉	40～150	一般2～3，最高10
断陷盆地型	板内中新生代沉降盆地，地壳活动相对稳定，基底断裂发育	巨厚中新生代碎屑沉积	震旦、寒武、奥陶纪等碳酸盐类岩层，晚第三纪砂岩	无显示或显示微弱，盆地边缘有温泉出露	70～100（热储深度2000m）	一般3～4，最高6～8
坳陷盆地型	板内中新生代沉降盆地，地壳活动相对稳定	巨厚中新生代碎屑沉积	中生界沉积岩，砂岩	无显示或显示微弱，盆地边缘有温泉出露	50～70（热储深度2000m）	一般2～3，最高3.5

7.2.2 地热能的分布

地热能集中分布在构造板块边缘一带，该区域也是火山和地震多发区。据估计，每年从地球内部传到地面的热能相当于100PW·h。据美国地热资源委员会1990年的调查，世界上18个国家有地热发电，总装机容量5827.55MW，装机容量在100MW以上的国家有美国、菲律宾、墨西哥、意大利、新西兰、日本和印度尼西亚。

世界地热资源主要分布于以下5个地热带。

① 环太平洋地热带。世界最大的太平洋板块与美洲、欧亚、印度板块的碰撞边界，即从美国的阿拉斯加、加利福尼亚到墨西哥、智利，从新西兰、印度尼西亚、菲律宾到中国沿海和日本。世界许多地热田都位于这个地热带，如美国的盖瑟斯地热田、墨西哥的普列托、新西兰的怀腊开、中国台湾的马槽、日本的松川和大岳等地热田。

② 地中海、喜马拉雅地热带。欧亚板块与非洲、印度板块的碰撞边界，从意大利直至中国的滇藏，如意大利的拉德瑞罗地热田、中国西藏的羊八井和云南的腾冲地热田均属这个

地热带。

③ 大西洋中脊地热带。大西洋板块的开裂部位，包括冰岛和亚速尔群岛的一些地热田。

④ 红海、亚丁湾、东非大裂谷地热带。包括肯尼亚、乌干达、扎伊尔、埃塞俄比亚、吉布提等国家的地热田。

⑤ 其他地热区。除板块边界形成的地热带外，在板块内部靠近边界的部位，在一定的地质条件下也有高热流区，可以蕴藏一些中低温地热，如中亚、东欧地区的一些地热田和中国的胶东、辽东半岛及华北平原的地热田。

我国地热资源大部分以中低温为主，主要分布在东南沿海和内陆盆地区，如松辽盆地、华北盆地、江汉盆地、渭河盆地以及众多山间盆地区。现已发现的中低温地热系统有2900多处，总计天然放热量相当于750万吨标准煤。全国已发现的高温地热系统有255处，主要分布在西藏南部和云南、四川的西部。

我国地热资源丰富，一个重要标志是目前国内已发现的温泉区有3000处之多。中国温泉分布有两大特点。其一，我国温泉分布不论从数量、密度、显示强度来讲，均以藏南、川西和滇西地区以及台湾为最；以闽、粤、琼三省为主体的东南沿海地区为另一温泉分布密集地带，西北地区温泉稀少，华北、东北地区除胶东半岛和辽东半岛外，温泉也不多，滇东南、黔南和桂西之间地区的温泉更是寥寥无几。上述事实说明，我国温泉的分布具有明显的地域性或分滞性。其二，我国从南方到北方，从长白山至天山，从东南沿海到青藏高原之所以广泛出露如此之多的温泉，是与地质构造、地壳热状况以及区域水文地质条件密切相关的。

（1）高温地热资源分布　我国高温地热资源主要分布在西藏南部、四川西部、云南西部以及台湾。这是由于上述地区地热地质的特殊条件所形成的。我国地处亚欧板块的东部，为印度板块、太平洋板块和菲律宾海板块所夹持。新生代以来，我国西南侧和东侧发生了重大的构造热事件。在西南侧，由于印度板块与欧亚板块的碰撞，形成藏南地区聚敛型大陆边缘活动带；在东侧，由于亚欧板块与菲律宾海板块的碰撞，形成台湾中央山脉两侧的碰撞边界。上述板块边界以及其邻近地区的特性虽有差异，但均为当今世界上构造活动最强烈的地区之一，并共同呈现高热流异常和具有产生强烈水热活动的必然产物。具体呈现在两条沿板块边界展布的高温温泉密集带：一条为喜马拉雅地热带，又称藏滇地热带；另一条是台湾地热带。

① 喜马拉雅地热带。该地热带位于喜马拉雅山脉主脊以北和冈底斯-念青唐古拉山系以南的区域，向东延伸到横断山区，经川西甘孜后转折向南，包括滇西腾冲和三江（怒江、澜沧江和金沙江）流域地区。该带西端经巴基斯坦、印度以及土耳其境内有关高湿水热区，并向南到印度尼西亚与环太平洋地带相接。可见，喜马拉雅地热带是绵延上万公里的地中海地热带的重要组成部分。

著名的雅鲁藏布江深大断裂带，为大陆板块碰撞的接合带，也称地缝合线，这条长2000km的缝合线南部，发育有我国最新的蛇绿岩带（年龄1200万年）。据推断，从白垩纪开始至始新世，印度板块北移和欧亚板块的地壳开始接触并全面碰撞，引起了上部地壳中大规模断裂作用和岩浆作用，形成地壳重熔区。岩石圈的现代断裂作用和褶皱作用及其伴随的岩浆活动和地壳重熔，为喜马拉雅地热带提供了强大的热源和良好的通道，使它成为我国大陆唯一的最为强烈的地热活动带。

目前我国大陆所有的高温显示，包括沸泉、间歇喷泉、水热爆炸都出露在该带上，所有著名的高温地热田也都分布在该带上。本带在西藏和滇西地区已考察到的水热区分别达到

653 个和 670 个，几乎占全国温泉总数的 44%，地热带出露的温泉在西藏海拔 4800m 的查布间歇喷泉区，水温为 96.4℃，在云南金平县海拔 160m 的勐坪，最高水温为 102.2℃，在羊八井 k4002 钻井测取的最高温度为 329.8℃。

② 台湾地热带。台湾地热带位于太平洋板块和亚欧板块的边界，属环太平洋地热带的一部分，但不具有该地热带的典型意义。在著名的台湾大纵谷深断裂带内，蛇绿岩带发育，说明断裂已深入上地幔。岛上地壳运动活跃，第四纪火山活动强烈，地震频繁，是我国东南部海岛地热活动最强烈的一个带。台湾及其邻近岛屿有温泉 103 处，其中达到或略高于当地沸点的沸泉有 8 处。地热带出露于地表显示中，测到的大屯水热区喷汽孔的最高温度为 120℃，测到的七星山附近马槽钻井最高温度为 293℃，热流体中的蒸汽含量高达 30%，虽然流体水温高，由于矿化度较高（每升达 5～12g），水质的碱度偏低，具有强烈的腐蚀性（pH<3），给开发利用带来极大的困难。台湾曾于 1981 年和 1985 年在清水和土场建造的小型地热发电站，均因腐蚀结垢的困扰而停产，目前仅用于浴疗。

（2）低温地热资源分布　我国低温地热资源广泛分布于板块内部中国大陆构造隆起区和构造沉陷区。

① 板内构造隆起区。隆起区发育有不同地质时期形成的断裂带，已经多期活动，有的在最近时期活动性仍比较强烈，它们多数能够成为地下水运移和上升的良好通道。大气降水渗入地壳深处，经过深循环在正常地温梯度下受热增温，常常在相对低洼的场所，包括山前或山间盆地、滨海盆地以及深切的河谷、沟谷底部沿着活动性断裂涌流于地表形成温泉。根据地壳隆起区温泉的密集程度，目前将划分出两个地温地热带。

a. 东南沿海地热带。该地热带位于太平洋板块与欧亚板块交接带以西中国大陆的内侧，包括濒临东海和南海的福建、广东和海南，是我国大陆东部地区温泉分布最密集的地带。其中广东有 257 处，福建有 174 处，海南有 30 处。温泉水温一般均在 40～80℃ 之间，其中以广东阳江新州温泉为本带水温之最，高达 97℃，接近当地高程的沸点。钻井记录到的最高温为福建漳州一口地热井，在深 90m 的井底测到 121.5℃，井口水温为 105℃。

b. 胶辽半岛地热带。该地热带包括胶东半岛和辽东半岛及沿郯庐大断裂中段两侧的地区，出露温泉共有 46 处，这里新构造运动活跃，地震频繁。本带多为低温水热系统，只有 4 个中温水热系统，即辽宁鞍山的汤冈子-西荒地、盖平的熊岳、山东招远的汤东和即墨温泉区，井口的最高温度为 98℃。

② 大陆构造沉降区。系指地表无地热显示的赋存于我国广泛发育的中、新生代沉积盆地中的地下热水资源区。我国大陆中、新生代盆地有 319 个，总面积 417 万平方公里，其中大型盆地（面积大于 10 万平方公里）有 9 个，中型盆地（1 万～10 万平方公里）有 39 个，其余多为小型山间盆地，约占陆地面积的 42%。按我国板块构造的演化历史，结合板块构造活动性质，可将我国中、新生代沉积盆地划分为以下基本成因类型：裂谷断裂型盆地，我国东部的华北盆地、松辽盆地等均属于此类；克拉通型盆地，我国中部的鄂尔多斯和四川盆地等属此类。上述盆地已经被证实有开发利用的热水资源。这一类型的热水资源的赋存和分布有以下一些特点。

a. 大型盆地有利于热水资源的形成与赋存。大型盆地沉积层巨厚，其中既有大量由粗屑物质组成的高孔隙度和高渗透性的储集层，又具有大量由细颗粒物质组成的隔层，同时还具备有利于热水聚存的水动力环境。此外，大型盆地有足够的空间规模，使水动力环境能呈现出分带的特点，外环带为径流交替带，内带为径流缓滞带。径流到盆地的地下水，首先经过的是外环带，外环带一般地处盆地边缘的较高地形，进到内带后转为较长距离的水平运移，这就为地下水创造能充分吸取围岩热量的环境。与此相对应的规模较小的盆地，特别是狭窄的山间盆地，则不具备上述的水动力环境，而是处于地下水的相互交替过程中，形成以低温为主的地下水流，即使在一定的深度内，地热水温也不会很高。

b. 热背景值高低决定盆地赋存热水温度的高低。热背景值的高低主要指大地热流值的高低。大地热流是沉积盆地储层的供热源，从这个意义上讲，区域地热背景值对于盆地热水聚存有其重要的作用。通过目前全国大地热流值测定数据显示，我国的东部、中部和西北部的沉积盆地背景值虽然不完全一样，但差异甚小，而且均在地热正常区域范围之内（40～75MW/m²）。这就预示着在一定的深度范围内，不可能有高温地热资源的形成，而只能是小于90℃的低温热水，也许会有少部分超过90℃中温热水存在。然而，我国东部热背景值略高于中部和西北部，仍导致东部的热水资源优于中部和西北的事实。

c. 热水储层发育和沉积建造岩层特征密切相关。热水储层的发育，一般指其是否有良好的渗透性和孔隙度。具有良好的渗透性和孔隙度的储层，要取决于盆地沉积建造岩层相特征。盆地中堆积或沉积形成致密层就不可能成为良好的热水储层。反之，如果能够形成有一定厚度，且岩性较粗，或在结构上呈现砂岩与泥质岩互层，这样的沉积建造，亦可成为良好的热水储层。我国的华北盆地、江汉盆地、苏北盆地的上第三系就属这种良好的热储层。该套地层又如西北的柴达木盆地，在渐新世至上新世时期的坳陷发展阶段，堆积了一层相当厚的河湖相碎屑岩沉积。在盆地中心，坳陷持续至第四纪，第四系为厚的盐湖建造，因此这里要赋存低盐度热水的可能性就甚小。

d. 部分盆地深部基岩热储系统发育。通过地球物理勘探发现并证实某些盆地在沉积盖层之下的深部基岩热储系统发育。华北盆地最典型，盆地的基岩热储为中、上元古界和下古界的碳酸盐地层组成，在隐伏的基岩隆起带构成良好的热水田，诸如天津地热田、北京地热田、河北牛驼镇地热田等。为此，对某些未曾开发的沉积盆地，可以从已知的基岩热储发育和形成的特点，来推测在地处同一陆台之上发育起来的另一些盆地中理应也有深部基岩热储的可能。对裂谷型盆地，如果其基岩隆起幅度与上覆盖厚度具备理想的条件，则盖层的地温梯度会高于正常梯度，可以形成局部地段的地温异常，很可能成为开发盆地热水的优选区。

7.3　地热能的开发及应用

我国历史上对地热资源的开发利用大多限于对温泉的直接利用上，且主要用于医疗和洗浴方面。20世纪80年代，地热资源开发利用进入快速发展阶段。尤其是20世纪90年代以来，在市场经济需求推动下，地热资源开发利用得到更加蓬勃发展，地热开发最大深度超过4000m。在2018年能源大转型高层论坛上，中国地质调查局、国家能源局新能源和可再生能源司、中国科学院科技战略咨询研究院和国务院发展研究中心资源与环境政策研究所共同发布了《中国地热能发展报告》。报告显示，近年来，我国地热能勘探、开发及利用技术持续创新，地热能装备水平不断提高，地热能产业体系初步形成。

7.3.1　地热发电

地热发电是地热利用的最重要方式。高温地热流体应首先应用于发电。我国高温地热资源（温度高于150℃）主要集中在西藏南部、云南西部和台湾东部。目前已有5500个地热点，45 个地热田，热储温度均超过 200℃。如果能将其全部转化为电能，将会对我国能源结构产生巨大影响。地热发电和火力发电的原理是一样的，都是利用蒸汽的热能在汽轮机中转变为机械能，然后带动发电机发电。所不同的是，地热发电不像火力发电那样要装备庞大的锅炉，也不需要消耗燃料，它所用的能源就是地热能。地热发电的过程，就是把地下热能首先转变为机械能，然后再把机械能转变为电能的过程。要利用地下热能，首先需要有载热体把地下的热能带到地面上来。目前能够被地热电站利用的载热体，主要是地下的天然蒸汽和热水。按照载热体类型、温度、压力和其他特性的不同，可把地热发电的方式划分为蒸汽型地热发电和热水型地热发电两大类。

意大利的皮也罗·吉诺尼·康蒂王子于 1904 年在拉德雷罗首次把天然的地热蒸汽用于发电。地热发电是利用液压或爆破碎裂法把水注入岩层，产生高温蒸汽，然后将其抽出地面推动涡轮机转动使发电机发出电能。在这一过程中，将一部分没有利用到的或者废气，经过冷凝器处理还原为水送回地下，这样循环往复。1990 年安装的发电设备发电能力达到 6000MW，直接利用地热资源的总量相当于 4.1Mt 油当量。

7.3.1.1 地热蒸汽发电

蒸汽型地热发电是把蒸汽田中的干蒸汽直接引入汽轮发电机组发电，但在引入发电机组前应把蒸汽中所含的岩屑和水滴分离出去（图 7-5）。这种发电方式最为简单，但干蒸汽地热资源十分有限，且多存于较深的地层，开采技术难度大，故发展受到限制。

地热蒸汽发电有一次蒸汽法和二次蒸汽法两种。一次蒸汽法直接利用地下的干饱和（或稍具过热度）蒸汽，或者利用从汽、水混合物中分离出来的蒸汽发电。二次蒸汽法有两种含义：第一种是不直接利用比较脏的天然蒸汽（一次蒸汽），而是让它通过换热器气化洁净

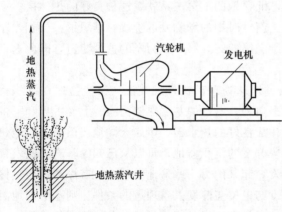

图 7-5　地热蒸汽发电系统

水，再利用洁净蒸汽（二次蒸汽）发电；第二种是将从第一次汽水分离出来的高温热水进行减压扩容生产二次蒸汽，压力仍高于当地大气压力，和一次蒸汽分别进入汽轮机发电。

7.3.1.2 地热水发电

地热水中的水，按常规发电方法是不能直接送入汽轮机去做功的，必须以蒸汽状态输入汽轮机做功。目前对温度低于 100℃ 的非饱和态地下热水发电，有两种方法。一种是减压扩容法。利用抽真空装置，使进入扩容器的地下热水减压气化，产生低于当地大气压力的扩容蒸汽，然后将汽和水分离、排水、输汽充入汽轮机做功，这种系统称为"闪蒸系统"。低压蒸汽的比容很大，因而使汽轮机的单机容量受到很大的限制。但运行过程中比较安全。另一种是利用低沸点物质，如氯乙烷、正丁烷、异丁烷和氟利昂等作为发电的中间工质，地下热水通过换热器加热，使低沸点物质迅速气化，利用所产生气体进入发电机做功，做功后的工质从汽轮机排入凝汽器，并在其中经冷却系统降温，又重新凝结成液态工质后再循环使用。这种方法称为"中间工质法"，这种系统称为"双流系统"或"双工质发电系统"。这种发电

方式安全性较差,如果发电系统的封闭稍有泄漏,工质逸出后很容易发生事故。

20 世纪 90 年代中期,以色列奥玛特(Ormat)公司把上述地热蒸汽发电和地热水发电两种系统合二为一,设计出一个新的被命名为联合循环地热发电系统,该机组已经在世界上一些国家安装运行,效果很好。

联合循环地热发电系统的最大优点是可以适用于大于 150℃的高温地热流体(包括热卤水)发电,经过一次发电后的流体,在并不低于 120℃的工况下,再进入双工质发电系统,进行二次做功,这就是充分利用了地热流体的热能,既提高发电的效率,又能将以往经过一次发电后的排放尾水进行再利用,大大地节约了资源。

(1)闪蒸系统(图 7-6) 当高压热水从热水井中抽至地面,由于压力降低部分热水沸腾并"闪蒸"成蒸汽,蒸汽送至汽轮机做功;而分离后的热水可继续利用后排出,当然最好是再回注入地层。

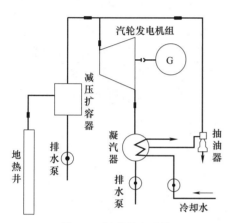 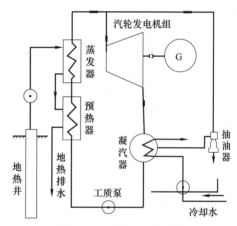

图 7-6 闪蒸发电系统　　　　　　　图 7-7 双循环发电系统

(2)双循环系统(图 7-7) 地热水首先流经热交换器,将地热能传给另一种低沸点的工作流体,使之沸腾而产生蒸汽。蒸汽进入汽轮机做功后进入凝汽器,再通过热交换器从而完成发电循环,地热水则从热交换器回流注入地下。这种系统特别适合于含盐量大、腐蚀性强和不凝结气体含量高的地热资源。发展双循环系统的关键技术是开发高效的热交换器。

7.3.2 地热直接利用

近年来,国外对地热能的非电力利用也就是直接利用十分重视。因为进行地热发电,热效率低,温度要求高。所谓热效率低,就是说由于地热类型的不同,所采用的汽轮机类型的不同,热效率一般只有 6.4%~18.6%,大部分的热量被白白地消耗掉。所谓温度要求高,就是说利用地热能发电,对地下热水或蒸汽的温度要求一般都要在 150℃以上,否则,将严重地影响其经济性。而地热能的直接利用,不但能量的损耗要小得多,并且对地下热水的温度要求也低得多,从 15~180℃这样宽的温度范围均可利用。在全部地热资源中,这类中、低温地热资源是十分丰富的,远比高温地热资源大得多。但是,地热能的直接利用也有其局限性,由于受载热介质——热水输送距离的制约,一般来说,热源不宜离用热的城镇或居民点过远,不然,投资多,损耗大,经济性差,是划不来的。

目前地热能的直接利用发展十分迅速,已广泛地应用于工业加工、民用采暖和空调、洗浴、医疗、农业温室、农田灌溉、土壤加温、水产养殖、畜禽饲养等各个方面,收到了良好

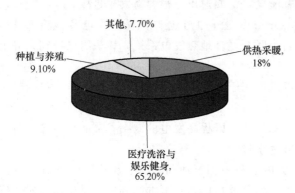

图 7-8　我国地热能直接利用分布比例

的经济技术效益，节约了能源，图 7-8 为我国地热能直接利用分布比例。

地热能直接利用中所用的热源温度大部分都在 40℃以上。如果利用热泵技术，温度为 20℃或低于 20℃的热液源也可以被当成一种热源来使用。热泵的工作原理与家用电冰箱相同（图 7-9），只不过电冰箱实际上是单向输热泵，而地热热泵则可双向输热。冬季，它从地球提取热量，然后提供给住宅或大楼；夏季，它从住宅或大楼提取热量，然后

又提供给地球蓄存起来（空调模式）。不管是哪一种循环，水都是加热并蓄存起来，发挥了一个独立热水加热器的全部的或部分的功能。由于电流只能用来传热，不能用来产生热，因此地热热泵将可以提供比自身消耗的能量高 3～4 倍的能量，它可以在很宽的地球温度范围内使用。在美国，地热热泵系统每年以 20％的增长速度发展，而且未来还将以两位数的良好增长势头继续发展。据美国能源信息管理局预测，到 2030 年地热热泵将为供暖、散热和水加热提供高达 68Mt 油当量的能量。

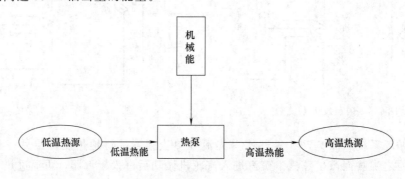

图 7-9　热泵工作原理

（1）地热供暖　将地热能直接用于采暖、供热和供热水，是仅次于地热发电的地热利用方式（图 7-10）。因为这种利用方式简单、经济性好，备受各国重视，特别是位于高寒地区的西方国家，其中冰岛开发利用得最好。早在 1928 年就在首都雷克雅未克建成了世界上第一个地热供热系统，现今这一供热系统已发展得非常完善，每小时可从地下抽取 7740t 的 80℃热水，供全市 11 万居民使用。此外利用地热给工厂供热，如用作干燥谷物和食品的热源，用作硅藻土生产、木材、造纸、制革、纺织、酿酒、制糖等生产过程的热源也是大有前途的。目前世界上最大两家地热应用工厂就是冰岛的硅藻土厂和新西兰的纸浆加工厂。

使用地热采暖系统则可直接传递热量，绝不会造成污染。尤其是在改造传统设备的基础上，通过热交换器，地热水无须直接进入通暖管道，只留干净的水在管道中循环，基本解决了腐蚀、结垢的问题。采用地热供暖，其费用只是采用燃油气锅炉的 10％，燃煤锅炉的 20％。

（2）地热在农业方面的利用　地热在农业中的应用范围十分广阔。如利用温度适宜的地热水灌溉农田，可使农作物早熟增产；利用地热水养鱼，在 28℃水温下可加速鱼的育肥，提高鱼的出产率；利用地热建造温室，育秧、种菜和养花；利用地热给沼气池加温，提高沼

图 7-10　地热供暖

气的产量等。将地热能直接用于农业在我国日益广泛，北京、天津、西藏和云南等地都建有面积大小不等的地热温室。各地还利用地热大力发展养殖业，如培养菌种，养殖非洲鲫鱼、鳗鱼、罗非鱼、罗氏沼虾等。

（3）地热在医疗保健和旅游方面的利用　地热在医疗领域的应用有诱人的前景，目前热矿水就被视为一种宝贵的资源，世界各国都很珍惜。由于地热水从很深的地下提取到地面，除温度较高外，常含有一些特殊的化学元素，从而使它具有一定的医疗效果。如含碳酸的矿泉水供饮用，可调节胃酸、平衡人体酸碱度；含铁矿泉水饮用后，可治疗缺铁贫血症；氢泉洗浴可治疗神经衰弱和关节炎、皮肤病等。由于温泉的医疗作用及伴随温泉出现的特殊的地质、地貌条件，使温泉常常成为旅游胜地，吸引大批疗养者和旅游者。在日本就有 1500 多个温泉疗养院，每年吸引 1 亿人到这些疗养院休养，其中最著名的是位于群马县的草津温泉（图 7-11）。我国利用地热治疗疾病的历史悠久，含有各种矿物元素的温泉众多，因此充分

图 7-11　日本著名地热温泉——草津温泉

发挥地热的医疗作用，发展温泉疗养行业是大有可为的。

7.4 地热能利用发展现状和趋势

7.4.1 地热能利用发展现状

随着环境压力的增加，地热作为清洁能源，使得地热的市场开发变得活跃起来。但是受资源、开发利用技术、政策等诸多因素的限制，其商业开发利用程度和常规能源相比相对较低。由于资源潜力较大，随着技术进步以及配套政策机制的完善，地热的开发利用必然受到广泛的重视。

7.4.1.1 世界地热资源的利用发展现状

到 2005 年，全世界地热发电总装机容量 8900MW，利用地热发电所生产的电力达 56800GW·h，地热直接利用设备容量为 27828MW。目前，美国、日本、意大利、冰岛、新西兰、印度、菲律宾等世界上地热资源丰富且开发利用好的国家，地热在整个国民经济中也已起到了一定作用。如冰岛全国 87％供暖靠地热，仅此一项每年可节约 1.3 亿美元。

（1）非洲大陆 非洲大陆的地热资源主要集中在东非国家，这是由于东非大裂谷的存在决定了这一带蕴藏有高温地热资源。目前以地热发电为主的只有两个国家，一个是肯尼亚，另一个是埃塞俄比亚。

东非国家将在未来十几年内开发利用地热资源，以保护环境，实现可持续发展。2003 年，来自肯尼亚、埃塞俄比亚、乌干达、坦桑尼亚等 10 个东非国家的政府官员、科学家以及企业界人士，在内罗毕联合国环境规划署总部举行了有关利用地热资源的研讨会，据会议发表的新闻公报，东非国家已制定一个"富有挑战性但又切实可行"的计划。到 2020 年，东非国家利用地热发电装机将达到 1000MW，这相当于该地区地热资源的 1/7。

（2）亚洲 菲律宾作为一个煤炭、石油等传统能源匮乏的国家，能源短缺问题长期制约其国内经济发展，但是该国以地热能为主的可再生能源资源却十分丰富，具有极大的地热发电潜力。为发展地热能这一清洁环保可再生的新能源，菲律宾政府在 1978 年通过《地热法》，在 2008 年通过《可再生能源法》，为地热能开发提供了优厚的财税优惠政策。此外，菲律宾政府积极寻求与日本等拥有先进地热发电技术的国家合作，于 1998 年建成了国内最大的地热电站 Malitbo 发电站。目前，菲律宾地热发电已占全国总发电量的两成左右，基本实现能源自给。菲律宾还计划在 2030 年新增 1.4GW 地热装机容量，总投资预计超过 75 亿美元。

（3）欧洲 欧洲地热发电和非电利用历史悠久，2016 年德国通过《可再生能源法》修订案，该法案规定德国国内包括地热能在内的可再生能源发电享有优先上网的权利，德国电网运营企业对于这部分电力还有进行电价补贴的义务，而且在技术方面也一直处于世界领先水平。表 7-2 是全球各大洲地热能利用情况统计。

全世界地热能的利用情况为：地热发电 49TW·h/a，直接利用 53TW·h/a。

7.4.1.2 中国地热资源的利用发展现状

中国是世界上地热能利用最早的国家之一，经过 30 多年的研究与勘探，基本形成了我国地热利用的主格局，截至 2017 年底，我国地源热泵装机容量达 2 万兆瓦，位居世界第一，

表 7-2 全球各大洲地热能利用情况统计

地区	发电			直接利用		
	总装机容量 /MW	生产总和		总装机容量 /MW	生产总和	
		/(GW·h/a)	/%		/(GW·h/a)	/%
非洲	54	397	1	125	504	1
美洲	3390	23342	47	4355	7270	14
亚洲	3095	17510	35	4608	24235	46
欧洲	998	5745	12	5714	18905	35
大洋洲	437	2269	5	342	2065	4
合计	7974	49263	100	15144	52979	100

年利用浅层地热能折合 1900 万吨标准煤，实现供暖（制冷）建筑面积超过 5 亿平方米，主要分布在北京、天津、河北、辽宁、山东、湖北、江苏、上海等省市的城区。我国地热能直接利用以供暖为主，其次为康养、种养殖等。近 10 年来，我国水热型地热能直接利用以年均 10% 的速度增长。

我国现应用浅层地温能供暖制冷的建筑项目有 2236 个，地源热泵供暖面积达 1.4 亿平方米，80% 的项目集中在北京、天津、河北、辽宁、河南、山东等地区。在北京，利用浅层地温能供暖制冷的建筑约有 3000 万平方米，沈阳则已超过 6000 万平方米。截至 2016 年底，全国利用浅层地热能的建筑物面积已达 4.78 亿平方米。

建筑能耗目前约占我国总能耗的 30%，这个比例还在不断增加。建筑节能中，太阳能、地源热泵等可再生能源技术越来越被广泛应用。我国浅层地热能应用潜力巨大。据保守估算，我国 287 个地级以上城市每年浅层地热能可利用资源量，相当于 3.56 亿吨标准煤，扣除消耗电量，可节能相当于 2.48 亿吨标准煤，减少二氧化碳排放 6.52 亿吨。

据国土资源部 2015 年发布的数据，4000m 以浅水热型地热资源量折合标准煤为 12500 亿吨，年可采资源量折合标准煤为 18.7 亿吨；全国 336 个地级以上城市浅层地热能资源每年可开采量折合标准煤为 7 亿吨，干热岩资源折合标准煤为 856 万亿吨。

我国地热资源勘查开发利用状况如下。

① 地热资源勘查。20 世纪 70 年代初期，我国开始了对隐伏地热资源的勘查与开发。以北京、天津地区开展隐伏地热田资源的普查勘探为先导，在李四光部长的积极创导和推动下，相继在天津市近郊、北京城东南地区 1000m 左右深度内打出了温度 40～90℃ 的地热水，随即在城区开始了地热供暖、医疗洗浴、水产养殖、工业洗涤等方面的应用。在此期间为满足地热发电的需要，相继在河北后郝窑、广东丰顺、湖南灰汤等地热田进行了地热资源勘查评价，建立了一批试验性的地热电站。

1988 年，在西藏羊八井建立了生产性的地热电站。重视对地区经济发展有影响的地热田资源，并对它们进行了勘查与评价。随着勘探技术水平的提高，加大了开发利用地热资源的深度，从而获得了较高温度的地热资源，扩大了地热资源的利用范围。重视利用地热资源发展当地经济，在地热供热、采暖、温室种植、养殖、温泉疗养、温泉旅游等方面有了长足发展，形成了一批地热产业，从而使中国在地热资源的勘查与开发利用方面进入了一个全新的发展阶段。表 7-3 为北京 20 世纪 70 年代以来地热资源勘查钻井发展情况统计。

表 7-3　北京 20 世纪 70 年代以来地热资源勘查钻井发展情况统计

年份	钻井数 /个	占总井数 /%	累计进尺 /m	占总量 /%	平均钻井深度 /m
1971~1980	49	15.0	46285.7	8.0	944.61
1981~1990	64	19.3	73369.40	13.0	1146.4
1991~2000	97	29.3	182543.79	31.0	1881.89
2001~2004	120	36.4	281919.93	48.0	2349.33
总计	330	100.0	584118.82	100.00	1770.06

② 地热资源开发利用情况。我国地热资源开发利用,以中低温地热资源的直接利用为主,主要用于以下各个方面。

a.地热发电。试验性电站:20 世纪 70 年代后期,先后在广东丰顺、湖南灰汤、江西宜春、广西象州、山东招远、辽宁熊岳、河北怀来等地建设了试验性电站。这些电站除个别的(广东丰顺、湖南灰汤)仍在运行外,多数皆因地热温度偏低,发电效果差而停止。

生产性电站:有羊八井(25.18MW)、朗久(2MW)、那曲(1MW)、羊易(具备30MW 装机潜力,待开发)等电站。

但截至 2016 年底,我国地热发电累计装机容量仅为 27MW,位居全球第 18 位,发展缓慢。近年来地热发电逐渐得到重视,如西藏羊易地热发电一期机组已安装完毕,发电工作稳步推进;云南瑞丽 100MW 地热发电项目一期 4MW 发电机组的第一台 1MW 发电设备在云南省德宏州瑞丽市进行了首次地热发电试验,并网成功;西藏古堆地热发电工作正在积极开展等。相信在不久的将来,我国地热发电将取得新的突破。

b.地热供暖。主要对北京、天津、西安、咸阳、郑州、鞍山、大庆林甸、河北霸州、固安、雄县等城镇地区进行供暖,面积约 2000 万平方米。其中对天津的 106 家单位供暖,供暖面积 940 万平方米,位全国第一,年节约原煤 22.51 万吨。

近 10 年来,由于热泵技术的应用,浅层地热资源开发有了快速的发展,地源热泵供暖的发展速度已超过常规中低温地热资源利用的发展速度。

c.医疗保健。我国大多数地热温泉均具有医疗价值,不少地热水可作为医疗矿泉水予以开发利用,实际利用工程也较普遍,遍布全国。

d.温泉洗浴和旅游度假。室内水上娱乐健身场所因有温度调控,活动不受气候变化的影响,近年来受到人们的青睐。地热温泉多分布在自然景区,自身集热能、水、矿于一体,既可为发展室内大型水上娱乐健身场所提供稳定的清洁能源,又可为其提供有一定医疗作用的矿水资源,是开发此类项目的首选或必备条件。一些开发商注意到了这点,从 20 世纪 90 年代初,开始利用地热发展室内水上娱乐健身场所,如广东恩平、海南琼海官塘等地,各地相互效仿,近年来发展较快。

e.水产养殖。在北京、天津、福建、广东、昆明、西安等地起步较早,建有养殖场地200 多处,鱼池面积 200 万平方米,多用于养殖鳗鱼、罗非鱼、对虾、河蟹、甲鱼等。近年来,随着温泉旅游业的发展,利用地热进行水产养殖已呈衰减之势。

f.温室种植。开发地热,建立地热温室,是发展特色农业、生态农业、现代化农业的条件之一,农业利用地热的典型代表是北京小汤山地区的现代农业园,利用不同作物的最低温度要求,梯级利用地热种植名贵花卉、特色蔬菜、反季节蔬菜和发展观光农业等,效果非常好。

g.农业灌溉。水质好，40℃以下的地热水或利用后的地热尾水，一般都直接用于农田灌溉。

h.工业利用。主要用于印染、粮食烘干和生产矿泉水等。

7.4.2 地热能利用发展趋势

7.4.2.1 世界地热能利用发展趋势

世界上已知的地热资源比较集中地分布在三个主要地带：一是环太平洋沿岸的地热带；二是从大西洋中脊向东横跨地中海、中东到我国滇、藏地热带；三是非洲大裂谷和红海大裂谷的地热带。这些地带都是地壳活动的异常区，多火山、地震，为高温地热资源比较集中的地区。

地热能的开发利用可分为发电和非发电两个方面。高温地热资源（150℃以上）主要用于发电；中温（90～150℃）和低温（25～90℃）的地热资源以直接利用为主，多用于采暖、干燥、工业、农林牧副渔业、医疗、旅游及人民的日常生活等方面；对于25℃以下的浅层地温，可利用地源热泵进行供暖、制冷。世界地热资源直接利用前10名的国家见表7-4。

表 7-4 世界地热资源直接利用前 10 名的国家

国家	热容量/MW	热容量排名	年产出热能/TJ	年产出热能排名
中国	2282	2	37908	1
日本	1166	4	27515	2
美国	3766	1	20302	3
冰岛	1469	3	20170	4
土耳其	820	5	15756	5
瑞典	377	10	4128	6
匈牙利	473	7	4085	7
瑞士	547	6	2386	8
德国	397	8	1568	9
加拿大	378	9	1023	10

2010 年，据世界地热大会统计：地热发电在 24 个国家，总装机容量达到了 10751MW，年发电利用 67246GW·h，平均利用系数为 72%。地热发电装机容量和发电量前 10 位的国家是美国、菲律宾、印度尼西亚、墨西哥、意大利、冰岛、新西兰、日本、萨尔瓦多、肯尼亚。至 2010 年，地热产量大的几个国家的装机能力如图 7-12 所示。

目前，全球运营中的地热发电站绝大部分是高温发电站。国外新能源发电享有可观的政府补贴，高温发电的投资不断增大，中低温发电也得到了快速发展。

利用地热能的典型国家有美国、冰岛、墨西哥和日本。

（1）美国 位于环太平洋地热带，热容量排名世界第一。据美国地热能源协会 2010 年发布的统计数据，地热发电能力达到 3.15GW，是世界最大地热发电生产国。美国现有 60 万台地热热泵在运转，占世界总数的 40% 左右。1975 年，美国进行地热资源评价结果表明：美国地热资源潜力巨大，将其分成以下四大类。

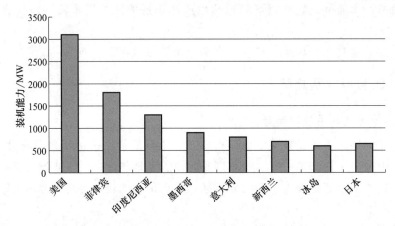

图 7-12 2010 年地热产量大的国家装机能力

① 区域传导为主的环境。根据区域热流量数据导出的热梯度"最佳估量值"算出 10km 以内的全部地下热能量。

② 地压地热系统。

③ 与火成岩活动（与火成岩侵入和形成有关的所有作用）有关的系统。已评价和尚未进行评价的火成岩活动相关系统的热能总量估计值为 4.2×10^{23} J。

④ 温度≥90℃的水热对流系统。水热对流系统（到 3km 深处）中计算出的已查明和未发现的热能量总和为 1.28×10^{22} J。估计水热对流系统热能量的平均采收率为 25%。用此数值估算，美国大于 150℃水热对流系统的已查明和尚待发现的地热资源为 1.52×10^{21} J，它能够产生 153000MW 电功率，而 90～150℃水热对流系统的地热资源总量估计值为 1.45×10^{21} J。

美国地热能主要投资在地热发电方面，近年来也加大地热供暖和热泵投资，前景很大。

（2）冰岛 属于大西洋中脊高温地热带，位于北大西洋靠近北极圈的海域，全国面积为 10.3 万平方公里。岛内有火山 200 多座，其中活火山 30 余座，冰岛地热田的分布与火山位置密切相关。在从西南向东北斜穿全岛的火山带上，分布着 26 个温度达到 250℃ 的高温蒸汽田，约 250 个温度不超过 150℃ 的低温地热田。冰岛地壳厚度 0～10km 范围的地热资源含量为 3×10^8 TW·h；地壳厚度 0～3km 范围内的地热含量为 3000×10^4 TW·h；技术上可利用量为 100×10^4 TW·h。若将全部地热能用来发电，每年可发电 800 多亿度。

冰岛是全球地热资源利用最普及的国家，地热资源利用量占全国能源总用量的 55%。地热资源主要用于以下两个方面。

一是发电。2008 年，冰岛地热发电装机容量为 575MW，另有 800MW 的容量在建设或规划中。

二是取暖。地热供暖占全国地热利用量的 64%，占全国供暖用能的 94%。早在 20 世纪初，冰岛首都雷克雅未克市政府就开始有计划地使用地热资源为城市进行区域供暖。目前，该市已拥有 10 个自动化热力站，供热管道 400 多公里，首都地区近 20 万居民已全部实现了地热供暖。目前，在冰岛除了 26 个市政管理的为城市进行区域供暖的系统外，还建有 200 个较小的乡村供热公司。

（3）墨西哥 同美国一样位于环太平洋高温地热带。由于特殊的地质条件，墨西哥蕴藏有丰富的地热资源。墨西哥地热能主要用于发电，发展潜力较大。

目前已经发现的地热显示区有 310 处，集中分布在中央火山带。另外，在加利福尼亚北部以及东西马德雷山脉也有分布。墨西哥有地热能 $8.15 \times 10^{19} \mathrm{J}$，所评价热储的平均值，相当于 $2.14 \times 10^{15} \mathrm{m}^3$ 天然气或 1.9×10^9 桶石油。经过二十多年的努力，墨西哥不仅探明了相当数量的地热资源，还建设起在全世界发电装机容量位居第 4 位的地热发电厂。

（4）日本　日本是环绕太平洋火山带的火山国之一，约有 100 座遍布全国的活火山，有丰富的地热资源，其储量排在印度尼西亚、美国之后，居世界第 3 位，换算成发电能力超过 $2 \times 10^7 \mathrm{kW}$。

日本高温地热资源丰富，主要用于地热发电，正在运营的地热发电站有 18 所，主要集中在东北和九州地区，总功率 $5 \times 10^5 \mathrm{kW \cdot h}$，约占国内总发电量的 0.2%。日本政府也通过制定《新能源特别措施》等政策和资金补贴等措施引导支持地热发电。

7.4.2.2　中国地热能利用发展趋势

截至 2017 年底，我国地源热泵装机容量达 2 万兆瓦，位居世界第一，年利用浅层地热能折合 1900 万吨标准煤，实现供暖（制冷）建筑面积超过 5 亿平方米，主要分布在北京、天津、河北、辽宁、山东、湖北、江苏、上海等省市的城区。近 10 年，我国对地热资源的勘查开发利用进展迅速，勘查、开发利用技术与管理逐步走向成熟，呈现以下趋势。

① 注意非地热异常区的地热资源勘查与开发，拓宽了地热资源开发利用的范围。地热资源分布广，在深部有强渗透储层分布的条件下，按地热增温率计算，在一定深度内都有可能获得所期望的地热资源。随着地质勘探技术的进步，目前钻 3000～4000m 的地热深井已不是难题，这就使得对地热资源的开发有了新的思路，不局限在地热异常区或分布较浅的地区，尤其是在一些大型沉积盆地区和有经济基础的城镇，开始进行隐伏地热资源开发的探索，有的已取得了成功，如沈阳城北开发区、石家庄、鹤壁等地。经济发展快的上海、苏州、扬州、镇江等地也开始了地热资源的勘查工作。

② 油田地区地热资源开发受到了普遍的关注。沉积盆地的油田地区实际上也是地热资源广泛分布的地区，相当一部分有水无油的石油勘探井可以改造为地热开采井。油田开采后期水多油气少，如华北、胜利一些油田含水量已高达 $95\% \sim 97\%$，逐步转为以开采地热资源为主，可在开发地热资源的同时开采剩余的油气资源，对油田地区的经济发展和产业调整十分有益。并在华北、胜利、大庆等地的油田进行了试点，取得了很好的效果。

③ 重视地热资源的综合利用与梯级利用，提高地热资源的利用率和经济社会效益。对地热资源的开发利用，已由初期的一次性利用向综合与梯级利用方向转化。地热水往往先用于采暖、供热，再用于环境用水，或依据建筑物对温度的不同要求实行梯级采暖，或将一次采暖后的尾水，利用热泵进一步提取其热能等方式，这些措施提高了地热资源的利用率和技术含量。在农业温室种植方面，也在考虑根据不同作物对温度的不同要求，对地热资源实行按温度的梯级合理利用，如北京小汤山地区的现代农业园、丰台南宫世界地热博览园。

④ 重视采灌结合，保证地热资源的可持续利用。在一些早期开发地热的地区，如北京、天津、福州、西安等地，地热水水头已有较明显的下降，在一定程度上影响到资源的开发和持续利用。根据国内外开发地热的经验，回灌已成为维持地热资源可持续利用和提高地热田资源开采率的共识。这些早期开发地热资源的地区，除了开展回灌试验研究外，也将采灌结合列入了对热田进行管理的重要内容。如北京小汤山热田，由 2002 年前的地热回灌试验逐步转向生产性回灌，在管理上，实施新增地热井必须同时建回灌井的措施，目前年回灌量已达年开采量的 30% 以上。

⑤ 推进规模化开发，使地热资源的配置趋于合理，提高行业整体经济效益。这一措施

是适应地热资源采灌结合的开采方式的需要，其目的是限制只采不灌的小型单位对地热资源的开发，在资源条件好的地区，鼓励有经济条件实行规模化开采并可实行采灌结合措施的单位开发地热资源。近年来，北京对昌平北七家及现代农业园、丰台南宫、北工大等开采地热资源的单位推行了这一模式，并拟对延庆、凤河营地热田的开发推行这一模式。

⑥ 地热开发利用中开始应用自动控制技术，提高管理水平。自动控制包括两方面的内容：一是对地热开采井的产量、水量配置、地热尾水的排放温度按供求的实际需要进行自动控制，达到节约使用的目的；二是对地热水的开采量、井内水位（头）变化、水温等参数实行自动监测及远距离传输，为地热资源统一管理、资源远景评价提供依据。在北京、天津、大庆林甸、陕西咸阳等地已启动了地热开采系统的自动监测及远距离传输等技术的应用工作。

⑦ 注重地热资源开发的品牌效应，积极申报命名与建设《中国温泉之乡、地热城》。自2003年我国首次命名广东省恩平为"中国温泉之乡"以来，短短五年多的时间内，相继有大庆林甸、海南琼海、北京小汤山、湖南郴州、广东清远、河北雄县、湖北咸宁、山东威海、重庆巴南、广东阳江、福建永泰和连江等13地被中国矿业联合会命名为"中国温泉之乡"；陕西咸阳、山东临沂被命名为"中国地热城"，陕西西安临潼被命名为"中国御温泉之都"；湖北应城汤池、河北霸州、固安、江苏连云港温泉旅游区、南京汤山五处地区被授予"全国温泉（地热）开发利用示范区"。这一活动，规范了地热（温泉）资源的开发与管理，提高了地区的知名度和地热开发利用的社会经济效益。

⑧ 利用热泵技术，开发浅部地热能发展地热采暖与空调。目前已普遍利用水（地）源热泵，将储存于恒温带以下一定深度的浅部低品位地热能用于采暖和空调，并已在北京、天津、沈阳等地得到了比较广泛的应用。

⑨ 开始关注干热岩的开发利用问题。干热岩是深埋于地下（一般在3000m以下）、温度大于200℃、内部不存在流体或仅有少量地下流体的岩体。岩体中赋存有丰富的地热资源。计算显示，地壳中"干热岩"所蕴含的能量相当于全球所有石油、天然气和煤炭所蕴藏能量的30倍，可以说是取之不尽、用之不竭的可再生能源。开发干热岩中的"热能"，就是通过钻井，从地表往干热岩中注入温度较低的水，注入的水沿着裂隙运动并与周边的岩石发生热交换，产生高温高压超临界水或水汽混合物，然后从生产井中提取高温蒸汽，用于地热发电和综合利用。目前，世界上众多经济较发达国家对利用干热岩发电的研究方兴未艾，美国、法国、德国、日本、意大利和英国等科技发达国家已基本掌握了干热岩发电的原理和技术。随着相关技术的迅速发展，可以预见在不久的将来，干热岩的利用将成为能源利用中不可或缺的重要部分。

作为可再生清洁能源，地热能已经被纳入"十二五"能源规划。国家初步计划在未来五年，完成地源热泵供暖（制冷）面积3.5亿立方米，预计总市场规模至少在700亿元左右。"到2015年，基本查清全国地热能资源情况和分布特点，建立国家地热能资源数据和信息服务体系。全国地热供暖面积达到5亿立方米，地热发电装机容量达到10万千瓦，地热能年利用量达到2000万吨标准煤，形成地热能资源评价、开发利用技术、关键设备制造、产业服务等比较完整的产业体系。"在《关于促进地热能开发利用的指导意见》中为未来地热产业的发展确定了发展目标，对地热发电给予电价补贴等利好政策的首次提出令业界振奋，但与此同时，专家也指出实现10万千瓦装机目标不易。

在地热发电方面，20世纪70年代，我国投资开发了7个中低温地热电站，包括西藏的羊八井电站，发电量占世界第 18 位。江西宜春县温汤镇利用 67℃ 的温度，带动 100kW 的发电机发电，这也是世界上温度最低的地热发电。从技术层面讲，我国在地热发电方面并不落后，目前主要还是需要国家给予更多政策上的支持。

地热资源是一种可再生的清洁能源，在我国十分丰富，分布广泛，浅层地热能随处可取。地热能作为新能源大家族中的成员是容易利用的。从能源角度看，促进新能源发展不仅符合世界能源的潮流，也是我国现阶段能源产业结构优化调整的需求。只要我们抓住机遇，调整政策，加大推进力度，我国地热能发展前景将极为广阔。

7.4.2.3　中国地热能开发利用"十三五"规划

（1）重点任务　一是在全国地热资源开发利用现状普查的基础上，查明我国主要水热型地热区（田）及浅层地热能、干热岩开发区地质条件、热储特征、地热资源的质量和数量，并对其开采技术经济条件做出评价，为合理开发利用提供依据。支持有能力的企业积极参与地热勘探评价并优先获得地热资源特许经营资格，将勘探评价数据统一纳入国家数据管理平台。二是积极推进水热型地热供暖在京津冀鲁豫和生态环境脆弱的青藏高原及毗邻区集中规划，统一开发。三是大力推广浅层地热能利用。四是在西藏、川西等高温地热资源区建设高温地热发电工程；在华北、江苏、福建、广东等地区建设若干中低温地热发电工程。建立、完善扶持地热发电的机制和政策体系。五是加强关键技术研发。六是加强信息监测统计体系建设。七是围绕地热能开发利用产业链、标准规范、人才培养和服务等，完善地热能产业体系。

（2）重点布局　一是根据资源情况和市场需求，选择京津冀、山西、陕西、山东、黑龙江、河南建设水热型地热供暖重大项目。二是在沿长江经济带地区，以重庆、上海、苏南地区城市群、武汉及周边城市群、贵阳市、银川市、梧州市、佛山市三水区为重点，整体推进浅层地热供暖（制冷）项目建设。三是在西藏地区，优选当雄县、那曲县等 9 个县境内的 11 处高温地热田作为"十三五"地热发电目标区域，有序启动 400MW 装机容量规划或建设工作。四是在东部地区，重点在河北、天津、江苏、福建、广东、江西等地积极发展中低温地热发电。五是开展万米以浅地热资源勘查开发工作，积极在藏南、川西、滇西、福建、华北平原、长白山等资源丰富地区开展干热岩发电试验。

🔵思考题

1.地热能具有哪些资源特性？

2.地热能资源分为哪几种形式？

3.地热发电分为哪几种工艺类型？

4.简述目前我国地热供暖的方式有哪些？

5.论述浅层地热能开发利用的优点和优势。

🔵参考文献

[1] 鹿清华，张晓熙，何祚云.国内外地热发展现状及趋势分析.石油石化节能与减排，2012，2（1）：39-42.
[2] 徐伟，等.中国地源热泵发展研究报告（2008 年）.北京：中国建筑工业出版社，2009.
[3] 詹麒.国内外地热开发利用现状浅析.理论与实践，2009，(7)：71-75.
[4] 王效勇.地热能开发利用.科技创新导报，2012，26：33.
[5] 徐伟，张时聪.我国地源热泵技术现状及发展趋势.智能建筑，2007，8（5）：43-46.
[6] 国家能源局.地热能开发利用"十三五"规划.2017.
[7] 朱纹汶.可再生能源——地热能的应用探讨.中氮肥，2017，4：78.
[8] 胡甲国.我国地热能开发利用情况及发展趋势分析.太阳能，2018，5：17-20.
[9] 檀之舟.我国开发利用地热资源的几点思考.中国国土资源经济，2018，11：61-65.

第8章　核能

8.1　概述

微课：核能

核能或称原子能是通过质量转化而从原子核中释放的能量，符合阿尔伯特·爱因斯坦的方程 $E=mc^2$，其中，E 为能量，m 为质量，c 为光速常量。核能通过三种核反应之一释放：核裂变，打开原子核的结合力；核聚变，原子的粒子熔合在一起；核衰变，自然的慢得多的裂变形式。

19 世纪末，物质结构的研究开始进入微观领域，此后的几十年内，人类在这方面取得了重大进展，在物理学中建立了研究物质微观结构的三个分支学科——原子物理、原子核物理和粒子物理；发现了微观世界的运动规律，创造了量子力学和量子场论。原子能的释放，为人类社会提供了一种新能源，推动社会进入原子能时代。原子能的释放，是通过原子核反应实现的，是 20 世纪物理学对人类社会的最大贡献之一。人们又称原子能为核能，将核能转化为热能或转化为电能，都要通过核反应堆这样的装置。

8.1.1　核能的应用历史

19 世纪末英国物理学家汤姆逊发现了电子。1895 年德国物理学家伦琴发现了 X 射线。1896 年法国物理学家贝克勒尔发现了天然放射现象。1898 年居里夫人发现新的放射性元素钋。1902 年居里夫人经过 4 年的艰苦努力又发现了放射性元素镭。1905 年爱因斯坦提出质能转换公式。1914 年英国物理学家卢瑟福通过实验确定氢原子核是一个正电荷单元，称为质子。1935 年英国物理学家查得威克发现了中子。1938 年德国科学家奥托哈恩用中子轰击铀原子核发现了核裂变现象。1942 年 12 月 2 日美国芝加哥大学成功启动了世界上第一座核反应堆。1945 年 8 月 6 日和 9 日美国将两颗原子弹先后投在了日本的广岛和长崎。1954 年世界上第一艘核动力潜艇——"鹦鹉螺"号正式服役。1957 年前苏联建成了世界上第一座核电站——奥布灵斯克核电站。1961 年世界第一艘核动力航母——"企业"号正式服役。

1945 年之前，人类在核能利用领域只涉及物理变化和化学变化。随着核技术的逐渐成熟,第二次世界大战时原子弹诞生了,随后出现了核潜艇、核电站、核航母等,人类开始将核能运用于军事、能源、工业、航天等领域。美国、俄罗斯、英国、法国、中国、日本、以色列等国家相继展开对核能应用前景的研究,其中最重要的即是核能发电的研究。

8.1.2 核能发电

核能发电是利用核反应堆中核裂变所释放出的热能进行发电的方式。它与火力发电极其相似,只是以核反应堆及蒸汽发生器来代替火力发电的锅炉,以核裂变能代替矿物燃料的化学能。其能量转换过程为:核能→水和水蒸气的内能→发电机转子的机械能→电能。除沸水堆外,轻水堆等其他类型的动力堆都是利用一回路的冷却剂通过堆芯加热,在蒸汽发生器中将热量传给二回路或三回路的水,然后形成蒸汽推动汽轮发电机。沸水堆则是一回路的冷却剂通过堆芯加热变成 70atm(1atm=101325Pa) 左右的饱和蒸汽,经汽水分离并干燥后直接推动汽轮机旋转,进而带动发电机旋转做功产生电能。

核能发电利用铀燃料进行核分裂连锁反应所产生的热将水加热成高温高压蒸汽,利用产生的水蒸气推动蒸汽轮机并带动发电机。核反应所放出的热量较燃烧化石燃料所放出的能量要高很多,所以需要的燃料体积比火力电厂少相当多。核能发电所使用的铀235只占3%~4%,其余皆为无法产生核裂变的铀238。举例而言:一核电厂每年要用掉80t的核燃料,只要2个标准货柜就可以运载。如果换成燃煤需要515万吨,每天要用20t的大卡车运705车才够。如果使用天然气需要143万吨,相当于每天烧掉20万桶家用瓦斯。

因核能发电反应堆与动力堆技术是相通的,所以两者的发展历史也密切相关。1939年,O.哈恩和F.斯特拉斯曼发现核裂变。1942年,E.费米建立了第一个裂变反应堆,开创了人类掌握核能源的新纪元。1954年,前苏联建成世界上第一座装机容量为5MW的核电站——奥布宁斯克核电站。英国、美国等国家也相继建成各种类型的核电站。到1960年,有5个国家建成20座核电站,装机容量为1279MW。随着相关技术的飞速发展,核能的发电成本在逐渐降低,到1966年,核能发电成本已经低于火电发电成本,核能发电真正迈入实用阶段。1978年,全世界22个国家和地区正在运行的30MW以上的核电站反应堆已达200多座,总装机容量已达107776MW。到1991年,全世界近30个国家和地区建成的核电机组为423套,总容量为3.275亿千瓦,其发电量占全世界总发电量的约16%。截至2011年12月31日,全球共有435台现役核电机组,总净装机容量为3.68亿千瓦。现在部分国家核能发电已经占全国发电总量的80%以上。随着社会的发展和化石能源的消耗,核能占世界能源消费的比重必将大幅度增加。世界核电机组概况见表8-1。

表 8-1 世界核电机组概况

堆型	运行中机组	运行中净功率/MW	总计机组	总计功率/MW
压水堆	256	227690	289	259492
沸水堆	92	79774	98	86866
各种气冷堆	32	10850	32	10850
各种重水堆	43	21839	52	27241
轻水冷却石墨慢化堆	13	12545	14	13470
液态金属快中子增殖堆	2	739	5	2573
总计	438	353437	490	400492

中国大陆的核电起步较晚,20世纪80年代才动工兴建核电站。中国自行设计建造的30

万千瓦秦山核电站在1991年底投入运行。大亚湾核电站于1987年开工，于1994年全部并网发电。截止到2012年末，我国有6座核电站运行，有12座在建核电站，预计2020年我国核电总投产达到4000万千瓦，核电年发电量达到2600亿千瓦·时，可占全国发电量的6%以上。

8.1.3　核能发电的原理

从宏观上看，核能发电与传统的火力发电中热能向机械能的转化、机械能向电能的转化是相同的。核电站是利用核反应堆中的核裂变提供能量加热工质，火电站是通过锅炉中化石燃料的燃烧加热工质。

核能发电的能量来自核反应堆中的可裂变材料——核燃料进行裂变反应所释放的裂变能。裂变反应是指铀235、钚239、铀233等重元素在中子作用下分裂为两个碎片，同时放出中子和大量能量的过程。反应中可裂变物的原子核吸收一个中子后发生裂变并放出两三个中子，若这些中子中至少有一个能引起另一个原子核裂变使裂变自持地进行，则这种反应称为链式裂变反应。实现链式反应是核能发电的前提。

8.1.4　核能应用的优劣

世界上有比较丰富的核资源，核燃料有铀、钍、氘、锂、硼等。世界上铀的储量约为417万吨。地球上可供开发的核燃料资源可提供的能量是矿石燃料的十多万倍。

核能应用作为缓和世界能源危机的一种经济有效的措施有许多的优点。其一是核燃料具有许多优点，如体积小而能量大，核能比化学能大几百万倍。1000g铀235完全裂变释放的能量相当于2500t标准煤释放的能量，一座100万千瓦的大型烧煤电站每年需原煤300万～400万吨，运这些煤需要2760列火车，相当于每天8列火车，还要运走4000万吨灰渣。而同功率的压水堆核电站一年仅耗铀含量为3%的低浓缩铀燃料28t。每一磅铀的成本约为20美元，换算成1千瓦发电经费是0.001美元左右，这和目前的传统发电成本比较便宜许多，而且由于核燃料的运输量小，所以核电站就可建在最需要的工业区附近。核电站的基本建设投资一般是同等火电站的一倍半到两倍，不过它的核燃料费用却要比煤便宜得多，运行维修费用也比火电站少。如果掌握了核聚变反应技术，使用海水作燃料，则更是取之不尽、用之方便。其二是污染少。火电站不断地向大气里排放二氧化硫和氧化氮等有害物质，同时煤里的少量铀、钍和镭等放射性物质也会随着烟尘飘落到火电站的周围污染环境。而核电站设置了层层屏障，基本上不排放污染环境的物质，就是放射性污染也比烧煤电站少得多。据统计，核电站正常运行的时候一年给居民带来的放射性影响还不到一次X射线透视所受的剂量。其三是安全性强。从第一座核电站建成以来全世界投入运行的核电站达400多座，近20多年来没有因安全技术问题而发生重大核事故。虽然发生过1979年美国三里岛压水堆核电事故、1986年前苏联切尔诺贝利石墨沸水堆核电事故和2011年日本福岛核电事故，但随着压水堆的进一步改进，核电站变得更加安全。

但核能应用也存在一些缺点。

① 核电厂会产生高低阶放射性废料或者是使用过的核燃料，虽然所占体积不大，但因具有放射性，故必须慎重处理且需面对相当大的政治困扰。

② 核电厂热效率较低，因而比一般化石燃料电厂排放更多废热到环境里，故核电厂的热污染较严重。

③ 核电厂投资成本太大，电力公司的财务风险较高。

④ 核电厂较不适宜做尖峰、离峰的随载运转。

⑤ 兴建核电厂较易引发政治意见纷争。

⑥ 核电厂的反应器内有大量的放射性物质，如果在事故中释放到外界环境，会对生态及民众造成伤害。

8.1.5 海洋的核资源

铀是高能量的核燃料，1kg 铀可供利用的能量相当于燃烧 2250t 优质煤。然而陆地上铀的储藏量并不丰富且分布极不均匀，只有少数国家拥有有限的铀矿。全世界较适于开采的只有 100 万吨，加上低品位铀矿及其副产铀化物，总量也不超过 500 万吨，按目前的消耗量只够开采几十年。而在巨大的海水水体中却含有丰富的铀矿资源。据估计，海水中溶解的铀的数量可达 45 亿吨，相当于陆地总储量的几千倍。如果能将海水中的铀全部提取出来，所含的裂变能可保证人类几万年的能源需要。不过海水中含铀的浓度很低，1000t 海水只含有 3g 铀。要从海水中提取铀从技术上讲是十分困难的事情，需要处理大量海水，技术工艺十分复杂。但是人们已经试验了很多种海水提铀的办法，如吸附法、共沉法、气泡分离法以及藻类生物浓缩法等。

20 世纪 60 年代起，日本、英国、德国等先后着手研究从海水中提取铀，并且逐渐建立了从海水中提取铀的多种方法。其中以水合氧化钛吸附剂为基础的无机吸附方法的研究进展最快。目前评估海水提铀可行性的依据之一是一种采用高分子黏合剂和水合氧化钴制成的复合型钛吸附剂，现在海水提铀已从基础研究转向开发应用研究的阶段。日本已建成年产 10kg 铀的中试工厂，一些沿海国家也计划建造百吨级甚至千吨级工业规模的海水提铀厂。

每升海水中含有 0.03g 氘，这 0.03g 氘聚变时释放出的能量相当于 300L 汽油燃烧的能量。海水的总体积为 13.7 亿立方千米，共含有几亿千克的氘，这些氘的聚变所释放出的能量足以保证人类上百亿年的能源消耗。而且氘的提取方法简便，成本较低，核聚变堆的运行也是十分安全的。因此以海水中的氘、氚为原料的核聚变能解决人类未来的能源需要，将展示出最好的前景。

1991 年 11 月 9 日，由 14 个欧洲国家合资在欧洲联合环型核裂变装置上成功地进行了首次氘-氚受控核聚变试验，发出了 1.8MW 电力的聚变能量，持续时间为 2s，温度高达 3 亿摄氏度，比太阳内部的温度还高 20 倍。核聚变比核裂变产生的能量效应要高 600 倍，比煤高 1000 万倍。因此科学家们认为氘-氚受控核聚变试验的成功是人类开发新能源的一个里程碑。核聚变技术和海洋氘、氚提取技术的发展和不断成熟，将对人类社会的进步产生重大的影响。

另外，金属锂是用于制造氢弹的重要原料。海洋中每升海水含锂 $15 \sim 20$ mg，海水中锂总储量约为 2.5×10^{11} t。随着受控核聚变技术的发展，同位素锂 6 聚变释放的巨大能量最终将和平服务于人类。锂还是理想的电池原料，含锂的铝镍合金在航天工业中占有重要位置。此外，锂在化工、玻璃、电子、陶瓷等领域的应用也有较大发展，目前主要是采用蒸发结晶法、沉淀法、溶剂萃取法及离子交换法从卤水中提取锂。

重水也是原子能反应堆的减速剂和传热介质，还是制造氢弹的原料。海水中含有 2×10^{14} t 重水，如果人类一直致力的受控热核聚变的研究得以解决，从海水中大规模提取重水一旦实现，海洋就能为人类提供取之不尽、用之不竭的能源。

8.1.6　月球的核应用

早在 20 世纪 60 年代末和 70 年代初，美国"阿波罗"飞船登月 6 次，带回 368.194kg 的月球岩石和尘埃。科学家将月球尘埃加热到 3000 ℉ $\left[t/℃ = \dfrac{5}{9}\ (t/℉-32)\right]$ 时发现有氦等物质，经进一步分析鉴定月球上存在大量的氦 3。科学家在进行了大量研究后认为，采用氦 3 的聚变来发电会更加安全。

有关专家认为氦 3 在地球上特别少，但是月球上很多，光是氦 3 就可以为地球开发 1 万～5 万年用的核电。地球上的氦 3 总量仅有 10～15t，可谓奇缺。但是科学家在分析了从月球上带回来的月壤样品后估算，在上亿年的时间里月球保存着大约 5 亿吨氦 3，如果供人类作为替代能源使用，足以使用上千年。

8.2　原子核物理基础

8.2.1　原子核物理发展介绍

人类首次观测到核变化是在 1896 年，A. H. 贝可勒尔发现了天然放射性，人类首次观测到核变化，通常将它作为核物理学的开端。此后的 40 多年，科学家们主要从事放射性衰变规律和射线性质的研究，并用射线对原子核做初步探讨；还创建了一系列探测方法和测量仪器，一些基本设备如各种计数器、电离室等沿用至今。

放射性衰变的研究证明了一种元素可以通过 α 衰变或 β 衰变而变成另一种元素，推翻了元素不可改变的观点，还确立了衰变规律的统计性。统计性是微观世界物质运动的一个根本性质，同经典力学和电磁学所研究的宏观世界物质运动有原则上的区别。衰变中发射的能量很大的射线，特别是 α 射线，为探索原子结构提供了前所未有的武器。1911 年，E.卢瑟福等用 α 射线轰击各种原子，通过射线偏折的分析确立了原子的核式结构，并提出原子结构的行星模型，为原子物理学奠定了基础；还首次提出原子核这个词，不久便初步弄清了原子的壳层结构和其电子的运动规律，建立和发展了阐明微观世界物质运动规律的量子力学。

1919 年，卢瑟福等发现用 α 射线轰击氮核时释放出质子，首次实现人工核反应。此后用射线引起核反应的方法逐渐成为研究原子核的主要手段。初期取得的重大成果是 1932 年中子的发现和 1934 年人工放射性核素的制备。中子的发现不仅为核结构的研究提供必要的前提，还因为它不带电荷，不受核电荷的排斥，容易进入原子核而引起中子核反应，成为研究原子核的重要手段。20 世纪 30 年代，人们还从对宇宙线的观测发现正电子和"介子"（后称 μ 子），这些发现是粒子物理学的先河。20 年代后期，开始探讨加速带电粒子的原理。30 年代初，静电、直线和回旋等类型的粒子加速器已具雏形，在高压倍加器上实现初步核反应。利用加速器可以获得束流更强、能量更高和种类更多的射线束，大大扩展了核反应的研究，使加速器逐渐成为研究原子核、应用核技术的必要设备。在核物理的最初阶段已注意它的应用，特别是核射线治疗疾病例如肿瘤的作用，这是它当时受社会重视的重要原因。

1939 年，O.哈恩和 F.斯特拉斯曼发现核裂变，1942 年，E.费米建立了第一个裂变反应堆，开创了人类掌握核能源的新世纪。核能几乎是用之不竭的能源，为了有效利用核能源、发展核武器，需要解决一系列很复杂的科学技术问题，而核物理和核技术是其中心环节。因此，核物理飞跃发展，成为竞争十分激烈的科技领域。这一阶段持续 30 年左右，是核物理的大发展时期。在此期间，粒子的加速和探测技术有很大发展：20 世纪 30 年代，最多只能把质子加速到 $1×10^6$ eV 的数量级；70 年代，已达到 $4×10^{11}$ eV，可产生能散度特小、准直度特高或流强特大的各种束流。在探测技术方面，半导体计数器的应用大大提高了测定射线能量的分辨率。核电子学和计算技术的飞速发展，从根本上改善了获取和处理实验数据的能力，也大大扩展了理论计算的范围。

通过核反应，人工合成了 17 种原子序数大于 92 的超铀元素和上千种新的放射性核素，表明元素仅仅是在一定条件下相对稳定的物质结构单位，并不是永恒不变的。天体物理的研究证明，核反应是天体演化中起关键作用的过程，核能是天体能量的主要来源。还初步了解到天体演化过程就是各种原子核的形成和演变的过程，诞生了新的边缘学科如宇宙化学。通过高能和超高能射线束和原子核的相互作用，发现了上百种短寿命的粒子，包括各种重子、介子、轻子和共振态粒子。庞大的粒子家族的出现，使物质世界的研究进入新阶段，建立了粒子物理学。这是物质结构研究的新前沿，再次证明了物质的不可穷尽性。各种高能射线束还提供了用其他方法不能获得的核结构知识。

我们可以回顾原子物理学和原子核物理学的历史，1913—1927 年，曾经出现四个关于氢原子的理论（玻尔理论、索末菲理论、薛定谔理论和狄拉克理论），这些理论都能说明氢原子的光谱，而从海森伯 1932 年提出原子核结构之后，到现在八十多年时间中，曾出现许多原子核的理论，没有任何一个理论能够解释原子核的质量等静态数据和核的放射性，这说明人们对原子的认识基本是正确的，而对原子核的认识从一开始就进入了误区。

核能利用方面也不像前阶段那样迫切需要核物理提供数据、研制关键设备。从 20 世纪 70 年代起，核物理进入纵深发展和广泛应用的更为成熟的阶段。在现阶段，由于重离子加速技术的发展，已能有效地加速从氢到铀全部元素的离子，能量达到每核子 $1×10^9$ eV，扩充了变革原子核的手段，使重离子核物理研究有全面的发展。强束流的中、高能加速器不仅提供直接加速的离子流，还能提供诸如 π 介子、K 介子等次级粒子束，从另一方面扩充了研究原子核的手段，加速了高能核物理的发展。超导加速器将大大缩小加速器的尺寸，降低造价和运转费用，并提高束流的品质。

核物理实验方法和射线探测技术也有了新的发展。核物理基础研究的主要目标有两个方面。

① 通过核现象研究粒子的性质和作用，特别是核子间的相互作用。一些重要问题如中子的电偶极矩、中微子的质量和质子的寿命等都要通过低能核物理实验测定；粒子间相互作用的重要知识也可由中高能核物理提供。

② 核多体系运动的研究。核多体系是运动形态很丰富的体系，过去主要研究了基态和低激发态的性质以及一些核反应机制，对于高自旋态、高激发态、大变形态以及远离 β 稳定线核素等特殊运动形态的研究才刚开始，对基态和低激发态的实验知识也不足，远小于多体波函数提供的信息。核运动形态的研究将在相当长的时期内成为核物理基础研究的主要部分。

8.2.2　原子核物理基础理论

原子由位于中心的原子核和围绕原子核运动的若干电子组成，原子核由质子和中子组成，统称为核子，电子质量只有核子的 1/1840，原子质量几乎全部集中在原子核上。

原子核内质子和中子的总数称为核子数，或质量数，用 A 表示。

原子核的质子数或核外电子数决定了元素化学性质，称为元素原子序数，用 Z 表示。

原子序数相同而质量数（核子数）不同的元素，称为同位素。例如，铀同位素有 ${}^{234}_{92}U$、${}^{235}_{92}U$、${}^{238}_{92}U$ 等 14 种。这种表达式既反映元素化学性质，又反映原子结构，便于写出各种核反应。

核能（或称原子能）是通过转化其质量从原子核释放的能量，符合阿尔伯特·爱因斯坦的方程 $E=mc^2$，其中，E 为能量，m 为质量，c 为光速常量。

原子核的结合能是由质量转化为能量的。既然一个原子是由它的一定数量的质子、一定数量的中子和一定数量的电子所组成，那么一个原子的质量就应当是它所含的质子、中子和电子的质量之和。而实际上测得的这个原子质量要小一些，这个原子应有质量和实际质量之差称为质量亏损。由这些质量转化为能量，而形成核力或结合能，因此可从质量亏损计算出结合能。

原子核的平均结合能是指原子核的结合能除以组成原子核的核子数 A。如图 8-1 所示，

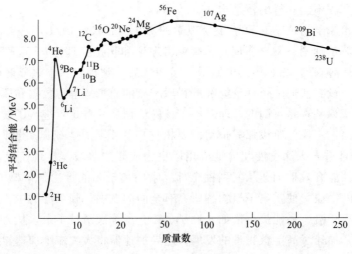

图 8-1 平均结合能曲线

大部分原子核平均结合能在 $7\sim8.5\mathrm{MeV}$ 之间，当 A 在 125 左右，核子平均结合能最大，而轻核和重核均具有较小的平均结合能。这样当一个质量较重的重核，发生裂变反应形成两个以上质量较轻的轻核时，由于重核结合能较轻核结合能之和少，轻核结合后要多释放出能量，这就是核裂变产能过程。例如，${}^{235}_{92}U$ 裂变为两个较轻的原子核。另外，由两个或两个以上的轻核相聚合形成结合能较大的重核，可放出核能，形成核聚变反应过程。

核能通过三种核反应之一释放。

① 核裂变，可裂变重核裂变成两个、三个或多个中等质量核的核反应。在裂变过程中有大量能量释放出来，且相伴放出 $2\sim3$ 个次级中子。裂变反应包括用中子轰击引起的裂变和自发裂变两种。

② 核聚变，由轻原子核融合生成较重的原子核，同时释放出巨大能量的核反应。为此，轻核需要能量来克服库仑势垒，当该能量来自高温状态下的热运动时，聚变反应又称热核反应。

③ 核衰变，是原子核自发射出某种粒子而变为另一种核的过程，除了天然存在的放射

性核素以外，还存在大量人工制造的其他放射性核素。它们在科学研究、工业、医学以及其他领域内均有重要应用，应用最多的有钴60、铯137、氚、锶90、碘131和磷32等。放射性的类型除了放射 α、β、γ 粒子以外，还有放射正电子、质子、中子、中微子等粒子以及自发裂变、β缓发粒子等。

8.2.2.1 核裂变

核裂变又称核分裂，只有一些质量非常大的原子核像铀等才能发生核裂变，原子核在发生核裂变时，释放出巨大的能量称为原子核能，俗称原子能。1t 铀235 的全部核裂变将产生 20000MW·h 的能量（足以让 20MW 的发电站运转 1000h），与燃烧 300 万吨煤释放的能量一样多。铀裂变在核电厂最常见，加热后铀原子放出 2~4 个中子，中子再去撞击其他原子，从而形成链式反应而自发裂变。铀235 核裂变反应见图 8-2。撞击时除放出中子外，还会放出热，再加快撞击，但如果温度太高，反应炉会熔掉，而演变成反应炉熔毁造成严重灾害，因此通常会放控制棒（硼制成）去吸收中子以降低分裂速度。下面是铀裂变的方程式：

$$U+n \longrightarrow Nd+Zr+3n+8e^- +反微中子$$

$$U+n \longrightarrow Sr+Xe+10n \qquad U+n \longrightarrow Ba+Kr+3n \qquad U+n \longrightarrow Ba+Kr+3n$$

在发生裂变时，裂变反应的直接（瞬发）产物，如以下反应中生成的氙（$^{140}_{54}Xe$）和锶（$^{94}_{38}Sr$），都称为裂变碎片，它们和它们的衰变产物都称为裂变产物：

$$^{235}_{92}U+^{1}_{0}n \longrightarrow ^{140}_{54}Xe+^{94}_{38}Sr+2^{1}_{0}n$$

实际上，$^{235}_{92}U$ 裂变时会形成 60 余种不同的碎片，这些碎片通过 β 衰变产生约 250 种不同核素的裂变产物，裂变碎片的质量分布见图 8-3，图中曲线呈现两个明显的峰，分别位于质量数 95 和 140 附近，而分裂成质量数恰好相等的两半的概率很小，大约只占 0.01%。裂变碎片会发生一系列的衰变，具有很强的放射性，主要是 β 射线和 γ 射线，其中有些核素半衰期较长，给核燃料后处理带来困难。

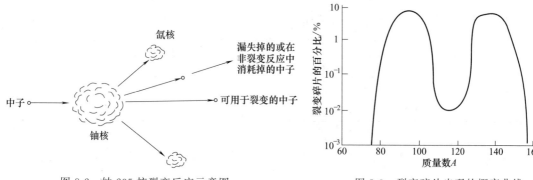

图 8-2 铀 235 核裂变反应示意图　　　　　图 8-3 裂变碎片出现的概率曲线

重原子核为什么会裂变呢？轻原子核为什么不能裂变呢？裂变释放能量是因为原子核中质量-能量的储存方式以铁及相关元素的核的形态最为有效。从最重的元素一直到铁，能量储存效率基本上是连续变化的，所以，重核能够分裂为较轻核（到铁为止）的任何过程在能量关系上都是有利的。如果较重元素的核能够分裂并形成较轻的核，就会有能量释放出来。然而，很多这类重元素的核一旦在恒星内部形成，即使在形成时要求输入能量（取自超新星爆发），它们却是很稳定的。不稳定的重核，比如铀 235 的核，可以自发裂变。快速运动的中子撞击不稳定核时，也能触发裂变。由于裂变本身释放分裂的核内中子，所以如果将足够数量的放射性物质（如铀235）堆在一起，那么一个核的自发裂变将触发近旁两个或更多核的裂变，其中每一个至少又触发另外两个核的裂变，依次类推而发生所谓的链式反应。这就是称为原子弹（实际上是核弹）和用于发电的核反应堆（通过受控的缓慢方式）的能量释放过程。对于核弹，链式反应是失控的爆炸，因为每个核的裂变引起另外好几个核的裂变。

8.2.2.2 核聚变

核聚变是指由质量小的原子，主要是指氘或氚在一定条件下（如超高温和高压）发生原子核互相聚合作用，生成新的质量更重的原子核，并伴随着巨大的能量释放的一种核反应形式（图8-4）。

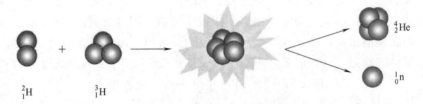

图8-4 氘、氚核聚变示意图

氘氚聚变只能算"第一代"聚变，优点是燃料无比便宜，缺点是有中子。

"第二代"聚变是氘和氦3反应。这个反应本身不产生中子，但其中既然有氘，氘氘反应也会产生中子，可是总量非常少。如果第一代核电站必须远离闹市区，第二代估计可以直接放在市中心。

"第三代"聚变是让氦3与氦3反应。这种聚变完全不会产生中子，这个反应堪称终极聚变。

对于任何一个反应的进行都是有一定的条件限制的，核聚变反应也是如此。有研究表明，等离子体密度和约束时间的乘积必须大于某一值，热核反应才能持续进行，在核物理中将这一条件称为劳逊条件，如表8-2所列。

表8-2 可控核聚变反应堆需要满足的基本条件

反应堆类型	最低温度/K	等离子体密度/（个/cm³）	最少约束时间/s	劳逊条件/（s·个/cm³）
氘氚反应	10^8	$10^{14} \sim 10^{16}$	$0.01 \sim 1$	10^{14}
氘氘反应	5×10^8	$0.2 \times 10^{14} \sim 0.2 \times 10^{16}$	$5 \sim 500$	10^{16}

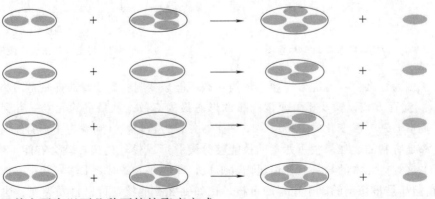

目前主要有以下几种可控核聚变方式。

① 超声波核聚变。

② 激光约束（惯性约束）核聚变。

③ 磁约束核聚变（托卡马克）。

典型的聚变反应是：

$$_{1}^{2}\mathrm{H}+_{1}^{2}\mathrm{H}\longrightarrow_{2}^{3}\mathrm{He}+_{0}^{1}\mathrm{n}+3.2\times10^{6}\,\mathrm{eV}$$

$$_{1}^{2}\mathrm{H}+_{1}^{2}\mathrm{H}\longrightarrow_{1}^{3}\mathrm{H}+_{1}^{1}\mathrm{H}+4\times10^{6}\,\mathrm{eV}$$

$$_{1}^{3}\mathrm{H}+_{1}^{2}\mathrm{H}\longrightarrow_{2}^{4}\mathrm{H}+_{0}^{1}\mathrm{n}+1.76\times10^{7}\,\mathrm{eV}$$

$$_{1}^{2}\mathrm{H}+_{2}^{3}\mathrm{He}\longrightarrow_{2}^{4}\mathrm{H}+_{1}^{1}\mathrm{H}+1.8\times10^{7}\,\mathrm{eV}$$

8.2.3 核衰变

核衰变过程中放射性放出的射线有三种。

① α射线，是带正电荷的氦核，由两个质子和两个中子组成——$_{2}^{4}\mathrm{He}$。具有最强的电离作用，从放射源飞出速度在 $2\times10^{4}\,\mathrm{m/s}$ 左右。穿透本领很小，在云室中留下粗而短的径迹。

② β射线，是带负电荷的高速电子流，一个β粒子就是一个电子，电离作用较弱，β粒子速度可达 $20\times10^{4}\,\mathrm{m/s}$。穿透本领较强，云室中的径迹细而长。

③ γ射线，是一种波长非常短、频率很高的电磁波。电离作用最弱，穿透本领最强，云室中不留痕迹。

8.3 核反应堆及核燃料

8.3.1 核反应堆

核反应堆（nuclear reactor），又称原子反应堆或反应堆，是指装配了铀或钚等核燃料，使得在无须补加中子源的条件下，实现大规模可控制的自持式核裂变链式反应并释放能量的装置。更广泛的意义上讲，反应堆这一术语应覆盖裂变堆、聚变堆、裂变聚变混合堆，但一般情况下仅指裂变堆。

8.3.1.1 核反应堆的类型

根据用途，核反应堆可以分为以下几种类型。

① 将中子束用于实验或利用中子束的核反应堆，包括研究堆、材料实验等。

② 生产放射性同位素的核反应堆。

③ 生产核裂变物质的核反应堆，称为生产堆。

④ 提供取暖、海水淡化、化工等用的热量的核反应堆，比如多目的堆。

⑤ 为发电而产生热量的核反应堆，称为发电堆。

⑥ 用于推进船舶、飞机、火箭等的核反应堆，称为推进堆。

另外，核反应堆根据燃料类型分为天然气铀堆、浓缩铀堆、钍堆；根据中子能量分为快中子堆和热中子堆；根据冷却剂（载热剂）材料分为水冷堆、气冷堆、有机液冷堆、液态金属冷堆；根据慢化剂（减速剂）分为石墨堆、重水堆、压水堆、沸水堆、有机堆、熔盐堆、铍堆；根据中子通量分为高通量堆和一般能量堆；根据热工状态分为沸腾堆、非沸腾堆、压水堆；根据运行方式分为脉冲堆和稳态堆，等等。核反应堆概念上可有900多种设计，但现实中非常有限。

8.3.1.2　核反应堆的工作原理

以压水堆核电厂为例：当铀235的原子核受到外来中子轰击时，一个原子核会吸收一个中子分裂成两个质量较小的原子核，同时放出2～3个中子。此裂变产生的中子又去轰击另外的铀235原子核，引起新的裂变。如此持续进行就是裂变的链式反应。链式反应产生大量热能，用循环水（或其他物质）带走热量才能避免反应堆因过热而烧毁。导出的热量可以使水变成水蒸气，推动汽轮机发电。由此可知，核反应堆最基本的组成是裂变原子核＋热载体。但是只有这两项是不能工作的。因为，高速中子会大量飞散，这就需要使中子减速增加与原子核碰撞的机会；核反应堆要依人的意愿决定工作状态，这就要有控制设施；铀及裂变产物都有强放射性，会对人造成伤害，因此必须有可靠的防护措施。综上所述，核反应堆的合理结构应该是核燃料＋慢化剂＋热载体＋控制设施＋防护装置。

8.3.1.3　核反应堆的核心组件

（1）慢化剂　核燃料裂变反应释放的中子为快中子，而在热中子或中能中子反应堆中要应用慢化中子维持链式反应，慢化剂就是用来将快中子能量减少，使之慢化成为中能中子的物质。选择慢化剂要考虑许多不同的要求。首先是核特性，即良好的慢化性能和尽可能低的中子俘获截面；其次是价格、机械特性和辐照敏感性。有时慢化剂兼作冷却剂，即使不是，在设计中两者也是紧密相关的。应用最多的固体慢化剂是石墨，其优点是具有良好的慢化性能和机械加工性能、小的中子俘获截面和价廉。石墨是迄今发现的可以采用天然铀为燃料的两种慢化剂之一；另一种是重水。其他种类慢化剂则必须使用浓缩的核燃料。从核特性看，重水是更好的慢化剂，并且因其是液体，可兼作冷却剂，主要缺点是价格较贵，系统设计需有严格的密封要求。轻水是应用最广泛的慢化剂，虽然它的慢化性能不如重水，但价格便宜。重水和轻水有共同的缺点，即产生辐照分解，出现氢、氧的积累和复合。

（2）控制棒　在反应堆中起补偿和调节中子反应性以及紧急停堆的作用。制作控制棒的材料其热中子吸收截面大，而散射截面小。好的控制棒材料（如铪、镝等）在吸收中子后产生的新同位素仍具有大的热中子吸收截面，因而使用寿命很长。核电站常用的控制棒材料有硼钢、银-铟-镉合金等。其中含硼材料因资源丰富、价格低，应用较广，但它容易产生辐照脆化和尺寸变化（肿胀）。银-铟-镉合金热中子吸收截面大，是轻水堆的主要控制材料。

（3）冷却剂　由主循环泵驱动，在一回路中循环，从堆芯带走热量并传给二回路中的工质，使蒸汽发生器产生高温高压蒸汽，以驱动汽轮发电机发电。冷却剂是唯一既在堆芯中工作又在堆外工作的一种反应堆成分，这就要求冷却剂必须在高温和高中子通量场中是稳定的。此外，大多数适合的流体以及它们含有的杂质在中子辐照下将具有放射性，因此冷却剂要用耐辐照的材料包容起来，用具有良好射线阻挡能力的材料进行屏蔽。理想的冷却剂应具有优良慢化剂核特性，有较大的传热系数和热容量，抗氧化以及不会产生很高的放射性。液态钠（主要用于快中子堆）和钠钾合金（主要用于空间动力堆）具有大的热容量和良好的传热性能。轻水在价格、处理、抗氧化和活化方面都有优点，但是它的热特性不好。重水是好的冷却剂和慢化剂，但价格昂贵。气体冷却剂（如二氧化碳、氦）具有许多优点，但要求比液体冷却剂更高的循环泵功率，系统密封性要求也较高。有机冷却剂较突出的优点是在堆内的激活活性较低，这是因为全部有机冷却剂的中子俘获截面较小，主要缺点是辐照分解率较大。应用最普遍的压水堆核电站用轻水作冷却剂兼慢化剂。

（4）屏蔽层 为防护中子、γ射线和热辐射，必须在反应堆和大多数辅助设备周围设置屏蔽层。其设计要力求造价便宜并节省空间。对γ射线屏蔽，通常选择钢、铅、普通混凝土和重混凝土。钢的强度最好，但价格较高；铅的优点是密度高，因此铅屏蔽厚度较小；混凝土比金属便宜，但密度较小，因而屏蔽层厚度比其他的都大。

来自反应堆的γ射线强度很高，被屏蔽体吸收后会发热，因此紧靠反应堆的γ射线屏蔽层中常设有冷却水管。某些反应堆堆芯和压力壳之间设有热屏蔽，以减少中子引起压力壳的辐照损伤和射线引起压力壳发热。

中子屏蔽需用有较大中子俘获截面元素的材料，通常含硼，有时是浓缩的硼10。有些屏蔽材料俘获中子后放射出γ射线，因此在中子屏蔽外要有一层γ射线屏蔽。通常设计最外层屏蔽时应将辐射减到人类允许剂量水平以下，常称为生物屏蔽。核电站反应堆最外层屏蔽一般选用普通混凝土或重混凝土。

8.3.1.4 核反应堆分代标志

第一代（GEN-Ⅰ）核电站是早期的原型堆电站，即1950—1960年前期开发的轻水堆核电站。如美国的希平港压水堆、英国的镁诺克斯石墨气冷堆等。

第二代（GEN-Ⅱ）核电站是1960年后期到1990年前期在第一代核电站基础上开发建设的大型商用核电站，目前世界上的大多数核电站都属于第二代核电站。如前苏联的压水堆VVER/RBMK、加拿大的坎杜堆（CANDU）等。

第三代（GEN-Ⅲ）是指先进的轻水堆核电站，即1990年后期到2010年开始运行的核电站。第三代核电站采用标准化、最佳化设计和安全性更高的非能动安全系统。如先进的沸水堆（ABWR）、AP600、欧洲压水堆（EPR）。

第四代（GEN-Ⅳ）是待开发的核电站，其目标是到2030年达到实用化的程度，主要特征是经济性高（与天然气火力发电站相当）、安全性好、废物产生量小，并能防止核扩散。

8.3.1.5 核反应堆的用途

核反应堆有许多用途，但归结起来，一是利用裂变核能，二是利用裂变中子。

核能主要用于发电，但它在其他方面也有广泛的应用，例如核能供热、核动力等。

核能供热是20世纪80年代才发展起来的一项新技术，这是一种经济、安全、清洁的热源，因而在世界上受到广泛重视。在能源结构上，用于低温（如供暖等）的热源，占总热耗量的一半左右，这部分热多由直接燃煤取得，因而给环境造成严重污染。在我国能源结构中，近70%的能量是以热能形式消耗的，而其中约60%是120℃以下的低温热能，所以发展核反应堆低温供热，对缓解供应和运输紧张、净化环境、减少污染等方面都有十分重要的意义。核供热是一种前途远大的核能利用方式。核供热不仅可用于居民冬季采暖，也可用于工业供热。特别是高温气冷堆可以提供高温热源，能用于煤的气化、炼铁等耗热巨大的行业。核能既然可以用来供热，也一定可以用来制冷。清华大学在5MW的低温供热堆上已经进行过成功的试验。核供热的另一个潜在的大用途是海水淡化。在各种海水淡化方案中，采用核供热是经济性最好的一种。在中东、北非地区，由于缺乏淡水，海水淡化的需求是很大的。

核能又是一种具有独特优越性的动力。因为它不需要空气助燃，可作为地下、水中和太空缺乏空气环境下的特殊动力；又由于它耗料少、能量高，是一种一次装料后可以长时间供能的特殊动力，例如，它可作为火箭、宇宙飞船、人造卫星、潜艇、航空母舰等的特殊动力。将来核动力可能会用于星际航行。现在人类进行的太空探索，还局限于太阳系，故飞行器所需能量不大，用太阳能电池就可以了。如要到太阳系以外其他星系探索，核动力恐怕是唯一的选择。美国、俄罗斯等国家一直在从事核动力卫星的研究开发，旨在把发电能力达上百千瓦的发电设备装在卫星上。由于有了大功率电源，卫星在通信、军事等方面的威力将大大增强。1997年10月15日美国宇航局发射了"卡西尼"号核动力空间探测飞船，它要飞往土星，历时7年，行程长达35亿公里漫长的旅途。

核动力推进，目前主要用于核潜艇、核航空母舰和核破冰船。由于核能的能量密度大，只需要少量核燃料就能运行很长时间，这在军事上有很大优越性。尤其是核裂变能的产生不需要氧气，故核潜艇可在水下长时间航行。正因为核动力推进有如此大的优越性，故几十年来全世界已制造的用于舰船推进的核反应堆数目已达数百座，超过了核电站中的反应堆数目（当然其功率远小于核电站反应堆）。

核反应堆的第二大用途就是利用链式裂变反应中放出的大量中子。许多稳定的元素的原子核如果再吸收一个中子就会变成一种放射性同位素，因此反应堆可用来大量生产各种放射性同位素。放射性同位素在工业、农业、医学上的广泛用途现在几乎是尽人皆知的了。还有，现在工业、医学和科研中经常需用一种带有极微小孔洞的薄膜，用来过滤、去除溶液中极细小的杂质或细菌之类。在反应堆中用中子轰击薄膜材料可以生成极微小的孔洞，达到上述技术要求。利用反应堆中的中子还可以生产优质半导体材料。我们知道在单晶硅中必须掺入少量其他材料，才能变成半导体，例如掺入磷元素。一般是采用扩散方法，在炉子里让磷蒸气通过硅片表面渗进去。但这样做效果不是太理想，硅中磷的浓度不均匀，表面浓度高而里面浓度低。现在可采用中子掺杂技术。把单晶硅放在反应堆里受中子辐照，硅俘获一个中子后，经衰变后就变成了磷。由于中子不带电，很容易进入硅片的内部，故这种办法生产的硅半导体性质优良。利用反应堆产生的中子可以治疗癌症。许多癌组织对于硼元素有较多的吸收，而且硼又有很强的吸收中子能力。硼被癌组织吸收后，经中子照射，硼会变成锂并放出 α 射线。α 射线可以有效杀死癌细胞，治疗效果要比从外部用 γ 射线照射好得多。反应堆里的中子还可用于中子照相或者说中子成像。中子易于被轻物质散射，故中子照相用于检查轻物质（例如炸药、毒品等）特别有效，如果用 X 射线或超声波成像则检查不出来。

8.3.2 核燃料

核燃料，是指可在核反应堆中通过核裂变或核聚变产生实用核能的材料。重核的裂变和轻核的聚变是获得实用铀棒核能的两种主要方式。铀235、铀238和钚239是能发生核裂变的核燃料，又称裂变核燃料。核燃料既能指燃料本身，也能代指由燃料材料、结构材料和中子减速剂及中子反射材料等组成的燃料棒。

与核武器中不可控的核反应不同，核反应堆能控制核反应的反应速率。对于裂变核燃料，当今一些国家已经形成了相当成熟的核燃料循环技术，包含对核矿石的开采、提炼、浓缩、利用和最终处置。大多数裂变核燃料包含重裂变元素，最常见的是铀235和钚239。这些元素能发生核裂变，从而释放能量。例如，铀235能够通过吸收一个慢中子（亦称热中子）分裂成较小的核，同时释放出数量大于一个的快中子和大量能量。当反应堆中的中子减速剂令快中子转变为慢中子，慢中子再轰击反应堆中其他铀235时，类似的核反应将能持续发生，即自持核裂变链式反应。目前商业核反应堆的运行都需要依靠这种持续的链式反应来维持，但不仅限于铀这种元素。

并不是所有的核燃料都是通过核裂变产生能量的。钚238和一些其他的元素也能在放射性同位素热电机及其他类型的核电池中以放射性衰变的形式用于少量地发电。此外，诸如氚（^{3}H）等轻核素可以用作聚变核燃料。

目前在各种燃料中，核燃料是具有最高能量密度的燃料。例如，1kg铀235完全裂变产生的能量约相当于2500t煤燃烧所释放的能量。裂变核燃料有多种形式，其中金属核燃料、陶瓷核燃料和弥散型核燃料属于固体燃料，而熔盐核燃料则属于液体燃料，它们分别有着各自的特性，适用于不同类型的反应堆。

重核的裂变和轻核的聚变是获得实用铀棒核能的两种主要方式。铀235、铀233和钚239是能发生核裂变的核燃料，又称裂变核燃料。其中铀235存在于自然界，而铀233、钚239则是钍232和铀238吸收中子后分别形成的人工核素。从广义上说，钍232和铀238也是核燃料。氘和氚是能发生核聚变的核燃料，又称聚变核燃料。氘存在于自然界，氚是锂6吸收中子后形成的人工核素。已经大量建造的核反应堆使用的是裂变核燃料铀235和钚239，很少使用铀233。由于核反应堆运行特性和安全上的要求，核燃料在核反应堆中"燃烧"不允许像化石燃料一样一次烧尽。为了回收和重新利用就必须进行后处理。核燃料后处理是一个复杂的化学分离纯化过程，包括各种水法过程和干法过程。目前各国普遍使用的是以磷酸三丁酯为萃取剂的萃取法过程，即所谓的普雷克斯流程。

核燃料后处理过程与一般的水法冶金过程的最大差别是，它具有很强的放射性且存在发生核临界的危险。因此，必须将设备置于有厚的重混凝土防护墙的设备室中，进行远距离操作，并且需要采取防止核临界的措施。所产生的各种放射性废物要严加管理和妥善处置以确保环境安全。实行核燃料后处理，可更充分、合理地使用已有的铀资源。

8.3.2.1 裂变核燃料类型简介

核燃料在反应堆内使用时，应满足以下的要求。

① 与包壳材料相容，与冷却剂无强烈的化学作用。

② 具有较高的熔点和热导率。

③ 辐照稳定性好。

④ 制造容易，再处理简单。

根据不同的堆型，可以选用不同类型的核燃料——金属（包括合金）燃料、陶瓷燃料、弥散体燃料和流体（液态）燃料等。核燃料分类见表8-3。

表8-3 核燃料分类

燃料形式	形态	材料	适用堆型
固体燃料	金属	U	石墨慢化堆
	合金	U-Al	快堆
		U-Mo	快堆
		U-ZrH	脉冲堆
	陶瓷	U_3Si	重水堆
		$(U,Pu)O_2$	快堆
		$(U,Pu)C$	快堆
		$(U,Pu)N$	快堆
		UO_2	轻水堆、重水堆

续表

燃料形式	形态	材料	适用堆型
弥散体	金属-金属	UAl_4-Al	重水堆
	陶瓷-金属	UO_2-Al	重水堆
	陶瓷-陶瓷	$(U,Th)O_2$-(热解石墨,SiC)-石墨	高温气冷堆
液体燃料	水溶液	$(UO_2)SO_4$-H_2O	沸水堆
	悬浊液	U_3O_8-H_2O	水均匀堆
	液态金属	U-Bi	
	熔盐	UF_4-LiF-BeF_2-ZrF_4	熔盐堆

（1）金属燃料　铀是目前普遍使用的核燃料。天然铀中只含 0.7％的铀 235，其余为铀 238 以及极少量的铀 234。天然铀的这个浓度正好能使核反应堆实现自持核裂变链式反应，因而成为最早的核燃料，目前仍在使用。但核电站（特别是核潜艇）用的反应堆要求结构紧凑和高的功率密度，一般要用铀 235 含量大于 0.7％的浓缩铀。这可以通过气体扩散法或离心法来获得。

气体扩散法根据气体分子运动学说和气体扩散定律，当气体混合物是在容器内时，轻分子的运动速度快，撞击器壁的机会多；重分子的运动速度慢，撞击器壁的机会少。如果器壁具有无数微孔，每孔只容许分子单独通过，则轻分子通过器壁的机会一定比重分子多。扩散结果是器内的轻分子相对地减少，富集于器外；器内的重分子相对地增加，并富集于器内。因此可以得到一定程度的分离。这种方法主要用于分离同位素。对分子量相差很小的混合气体，需要连续进行多次，才能达到所需的分离程度。这种方法需要将大量的扩散机串联起来，耗电量很大，仅电费就几乎占总成本的一半，而且建厂投资大，周期长。

金属铀在堆内使用的主要缺点为：同质异晶转变；熔点低；存在尺寸不稳定性，最常见的是核裂变产物使其体积膨胀（称为肿胀），加工时形成的织构使铀棒在辐照时沿轴向伸长（称为辐照生长），虽然不伴随体积变化，但伸长量有时可达原长的 4 倍。此外，辐照还使金属铀的蠕变速度增加（50～100 倍）。这些问题通过铀的合金化虽有所改善，但远不如采用 UO_2 陶瓷燃料。

钚（Pu）是人工易裂变材料，临界质量比铀小，在有水的情况下，650g 的钚即可能发生临界事故。钚的熔点很低（640℃），一般都以氧化物与 UO_2 混合使用。钚与铀组合可以实现快中子增殖，因而使钚成为着重研究的核燃料。

钍（Th）吸收中子后可以转换为易裂变的铀，它在地壳中的储量很丰富，所能提供的能量大约相当于铀、煤和石油全部储量的总和。钍的熔点较高，直至 1400℃才发生相变，且相变前后均为各向同性结构，所以辐照稳定性较好，这是它优于铀、钚之处。钍在使用中的主要限制为辐照下蠕变强度很低，一般以氧化物或碳化物的形式使用。在热中子反应堆中利用 U-Th 循环可得到接近于 1 的转换比，从而实现"近似增殖"。但这种循环比较复杂，后处理也比较困难，因此尚未获得广泛应用。

（2）陶瓷燃料　包括铀、钚等的氧化物、碳化物和氮化物，其中 UO_2 是最常用的陶瓷燃料。UO_2 的熔点很高（2865℃），高温稳定性好。辐照时 UO_2 燃料芯块内可保留大量裂变气体，所以燃耗（指燃耗份额，即消耗的易裂变核素的量占初始装载量的百分比值）达 10％也无明显的尺寸变化。它与包壳材料锆或不锈钢之间的相容性很好，与水也几乎没有化学反应，因此普遍用于轻水堆中。但是 UO_2 的热导率较低，核燃料的密度低，限制了反应堆参数进一步提高。在这方面，碳化铀（UC）则具有明显的优越性。UC的热导率比UO_2高几倍，单位体积内的含铀量也高得多。它的主要缺点是会与水发生反应，一般用于高温气冷堆。

（3）弥散体燃料　这种材料是将核燃料弥散地分布在非裂变材料中。在实际应用中，广泛采用由陶瓷燃料颗粒和金属基体组成的弥散体系。这样可以把陶瓷的高熔点和辐照稳定性与金属的较好的强度、塑性和热导率结合起来。细小的陶瓷燃料颗粒减轻了温差造成的热应力，连续的金属基体又大大减少了裂变产物的外泄。由裂变碎片所引起的辐照损伤基本上集中在燃料颗粒内，而基体主要是处在中子的作用下，所受损伤相对较轻，从而可达到很深的燃耗。这种燃料在研究堆中获得广泛应用。除陶瓷燃料颗粒外，由铀、铝的金属间化合物和铝合金（或铝粉）所组成的体系，效果也较好。

包覆颗粒燃料也是一种弥散体系。在高温气冷堆中，采用铀、钍的氧化物或碳化物作为核燃料，并把它弥散在石墨中。由于石墨基体不够致密，因而要在燃料颗粒外面包上耐高温的、坚固而气密性好的多层外壳，以防止裂变产物的外泄和燃料颗粒的膨胀。外壳是由不同密度的热解炭和碳化硅（SiC）组成的，其总厚度应大于反冲原子的自由程，一般在$100\sim300\mu m$之间。整个燃料颗粒的直径为1mm。使用包覆颗粒燃料不仅可达到很深的燃耗，而且大大提高了反应堆的工作温度，是一种很有前途的核燃料类型。

（4）流体燃料　在均匀堆中，核燃料悬浮或溶解于水、液态金属或熔盐中，从而成为流体燃料（液态燃料）。流体燃料从根本上消除了因辐照造成的尺寸不稳定性，也不会因温度梯度而产生热应力，可以达到很深的燃耗。同时，核燃料的制备和后处理也都大大简化，并且还提供了连续加料和处理的可能性。流体燃料与冷却剂或慢化剂直接接触，所以对放射性安全提出较严的要求，且腐蚀和质量迁移也往往是一个严重问题。

8.3.2.2　乏燃料

使用过后的核燃料是裂变产物、铀、钚以及稀有锕系核素的混合物。曾在核反应堆高温中反应的核燃料的化学组成往往是不均匀的，燃料可能会含有铂族元素（如钯）的纳米颗粒。在使用过程中，核燃料可能还会接近其熔点或出现开裂和膨胀等现象。乏燃料可能发生破裂，但是不溶于水，所以水环境下的二氧化铀仍能保留其晶格中绝大多数带有放射性的锕系元素和裂变产物。事故中的氧化物核燃料有两种可能的扩散方式：裂变产物能被转化为气体或以微小颗粒的形式分散。

8.3.2.3　聚变核燃料

聚变核燃料包括氘（^2H）、氚（^3H）及氦3（^3He）等。尽管还有众多核素之间也能发生核聚变，但因为原子核所带电荷越多则需要更高的温度引发核聚变，所以仅有质量最轻的几种核素才被视为聚变核燃料。虽然核聚变的能量密度甚至比核裂变的还高，且人们已经制造出可以维持数分钟的核聚变反应堆，但将聚变核燃料用作为能源仍只在理论上可行。

根据计算，1g重氢（氘）和超重氢（氚）燃料在聚变中所产生的能量相当于8t石油，比1g铀235裂变时产生的能量要大5倍。因此氘和氚是核聚变最重要的核燃料。

作为核燃料之一的氘，地球上的储量特别丰富，每升海水中即含氘0.034g，地球上有海水15×10^{14}t，故海水中氘的含量可达450×10^8t，因此几乎是取之不竭的。作为另一种核燃料的氚在海水里含量极少，因此不能像氘一样从海水中分离，而只能从地球上藏量丰富的锂矿中分离。此外还有另一种获得氚的方法，即把含氘、锂、硼或氮原子的物质放到具有强大中子流的原子核反应堆中；或者用快速的氘原子核去轰击含有大量氚的化合物（如重水），也可以得到氚。值得一提的是，海水中锂的含量也非常多，每立方米多达 0.17g。

8.4 核能利用技术

8.4.1 核能发电

核电站是利用核分裂或核融合反应所释放的能量产生电能的发电厂。目前商业运转中的核能发电厂都是利用核分裂反应而发电。核电站一般分为两部分：利用原子核裂变生产蒸汽的核岛（包括反应堆装置和一回路系统）和利用蒸汽发电的常规岛（包括汽轮发电机系统），使用的燃料一般是放射性重金属铀和钚。

其工作原理是以核反应堆来代替火电站的锅炉，以核燃料在核反应堆中发生特殊形式的"燃烧"产生热量，使核能转变成热能来加热水产生蒸汽。利用蒸汽通过管路进入汽轮机，推动汽轮发电机发电，使机械能转变成电能。一般来说，核电站的汽轮发电机及电气设备与普通火电站大同小异，其奥妙主要在于核反应堆。核反应堆，又称原子反应堆或反应堆，是装配了核燃料以实现大规模可控制裂变链式反应的装置。现在反应堆的类型有压水堆、沸水堆、重水堆、石墨气冷堆等。

核电站除了关键设备——核反应堆外，还有许多与之配合的重要设备。以压水堆核电站为例，这些重要设备包括主泵、稳压器、蒸汽发生器、安全壳、汽轮发电机和危急冷却系统等。它们在核电站中有各自的特殊功能，这里就不一一叙述。

核电有着诸多优点。

① 核能发电不像化石燃料发电那样排放巨量的污染物质到空气中，因此核能发电不会造成空气污染。

② 核能发电不会产生加重地球温室效应的二氧化碳。

③ 核能发电所使用的铀燃料，除了发电外，没有其他的用途。

④ 核燃料能量密度比起化石燃料高几百万倍，故核能电厂所使用的燃料体积小，运输与储存都很方便，一座 100 万千瓦的核能电厂一年只需 30t 的铀燃料，一航次的飞机就可以完成运送。

⑤ 核能发电的成本中，燃料费用所占的比例较低，核能发电的成本较不易受到国际经济情势影响，故发电成本较其他发电方法更为稳定。

8.4.2 核武器及核动力

核武器是指利用能自持进行核裂变或聚变反应释放的能量，产生爆炸作用，并具有大规模杀伤破坏效应的武器的总称。其中主要利用铀 235（^{235}U）或钚 239（^{239}Pu）等重原子核的裂变链式反应原理制成的裂变武器，通常称为原子弹；主要利用重氢（D，氘）或超重氢（T，氚）等轻原子核的热核反应原理制成的热核武器或聚变武器，通常称为氢弹。

核动力是利用可控核反应来获取能量，从而得到动力、热量和电能。因为核辐射问题和现在人类还只能控制核裂变，所以核能暂时未能得到大规模的利用。利用核反应来获取能量的原理是：当裂变材料（例如铀 235）在受人为控制的条件下发生核裂变时，核能就会以热的形式被释放出来，这些热量会被用来驱动蒸汽机。蒸汽机可以直接提供动力，也可以连接发电机来产生电能。世界各国军队中的大部分潜艇及航空母舰都以核能为动力。

8.4.3 核技术的广泛应用

核技术应用主要有以下几个方面。

① 为核能源的开发服务，为大型核电站及微型核电池提供更精确的数据和更有效的利用途径。

② 同位素的应用，这是应用最广泛的核技术，包括同位素示踪、同位素仪表和同位素药剂等。

③ 射线辐照的应用，利用加速器及同位素辐射源，进行辐照加工、食品消毒保鲜、辐照育种、探伤以及放射医疗。

④ 中子束的应用，除利用中子衍射分析物质结构外，还用于辐照、掺杂、测井、探矿及生物效应，如治癌。

⑤ 离子束的应用，大量的加速器是为了提供离子束而设计的，离子注入技术是研究半导体物理和制备半导体器件的重要手段，离子束则是无损、快速、痕量分析的主要手段，特别是质子微米束对表面进行扫描分析，对元素含量的探测极限可达 $1 \times 10^{-18} \sim 1 \times 10^{-15}$ g，是其他方法难以比拟的。

8.4.4 核能的发展前景

① 核电的经济性能可与火电竞争。电厂每千瓦·时的成本是由建造折旧费、燃料费和运行费这三部分组成的。主要是建造折旧费和燃料费。核电厂由于考虑安全和质量，建造费高于火电厂，但燃料费低于火电厂，火电厂的燃料费占发电成本的 $40\% \sim 60\%$，而核电厂的燃料费则只占 20% 左右。总的算起来，核电厂的发电成本是能与火电厂相竞争的。

② 发展核电有利于减轻交通系统对燃料运输的负担。1 座 100 万千瓦的燃煤火电机组每天需烧煤约 1 万吨，1 年约需 300 万吨，而 1 座 100kW 的核电机组每年仅需核燃料 30t，可见核燃料运输量仅是煤运输量的十万分之一，大大减轻交通运输负担。

③ 以核燃料代替煤和石油，有利于资源的合理利用。煤和石油都是化学工业和纺织工业的宝贵原料，能用它们创造出多种产品，它们在地球上的储藏量是很有限的，作为原料，它们要比仅作为燃料的价值高得多。所以，从合理利用资源的角度来说，也应逐步以核燃料代替有机燃料。

8.5 核废物处理与核安全

8.5.1 核废物处理

8.5.1.1 简介

核废料泛指在核燃料生产、加工和核反应堆用过的不再需要的并具有放射性的废料。也专指核反应堆用过的乏燃料经后处理回收钚239等可利用的核材料后余下的不再需要的并具有放射性的废料。

8.5.1.2 核废物类型

核废料按物理状态可分为固体、液体和气体三种，按比活度［也称比放射性，指放射源的放射性活度与其质量之比，即单位质量（通常用重量表示）产品中所含某种核素的放射性活度〕又可分为高水平（高放）、中水平（中放）和低水平（低放）三种。

8.5.1.3 核废物特征

核废料的特征如下。

① 放射性。核废料的放射性不能用一般的物理、化学和生物方法消除，只能靠放射性核素自身的衰变而减少。

② 射线危害。核废料放出的射线通过物质时发生电离和激发作用对生物体会引起辐射损伤。

③ 热能释放。核废料中放射性核素通过衰变放出能量，当放射性核素含量较高时，释放的热能会导致核废料的温度不断上升，甚至使溶液自行沸腾、固体自行熔融。

8.5.1.4 核废料管理原则

核废料的管理原则如下。

① 尽量减少不必要的核废料产生并开展回收利用。

② 对已产生的核废料分类收集分别储存和处理。

③ 尽量减少容积以节约运输、储存和处理的费用。

④ 向环境稀释排放时必须严格遵守有关法规。

⑤ 以稳定的固化体形式储存以减少放射性核素迁移扩散。

8.5.1.5 处理核废料的必备条件

首先要安全、永久地将核废料封闭在一个容器里并保证数万年内不泄漏出放射性。科学家们为达到这个目的，曾经设想将核废料封在陶瓷容器里面，或者封在厚厚的玻璃容器里面。但科学实验证明这些容器存入核废料，在 100 年以内效果很理想，但 100 年以后容器就会因经受不住放射线的猛烈轰击而发生爆裂，到那时放射线就会散发到周围环境中，后果不堪设想。最近英国皇家科学院发现一种新型水晶可以经受得住放射线的强烈攻击，用它来生产储藏核废料的容器能够更大程度上保证安全。然而要寻找到一种能够在几万年内都忍受得住放射线辐射的物质，仍然是科学家们努力的方向。

其次要寻找一处安全、永久存放核废料的地点。这个地点要求物理环境特别稳定，能够长久地不受水和空气的侵蚀，并能经受住地震、火山、爆炸的冲击。科学家们通过实验证明了在花岗岩层、岩盐层以及黏土层，可以有效地保证核废料容器数百年内不遭破坏。但数百年后这些存放地点会不会发生破坏是无法预料的。

8.5.1.6 废料处理方法

自从 1945 年人类进入核时代以来，小小的原子核如同一个不断释放出宝物的魔瓶，人类拥有了提供巨大能量的核电站、可以许多次环绕地球不停的核轮船、可以杀灭肿瘤的核仪器、可以探测太空的核飞船等。但是核废料的产生及对人类的长久威胁，也恰恰说明任何事物都有两面性。目前国际上通常采用海洋和陆地两种方法处理核废料。一般是先经过冷却、干式储存，然后再将装有核废料的金属罐投入选定海域 4000m 以下的海底或深埋于建在地下厚厚岩石层里的核废料处理库中。美国、俄罗斯、加拿大、澳大利亚等一些国家因幅员辽阔、荒原广袤，一般采用陆地深埋法。

通常所说的核废料包括中低放射性核废料和高放射性核废料两类，前者主要指核电站在发电过程中产生的具有放射性的废液、废物，占到了所有核废料的 99%，后者则是指从核电站反应堆堆芯中换出来的燃烧后的核燃料，因为其具有高度放射性俗称为高放废料。

中低放射性核废料危害较低，国际上通行的做法是在地面开挖深 10～20m 的壕沟，然后建好各种防辐射工程屏障，将密封好的核废料罐放入其中并掩埋一段时间后，这些废料中的放射性物质就会衰变成对人体无害的物质。这种方法经过几十年的发展，技术已经十分成熟，安全性也有保障。目前我国已经建成两个中低放射性核废物处理场，其中北龙中低放处置场位于广东省大亚湾附近，另外一个则建在甘肃省某地。

高放废料则含有多种对人体危害极大的高放射性元素，其中一种被称为钚的元素只需 10mg 就能致人毙命。这些高放射性元素的半衰期长达数万年到 10 万年不等，如果不能妥善处置将会给当地环境带来毁灭性影响。20 世纪的冷战期间前苏联出于成本等因素考虑将核武器工厂产生的高放废料直接排入了附近的河流湖泊当中，造成了严重的生态灾难。

为了寻找安全处理高放废料的方法，人类从 20 世纪 50 年代起就开始了相关研究。经过多年的试验与研究，目前世界上公认的最安全可行的方法就是深地质处置方法，即将高放废料永久保存在地下深处的特殊仓库中。美国在 2010 年建成了世界上第一个深地质核废料处理库。核电发达的瑞典、芬兰、法国、日本等国家也纷纷制订了建设深地质核废料处理库的计划。中国在这方面起步较晚，1986 年才开始相关技术的研究，但是中国在这方面进展顺利，预计到 2030 年后将建成自己的深地质核废料处理库。

8.5.2 核安全

广义的核安全是指涉及核材料及放射性核素相关的安全问题，目前包括放射性物质管理、前端核资源开采利用设施安全、核电站安全运行、乏燃料后处理设施安全及全过程的防核扩散等议题。

狭义的核安全是指在核设施的设计、建造、运行和退役期间，为保护人员、社会和环境免受可能的放射性危害所采取的技术和组织上的措施的综合。该措施包括确保核设施的正常运行，预防事故的发生，限制可能的事故后果。

8.5.2.1 核安全机构

在美国，民用核安全由核管理委员会控制。而由美国政府控制的用于研究、生产武器和驱动海军核动力船的核电站和核物质不受核管理委员会监督控制。在英国，核能安全由核设施监察局和国防部监管负责。在澳大利亚，澳大利亚辐射防护与核安全机构是负责监督和鉴别太阳能辐射和核辐射风险的联邦政府机构。其他还有加拿大核安全委员会、爱尔兰辐射防护研究所、俄罗斯联邦原子能机构、巴基斯坦核管制局、德国联邦辐射防护局、印度原子能管理委员会等。

我国的核安全机构为国家核安全局，于 1988 年并入国家环保总局，设立核安全与辐射环境管理司，负责全国的核安全、辐射安全、辐射环境管理的监管工作。2008 年 3 月国家环保总局升格为环境保护部，对外保留国家核安全局牌子。环境保护部副部长任国家核安全局局长。2018 年，国务院机构改革将环境保护部的职责整合，组建中华人民共和国生态环境部。国家核安全局负责拟定核安全、辐射安全、电磁辐射、辐射环境保护、核与辐射事故应急有关的政策、规划、法律、行政法规、部门规章、制度、标准和规范，并组织实施。

8.5.2.2 核电站的核安全

核电站是人类曾经设计的最复杂的能源系统。不论如何设计如何测试，任何复杂系统都不能保证永不出错。

关于核能发电系统的另一个有关复杂性的根本问题是，核电站的生命周期非常长。从建造一个商业用核电站开始，一直到安全回收它最后的放射性废物，可能需要 $100 \sim 150$ 年的时间。

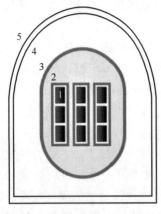

图 8-5 核电站防护分层示意图

图 8-5 为核电站防护分层示意图，其中：第一层是自身具有惰性的二氧化铀，它的质量类似陶瓷；第二层是气密封闭包裹在燃料棒外的锆合金，即燃料包壳；第三层是核反应堆的压力容器，这个容器由钢制成，厚达十余厘米；第四层是核反应堆耐压、气密封闭的围阻体；第五层是核反应堆建筑（安全壳），这也是第二层的围阻体。

工作中的核反应堆包含有大量的放射性裂变物质，如果这些物质发生扩散，将会导致直接的辐射伤害，污染土壤和植物，同时可能被人和动物吸收。如果人暴露在足够强的辐射中，可能引起短期的疾病甚至致死，也有可能引起长期的癌症和其他疾病导致死亡。

核反应堆在很多方面都有可能出现故障。如果核反应堆中核物质的不稳定性产生了无法预料的行为，就可能出现无法控制的功率异常。正常情况下，根据设计，核反应堆的冷却系统会处理并带走异常产生的过多热量。然而，如果核反应堆同时发生冷却剂的故障，燃料就可能熔化，甚至是包容燃料的容器过热并熔化，这就称为反应堆熔毁。由于反应堆中产生的热量非常巨大，可以对反应堆的容器产生巨大的压力，从而导致反应堆发生蒸汽爆炸。切尔诺贝利核事故就是这个原因引起的。然而，切尔诺贝利的核反应堆在很多方面都是独一无二的。设计中使用了正的空泡系数，这意味着冷却系统故障会导致核反应堆功率迅速上升。前苏联以外的所有的反应堆都使用了负的空泡系数，这是一种被动安全的设计。更重要的是，切尔诺贝利核电站缺少围阻体，西方国家的反应堆都有这个结构，这样在发生事故的时候可以包容辐射。

8.5.2.3 新的核安全技术

在核电迅猛发展的今天，公众最关心的仍是核电的安全问题。公众首先提出的问题是：核电站的反应堆发生事故时，会不会像核武器一样爆炸？回答是否定的。核弹是由高浓度（90%）的裂变物质（几乎是纯 ^{235}U 或纯 ^{239}Pu）和复杂精密的引爆系统组成的，当引爆装置点火起爆后，弹内的裂变物质被爆炸力迅猛地压紧在一起，大大超过了临界体积，巨大的核能瞬间释放出来，于是产生破坏力极强的、毁灭性的核爆炸。

核电站的反应堆结构和特性与核弹完全不同，既没有高浓度的裂变物质，又没有复杂精密的引爆系统，不具备核爆炸所必需的条件，当然不会产生像核弹那样的核爆炸。再加上一套安全可靠的控制系统，从而能使核能缓慢地、有控制地释放出来。

第三代核反应堆甚至第四代核反应堆将会更加安全。这些新的设计可能是被动安全的，自身也更加安全。这些安全方面的进展包括三套紧急情况下的柴油发电机和附加的紧急核心冷却系统，在反应堆堆芯的上边有装满了冷却剂的大水箱，可以在需要的时候自动打开，将冷却剂倾入堆芯，遏制建筑之外另有一幢遏制建筑等。

然而，如果操作新的核电站系统的工作人员缺少经验，那么新的核电站的安全风险可能会更大。核工程师解释说，几乎所有严重的核事故都发生在新技术刚刚采用的时候。他认为，新反应堆和事故之间的问题是：实际运行中可能会出现仿真中无法预计的问题，人也会犯错误。一位美国研究室的领导者这样说："设计、建造、运行和维护新反应堆会面对这非常陡峭的学习曲线，先进的技术会使发生事故和错误的风险增加。技术可以认为无误，但是人不会不出错。"

8.5.2.4 我国核安全政策

国务院于 2017 年 4 月颁布的《核安全与放射性污染防治"十三五"规划及 2025 年远景目标》（以下简称《规划》），由国家环境保护部（国家核安全局）会同有关部门组织实施。

通过实施《规划》，到 2020 年，我国运行和在建核设施安全水平明显提高，核电安全保持国际先进水平，放射源辐射事故发生率进一步降低，早期核设施退役及放射性污染治理取得明显成效，不发生放射性污染环境的核事故，辐射环境质量保持良好，核应急能力得到增强，核安全监管水平大幅度提升，核安全、环境安全和公众健康得到有效保障；到 2025 年，我国核电厂安全保持国际先进水平，其他核设施安全达到国际先进水平，放射源辐射事故发生率保持在较低水平，早期核设施退役取得重大进展，放射性废物及时得到安全处理处置，辐射环境质量持续保持良好。核与辐射安全监管体系和监管能力实现现代化。核安全、环境安全和公众健康继续得到有效保障。

8.6 核能利用发展现状和趋势

8.6.1 能源危机与发展核能的必然性

由于人类对化石能源的大规模开发利用，可供开采的化石能源日益衰竭，在世界一次能源供应中约占 87.7%，其中石油占 37.3%、煤炭占 26.5%、天然气占 23.9%。非化石能源和可再生能源虽然发展迅猛、增长很快，但仍保持较低的比例，约为 12.3%。根据《2012 年 BP 世界能源统计》，截止到 2011 年底，全世界剩余石油探明可采储量为 2343 亿吨，2011 年世界石油产量为 39.96 亿吨，即可供开采年限大约 58 年；煤炭剩余可采储量为 8609.38 亿吨，可供开采约 200 年；天然气剩余可采储量为 208.42 万亿立方米，可供开采约 63 年。化石燃料在使用过程中也造成了严重的环境污染，温室效应、酸雨和全球气候变暖等全球性的环境问题不断加剧，资源危机和环境危机使人类文明的可持续发展受到制约和挑战。

根据国际原子能机构的一位专家发表的报告，一座装机容量为 100 万千瓦的燃煤电厂，每年要耗煤 250 万吨，所排放的废物有：二氧化碳 650 万吨（含碳 200 万吨），二氧化硫 1.7 万吨，氮氧化物 4000t，煤灰 28 万吨（其中含有毒重金属约 400t）。而同样规模的一座压水堆核电站，每年才消耗低浓铀 25t（相当于天然铀 150t），所排放的废物为：经处理固化的高放废物 9t（体积约 $3m^3$），将被存放于地下深层与环境隔绝的岩井中，另有中放废物 200t、低放废物 400t。核电厂不排放二氧化碳、二氧化硫或氮氧化物，且 $1kg\ ^{235}U$ 裂变产生的能量相当于 2500t 标准煤。

8.6.2 核能的发展历程与开发利用现状

人类对核能的现实利用始于战争。核能的战争用途在于通过原子弹的巨大威力损坏敌方人员和物资，达到制胜或结束战争的目的，目前人类对核能的开发利用主要是发展核电，相对于其他能源，核能具有明显的优势。核电站的开发与建设开始于 20 世纪 50 年代，1954 年前苏联建成电功率为 5000kW 的实验性核电站，1957 年美国建成电功率为 9 万千瓦的希平港原型核电站，这些成就证明了利用核能发电的技术可行性。国际上把上述实验性和原型核电机组称为第一代核电机组。

20 世纪 60 年代后期以来，在实验性和原型核电机组基础上，陆续建成电功率在 30 万千瓦以上的压水堆、沸水堆、重水堆等核电机组，它们在进一步证明核能发电技术可行性的同时，使核电的经济性也得以证明：可与火电、水电相竞争。20 世纪 70 年代，因石油涨价引发的能源危机促进了核电的发展，目前世界上商业运行的四百多座核电机组大部分是在这段时期建成的，称为第二代核电机组。

第三代核电设计开始于 20 世纪 80 年代，第三代核电站按照 URD 或 EUR 文件或 IAEA 推荐的新的安全法规设计，但其核电机组的能源转换系统（将核能转换为电能的系统）仍大量采用了第二代的成熟技术，第三代核电是当今国际上核电发展的主流。

与此同时，为了从更长远的核能的可持续发展着想，以美国为首的一些工业发达国家已经联合起来组成"第四代国际核能论坛"（GIF），进行第四代核能利用系统的研究和开发。第四代是指安全性和经济性都更加优越，废物量极少，无须厂外应急，并具有防核扩散能力的核能利用系统。

8.6.3　核能的利用对环境造成的影响

当前对环境造成污染的放射性核素大多来自核电站排放的废物，核电可能产生的放射性废物主要是放射性废水、放射性废气和放射性固体废物。1 座 100 万千瓦的核电站 1 年卸出的乏燃料约为 25t，其中主要成分是少量未燃烧的铀、核反应后的生成物——钚等放射性核素，核废料中的放射性元素经过一段时间后会衰变成非放射性元素。此外，还有铀矿资源的开发问题，由于铀矿资源的开发造成的废气、废水、废渣等污染也不可忽视，对铀尾矿也必须进行妥善处理，如果处理不好，将会覆盖农田、污染水体，甚至对自然和社会都造成严重影响。一旦发生核事故或核泄漏，对人类和环境造成的影响都是灾难性的，只有加强核安全和辐射安全的管理，处理好放射性核废料，合理科学地利用核能，才能保证核能安全地开发利用。

8.6.4　核能发展的前景

展望未来，核能有广阔的发展前景。21 世纪初人类面临发展的能源瓶颈，传统能源存量不足，效率低，污染大。目前核能、水能、燃气能中核能优势明显，核电具有资源丰富、高效、清洁而安全的相对优势，水电资源的开发取决于长远生态影响的评估和科学论证，燃气能受制于资源的存量，其他可再生新型能源如风能、生物质能特别是太阳能由于成本高、效率低，短期内难以成为能源供应主力，因此，未来 20～30 年核电将会迅速发展以缓解人类能源需求的燃眉之急。

💭思考题

1. 什么是核能？简述世界和中国核能的发展史。

2. 简述核电的发展历程，以及中国核电的发展现状。

3. 什么是核反应堆？简述其主要用途、分类和组成。

4.简述核电站存在的主要安全隐患，浅述保证核电站安全的措施。

5.常见的核电站反应堆有哪些堆型？简述其主要工作原理。

6.核废料是如何产生的？简述核废料的种类和常用的处理方法。

7.核辐射的危害有哪些？简述核辐射的防护措施。

参考文献

[1] 马栩泉. 核能开发与应用. 北京：化学工业出版社，2005.

[2] 李传统. 新能源与可再生能源技术. 第2版. 南京：东南大学出版社，2012.

[3] 黄素逸，王晓墨. 能源与节能技术. 北京：中国电力出版社，2008.

[4] 李全林. 新能源与可再生能源. 南京：东南大学出版社，2008.

[5] 王革华，艾德生. 新能源概论. 第2版. 北京：化学工业出版社，2011.

[6] 王成孝. 核能与核能技术. 北京：原子能出版社，2005.

[7] 翟秀静，刘奎仁，韩庆. 新能源技术. 第2版. 北京：化学工业出版社，2010.

[8] 冯飞，张蕾. 新能源技术与应用概论. 北京：化学工业出版社，2011.

[9] 高秀清，胡霞，屈殿银. 新能源应用技术. 北京：化学工业出版社，2011.

第9章 氢能

9.1 概述

9.1.1 氢的分布

氢是原子序数为 1 的化学元素，化学符号为 H，在元素周期表中位于第一位。其原子质量为 1.00794u，是最轻的，也是自然界分布最广的一种元素。它在地球上主要以化合态存在于化合物中，如水、石油、煤、天然气以及各种生物的组成中。在较少的情况下（如在火山气和矿泉水中），表现为与氮、硫或卤素相结合的化合物。自然界中，水含有 11%（质量分数）的氢，泥土中约含 1.5%，100km 高空的主要成分也是氢。氢在地球表面大气中含量很低，约 0.0001%。在地壳中氢的丰度（地壳中的质量分数）是较高的，在地壳的 10km 范围内（包括海洋和大气），化合态氢的质量组成约占 1%，原子组成则约占 15.4%。

在自然界中，氢气单质较为少见，它在大气中仅约占千万分之一。它常存在于火山气中，有时夹藏在矿物中，有时出现在天然气中和某些少数绝氧发酵产物中。由于氢分子有高的扩散速度（平均扩散速度为 1.84km/s），所以氢气会很快逃出大气而逸散到外层空间里去。

9.1.2 氢气的性质

氢气是无色、无味、无嗅和无毒的可燃性气体，但它同氮气、氩气、二氧化碳等气体一样，都是窒息气，可使肺缺氧。氢气是最轻的气体，它黏度最小，热导率最高，化学活性、渗透性和扩散性强，因而在氢气的生产、储送和使用过程中都易造成泄漏。它还是一种强还原剂，可同许多物质进行不同程度的化学反应，生成各种类型的氢化物。

由于氢气具有很强的渗透性，所以在钢设备中具有一定温度和压力的氢渗透溶解于钢的晶格中，原子氢在缓慢的变形中引起脆化作用。它还可与钢中的碳反应生成甲烷，降低了钢的力学性能，甚至引起材质的损坏。通常在高温、高压和超低温度下，容易引起氢脆或氢腐蚀。因此，使用氢气的管道和设备，其材质应按具体使用条件慎重进行选择。

氢的着火、燃烧性能是它的主要特性。氢气的着火温度在可燃气体中虽不是最低的，但由于它的着火能仅为 $20\mu J$，所以很易着火，甚至化学纤维织物摩擦所产生的静电比氢的着火能大几倍。因此，在氢的生产中应采取措施尽量防止和减少静电的积聚。表 9-1 给出了氢的物理常数。

表 9-1　氢的物理常数

序号	性质	条件或符号	单位	数值
1	原子量	H		1.008
2	分子量	H_2		2.016
3	气体密度		g/L	0.089
4	液体密度	−252℃	kg/L	0.071
5	固体密度	−262℃	kg/L	0.081
6	熔点		℃	−259.20
7	沸点		℃	−252.77
8	熔化热		kJ/mol	0.117
9	汽化热		kJ/mol	0.903
10	气化熵		kJ/(mol·K)	0.04435
11	升华热	13.96K	kJ/mol	1.028
12	介电常数	气氢 20℃,0.101MPa	F/m	1.000265
		气氢 20℃,2.02MPa	F/m	1.00500
		液氢 20.33K	F/m	1.225
		固氢 14K	F/m	0.2188
13	扩散系数	0℃,133.3Pa,同种气体中 正离子	cm^2/s	98
		负离子	cm^2/s	110
14	燃烧最高温度	空气中	℃	2045
		氧气中	℃	2525
15	临界温度	常态	K	33.19
16	临界压力	常态	MPa	1.315
17	临界密度	常态	g/m^3	0.0310
18	临界体积	常态	L/mol	0.065
19	临界温度	平衡态	℃	−240.17
20	临界压力	平衡态	MPa	12.77
21	临界密度	平衡态	g/m^3	0.0308
22	蒸发热	0.1MPa	kcal/kg	108.5
23	热导率	0℃,0.1MPa	kcal/(m·℃)	0.140
24	黏度	10K	Pa·s	5×10^7
25	定压比热容	100℃,0.1MPa	cal/(g·℃)	3.428
26	定容比热容		cal/(g·℃)	2.442

注：1cal=4.1840J。

由于 H—H 键键能大，在常温下，氢气比较稳定。除氢气与氯气在光照条件下化合，以及氢与氟在冷暗处化合之外，其余反应均在较高温度下才能进行。虽然氢气的标准电极电势比铜、银等金属低，但当氢气直接通入这些金属的盐溶液后，一般不会置换出这些金属。

在较高的温度下，特别是存在催化剂时，氢气很活泼，能燃烧，并能与许多金属、非金属发生反应，其化合价为1。氢的化学性质表现为以下几项。

(1) 氢气与金属的反应　氢原子核外只有一个电子，它与活泼金属如钠、锂、钙、镁作用而生成氢化物，可获得一个电子，呈 -1 价。它与金属钠、钙的反应式为：

$$H_2 + 2Na \longrightarrow 2NaH \tag{9-1}$$

$$H_2 + Ca \longrightarrow CaH_2 \tag{9-2}$$

在高温下，氢可将许多金属氧化物置换出来，使金属还原，如氢气与氧化铜、氧化铁的反应式为：

$$H_2 + CuO \longrightarrow Cu + H_2O \tag{9-3}$$

$$4H_2 + Fe_3O_4 \longrightarrow 3Fe + 4H_2O \tag{9-4}$$

(2) 氢气与非金属的反应　氢气可与很多非金属如氧、氯、硫等反应，均失去一个电子，呈 +1 价，其反应式为：

$$H_2 + F_2 \longrightarrow 2HF(爆炸性化合) \tag{9-5}$$

$$H_2 + Cl_2 \longrightarrow 2HCl(爆炸性化合) \tag{9-6}$$

$$H_2 + I_2 \longrightarrow 2HI(可逆反应) \tag{9-7}$$

$$H_2 + S \longrightarrow H_2S \tag{9-8}$$

$$2H_2 + O_2 \longrightarrow 2H_2O \tag{9-9}$$

在高温时，氢可将氯化物中的氯置换出来，使金属和非金属还原，其反应式为：

$$SiCl_4 + 2H_2 \longrightarrow Si + 4HCl \tag{9-10}$$

$$SiHCl_3 + H_2 \longrightarrow Si + 3HCl \tag{9-11}$$

$$TiCl_4 + 2H_2 \longrightarrow Ti + 4HCl \tag{9-12}$$

(3) 氢气的加成反应　在高温和催化剂存在的条件下，氢气可对碳碳重键和碳氧重键起加成反应，可将不饱和有机物(结构含有 $\diagdown C = C \diagup$ 或 $-C \equiv C-$ 等)变为饱和化合物，将醛、酮(结构中含有 $\diagdown C = O$ 基)还原为醇。如一氧化碳与氢气在高压、高温和催化剂存在的条件下可生成甲醇，其反应式为：

$$2H_2 + CO \longrightarrow CH_3OH \tag{9-13}$$

(4) 氢原子与某些物质的反应　在加热时，通过电弧和低压放电，可使部分氢气分子离解为氢原子。氢原子非常活泼，但存在时间仅为 0.5s，氢原子重新结合为氢分子时要释放出高的能量，使反应系统达到非常高的温度。工业上常利用原子氢结合所产生的高温，在还原气氛中焊接高熔点金属，其温度可高达 3500℃。锗、锑、锡不能与氢气化合，但它们可以与原子氢反应生成氢化物，如原子氢与砷的化学反应式为：

$$3H + As \longrightarrow AsH_3 \tag{9-14}$$

原子氢可将某些金属氧化物、氯化物还原成金属，原子氢也可还原含氧酸盐，其反应式为：

$$2H + CuCl_2 \longrightarrow Cu + 2HCl \tag{9-15}$$

$$8H + BaSO_4 \longrightarrow BaS + 2H_2O \tag{9-16}$$

(5) 毒性及腐蚀性　氢无毒、无腐蚀性，但对氯丁橡胶、氟橡胶、聚四氟乙烯、聚氯乙烯等具有较强的渗透性。

氢气和氧气或空气中的氧气在一定的条件下，可以发生剧烈的氧化反应（即燃烧），并释放出大量的热量，其化学反应式为：

$$H_2 + 0.5O_2 \longrightarrow H_2O + Q \tag{9-17}$$

式中，Q 表示反应热，此反应中 $Q = 40.2 \text{kW} \cdot \text{h/kg}$。

氢在自然界中的含量很大，但很少以纯净的状态存在于自然界，通常以化合物的形式存在于自然界中。纯氢气在自然环境状态下以气态存在，只有经过液化过程高压处理才以液态形式存在。氢原子与其他物质结合在一起形成化合物的种类很多，能作为能源载体的含氢化合物的种类并不是太多。常见的含氢化合物的含能量如表 9-2 所列，这些化合物都和氢气一样，可以作为能量载体在能量的释放、转换、储存和利用过程中发挥重要的作用。

表 9-2　含氢化合物的储能特性

储能特性	物质名称							
	氢气（20MPa）	液氢	MgH	FeTiH	甲烷（液）	甲醇	优质汽油	煤油
含能量 /（kW·h/L）	0.49	2.36	3.36	3.18	5.8	4.42	8.97	9.5
含能量 /（kW·h/kg）	33.3	33.3	2.33	0.58	13.8	5.6	12.0	11.9

9.1.3　氢能的特点

9.1.3.1　氢能的定义

当氢气（H_2）与氧气（O_2）反应生成水的时候会释放出能量，这种能量就是氢能。严格地说，氢能是指相对于 H_2O 的 H_2 和 O_2 所具有的能量。但是 O_2 大量存在于地球的大气中，一般不被看成能量，因此我们所说的氢能就是 H_2 所承载的能量。1mol H_2 承载的氢能大小在数值上等于 1mol H_2 与 1/2mol O_2 反应释放的能量减去 1mol 液态水具有的能量。在标准状态（1atm）和 25℃下，反应的标准焓变 $\Delta H^\ominus = -285.83 \text{kJ}$，标准吉布斯自由能变化 $\Delta G^\ominus = -273.18 \text{kJ}$。$\Delta H^\ominus$ 代表反应释放的全部能量，也就是说反应可以向外界提供 285.83kJ 的热能；$\Delta G^\ominus$ 代表反应可以向外界提供用于做功的那部分能量，如果组成燃料电池，则可以向外界提供 285.83kJ 的电能。

9.1.3.2　氢能特点

氢能具有以下特点。

① 氢的资源丰富。在地球上的氢主要以其化合物的形式存在，如水、甲烷、氨、烃类等。而水是地球的主要资源，地球表面 70% 以上被水覆盖；即使在陆地，也有丰富的地表水和地下水。

② 氢的来源多样性。可以由各种一次能源（如天然气、煤和煤层气等化石燃料）制备；也可以由可再生能源（如太阳能、风能、生物质能、海洋能、地热能）或二次能源（如电力）等获得。地球各处都有可再生能源，而不像化石燃料有很强的地域性。

③ 燃烧热值高。氢的热值高于所有化石燃料和生物质燃料，表 9-3 为几种物质的燃烧值。

表 9-3　几种物质的燃烧值

名称	氢气	甲烷	汽油	乙醇	甲醇
燃烧值/(kJ/kg)	121061	50054	44467	27006	20254

④ 氢能是最环保的能源。利用低温燃料电池，由化学反应将氢气转化为电能和水，不排放 CO_2 和 NO_x。使用氢气为燃料的内燃机，也可以显著减少污染物排放。

⑤ 燃烧稳定性好。容易做到比较完善的燃烧，燃烧效率很高，这是化石燃料和生物质燃料很难与之相比的。

⑥ 氢气具有可存储性。与电能和蒸汽相比，氢气可以大规模存储。可再生能源具有时空不稳定性，可以将再生能源制成氢气存储起来。

⑦ 氢的可再生性。氢气进行化学反应产生电能（或热能）并生成水，而水又可以进行电解转化成氢气和氧气，如此周而复始，进行循环。

⑧ 氢气是安全的能源。氢气不会产生温室效应，也不具有放射性和放射毒性。氢气在空气中的扩散能力很强，在燃烧或泄漏时就可以很快地垂直上升到空气中并扩散，不会引起长期的未知范围的后续伤害。

9.2　氢的制备方法和储运

氢气能够用来储存能量，是一种重要的高效清洁二次能源。对氢能制取、储存和利用技术的研究正朝着系统化、科学化和低成本方向进一步发展。制氢和储氢技术是人类是否能够大规模利用氢能的关键技术之一。

9.2.1　氢的制备

传统的使用氢能的流程是先在制氢工厂生产出氢气，然后通过不同的方法储运，将其输送至用户。现阶段技术相对比较成熟、应用比较广泛的传统制氢方法主要基于以下技术：化石燃料制氢、分解水制氢技术和生物质制氢技术。

作为清洁可再生能源，人类对氢能的开发从未停止。制氢技术多种多样，包括化学、生物、电解、光解等处理过程，其中有些已经实现了商业化生产。现有制氢技术按原料来源可分为化石燃料制氢与可再生资源制氢。化石燃料制氢为当前主要的制氢方式。图 9-1 是目前世界制氢产业状况。表 9-4 对不同制氢方式进行了比较。从目前来看，可再生能源或可再生资源制氢所占份额仍然很小，化石燃料制氢在将来很长一段时间内将占主导地位。

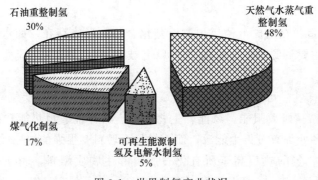

图 9-1　世界制氢产业状况

表 9-4　不同制氢方式比较

技术	原料	效率/%	商业应用情况
蒸汽重整	烃	70～80	商业应用
部分氧化	烃	60～75	商业应用
碱性电解剂	水＋电	50～60	商业应用
生物质气化	生物质	35～50	商业应用
等离子重整	烃	9～85	远期
水相重整	烃	35～55	中期
氨重整	氨	未知	近期
自热重整	烃	60～75	近期
光催化	太阳光＋水	0.5	远期
黑暗发酵	生物质	60～80	远期
光发酵	生物质＋太阳光	0.1	远期
微生物电解电池	生物质＋电	78	远期
PEM 电解剂	水＋电	55～70	近期
固体燃料电池	水＋电	40～60	中期
分解水	水＋热	未知	远期

9.2.1.1　化石燃料制氢

远在 18 世纪时，城市煤气中的氢就是从化石燃料中获得的，20 世纪 40 年代以前，美国生产的氢有 90％是通过水煤气反应获得的。到目前为止，以煤、石油及天然气为原料制取氢气是制取氢气的主要方法。

（1）煤制氢　煤制氢技术主要以煤气化制氢为主，可分为直接制氢和间接制氢。煤的直接制氢包括：煤的干馏，在隔绝空气条件下，在 900～1000℃ 制取焦炭，副产品焦炉煤气中含氢气 55％～60％、甲烷 23％～27％、一氧化碳 6％～8％，以及少量其他气体；煤的气化，煤在高温、常压和加压下，与气化剂反应，转化成气体产物，气化剂为水蒸气或氧气（空气），气体产物中含有氢气等组分，其含量随不同气化方法而异。煤的间接制氢过程，是指将煤首先转化为甲醇，再由甲醇重整制氢。

图 9-2 所示为煤气化制氢技术工艺流程。煤气化制氢主要包括造气反应、水煤气变换反应、氢的提纯与压缩三个过程。气化反应如下：

$$C(s) + H_2O(g) \longrightarrow CO(g) + H_2(g) \tag{9-18}$$

$$CO(g) + H_2O(g) \longrightarrow CO_2(g) + H_2(g) \tag{9-19}$$

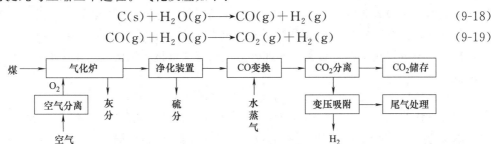

图 9-2　煤气化制氢技术工艺流程

煤气化是一个吸热反应，反应所需的热量由氧气与碳的氧化反应提供。按煤料与气化剂在气化炉内流动过程中的接触方式不同分为固定床气化、流化床气化、气流床气化及熔融床气化等（图 9-3 所示为几种典型煤气化炉的结构简图）；按原料煤进入气化炉时的粒度不同分为块煤（13～100mm）气化、碎煤（0.5～6mm）气化及煤粉（<0.1mm）气化等；按气化过程所用气化剂的种类不同分为空气气化、空气/蒸汽气化、富氧空气/蒸汽气化及 O_2/蒸汽气化等；按煤气化后产生灰渣排出气化炉时的形态不同分为固态排渣气化、灰团聚气化及液态排渣气化等。

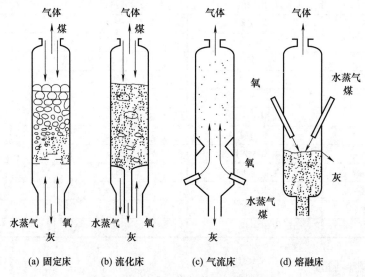

图 9-3　几种典型煤气化炉的结构简图

我国是煤炭资源十分丰富的国家，目前，煤在能源结构中的比例高达 70% 左右，未来相当长一段时间，我国能源结构仍将以煤为主，因此利用煤制氢是一条具有中国特色的制氢路线。煤制氢的缺点是生产装置投资大，另外，煤制氢过程还排放大量的温室气体二氧化碳。要想使煤制氢得到推广应用，应设法降低装置投资和如何使二氧化碳得到回收和充分利用，而不排向大气。

（2）气体原料制氢　天然气和煤层气是主要的气体形态化石燃料。气体燃料制氢主要是指天然气制氢。天然气的主要成分是甲烷。天然气制氢的主要方法有天然气水蒸气重整制氢、天然气部分氧化重整制氢、天然气催化裂解制氢等。

经地下开采得到的天然气含有很多组分，其主要成分是甲烷，其他成分有水、其他的烃类、硫化物、氮气与碳氧化物。因此，在天然气进入管道之前，要去除硫化物等杂质，进入管网的天然气一般含有甲烷 75%～85% 与一些低碳饱和烃、二氧化碳等。天然气配入一定比例的氢气，混合气在对流段预热到一定温度，经钴、钼催化剂加氢后，用氧化锌进行脱硫，再进入蒸汽转化炉在一定条件下进行甲烷水蒸气重整制氢反应。在该工艺中所发生的基本反应如下：

转化反应　　　　　　$CH_4 + H_2O \longrightarrow CO + 3H_2 - 206kJ$　　　　　　　（9-20）

变换反应　　　　　　$CO + H_2O \longrightarrow CO_2 + H_2 + 41kJ$　　　　　　　　（9-21）

总反应式　　　　　　$CH_4 + 2H_2O \longrightarrow CO_2 + 4H_2 - 165kJ$　　　　　　（9-22）

转化反应和变换反应均在转化炉中完成，反应温度为 650～850℃，反应的出口温度在 820℃ 左右。若原料按下式比例进行混合，则可以得到 CO：H_2=1：2 的合成气：

　　　　　　$3CH_4 + CO_2 + 2H_2O \longrightarrow 4CO + 8H_2 + 659kJ$　　　　　（9-23）

可见，天然气水蒸气重整制氢反应是强吸热反应，因此该过程具有能耗高的缺点，燃料成本占生产成本的 52%～68%。另外，该过程反应速率慢，而且需要耐高温不锈钢管材制作反应器，因此该法具有初投资高的缺点。

图 9-4 所示为蒸汽重整制氢流程。原料（天然气等）首先经过脱硫工序，采用 Co-Mo 或 Ni-Mo 加氢催化剂，在 360℃ 的温度下，使有机硫转化为 H_2S，而后以 ZnO 除去；蒸汽重整温度为 800~900℃，催化剂为 Ni；重整气经过转化反应后，合成气中 CO 体积含量不超过 3%；经过变压吸附（PSA）提纯后，氢气纯度高达 99.999%，CO 含量低于 0.0001%。

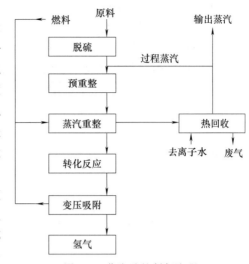

图 9-4 蒸汽重整制氢流程

在天然气部分氧化重整制氢中，氧化反应需要在高温下进行，有一定的爆炸危险，不适合在低温燃料电池中使用。天然气与氧进行部分氧化反应时，当氧含量不大时（10%~12%），在 5~30MPa 下主要生成甲醇、甲醛和甲酸；当氧含量为 35%~37% 时，在 1300℃ 温度下，反应区气体很快冷却则可以加热得到乙炔；再增加氧含量时，则反应产物主要是一氧化碳和氢气；如果用大量过量氧进行反应时，得到的产物仅为二氧化碳和水蒸气。

天然气部分氧化制氢反应及反应平衡如下：

主要反应 $$CH_4 + 0.5O_2 \longrightarrow CO + 2H_2 + 35.5kJ \qquad (9\text{-}24)$$

反应平衡常数 $$K_P = \frac{p_{CO} p_{H_2}^2}{p_{CH_4} p_{O_2}^{0.5}} \qquad (9\text{-}25)$$

天然气部分氧化重整是制氢的重要方法之一，与水蒸气重整制氢方法相比，变强吸热为温和放热，具有低能耗的优点，还可以采用廉价的耐火材料堆砌反应器，可显著降低初投资。但该工艺具有反应条件苛刻和不易控制的缺点，另外需要大量纯氧，需要增加昂贵的空分装置，增加了制氢成本。将天然气水蒸气重整与部分氧化重整联合制氢，比起部分氧化重整具有氢浓度高、反应温度低等优点。

在天然气催化热裂解制氢中，首先将天然气和空气按理论完全燃烧比例混合，同时进入炉内燃烧，使温度逐渐上升到 1300℃ 时停止供给空气，只供给天然气，使之在高温下进行热解，生成氢气和炭黑。其反应式为：

$$CH_4 \longrightarrow C + 2H_2 \qquad (9\text{-}26)$$

天然气裂解吸收热量使炉温降至 1000~1200℃ 时，再通入空气使原料气完全燃烧升高温度后，再次停止供给空气进行热解，生成氢气和炭黑，如此往复间歇进行。该反应用于炭黑、颜料与印刷工业已有多年的历史，而反应产生的氢气则用于提供反应所需要的一部分热量，反应在内衬耐火砖的炉子中进行，常压操作。该方法技术较简单，经济上也合适，但是氢气的成本仍然不低。

（3）液体化石燃料制氢 液体原料具有容易储运、加注和携带，能量转化效率高，能量密度大和安全性可靠等优势，尤其是甲醇和乙醇既可以从化石燃料中获取也可以从生物质中得到，符合可持续发展的要求，因此这类液体原料车载移动制氢和纯化技术，是近期乃至中长期最现实的燃料电池氢源技术。常用的工艺有甲醇裂解-变压吸附制氢、甲醇重整制氢、轻质油水蒸气转化制氢、重油部分氧化制氢等。

① 甲醇裂解-变压吸附制氢。甲醇与水蒸气在一定的温度、压力和催化剂存在的条件下，同时发生催化裂解反应与一氧化碳变换反应，生成氢气、二氧化碳及少量的一氧化碳，同时由于副反应的作用会产生少量的甲烷、二甲醚等副产物。甲醇加水裂解反应是一个多组分、多反应的气固催化复杂反应系统。其制氢工艺流程如图9-5所示，主要反应为：

$$CH_3OH + H_2O \longrightarrow CO_2 + 3H_2 \tag{9-27}$$

$$CH_3OH \longrightarrow CO + 2H_2 \tag{9-28}$$

$$CO + H_2O \longrightarrow CO_2 + H_2 \tag{9-29}$$

总反应为：

$$CH_3OH + H_2O \longrightarrow CO_2 + 3H_2 \tag{9-30}$$

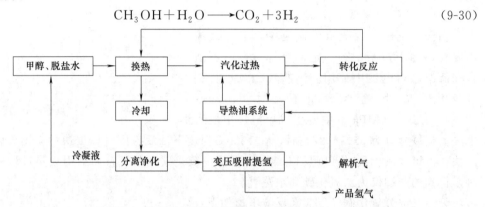

图 9-5　甲醇裂解-变压吸附制氢工艺流程

反应后的气体产物经过换热、冷凝、吸附分离后，冷凝吸收液循环使用，未冷凝的裂解气体再经过进一步处理，脱去残余甲醇与杂质后送到氢气提纯工序。甲醇裂解气体主要成分是 H_2 和 CO_2，其他杂质成分是 CH_4、CO 和微量的 CH_3OH，利用变压吸附技术分离除去甲醇裂解气体中的杂质组分，获得纯氢气。

甲醇裂解-变压吸附制氢技术具有工艺简单、技术成熟、初投资小、建设周期短、制氢成本低等优点。这一系列优点保证了其在一定领域具有较好的应用前景，但甲醇分解制氢不宜用于燃料电池电动车上。由于燃料电池的 Pt 电极对 CO 特别敏感，同时甲醇的低温分解其产品混合气体中含有大于 30%（摩尔分数）的 CO，而燃料电池要求阳极气体 CO 含量小于 0.005%。要对如此大比例的 CO 进行转化或者除去，首先经低温水煤气变换可将其转化为 H_2，变换气中尚含有 1%～3% 的 CO，再通过低温选择氧化将其去除，最终得到 CO 含量低于 0.005% 的高纯 H_2。然而，这一系列过程的完成需要一个大的转化装置或者后续处理装置，车载燃料电池的空间很难满足这一要求。

② 甲醇重整制氢。甲醇在空气、水和催化剂存在的条件下，温度处于 250～330℃ 时进行自热重整，甲醇水蒸气重整理论上能够获得的氢气浓度为 75%。甲醇重整的典型催化剂是 Cu-ZnO-Al_2O_3，这类催化剂也在不断更新使其活性更高。这类催化剂的缺点是其活性对氧化环境比较敏感，在实际运行中很难保证催化剂的活性，使该工艺受到商业化推广应用的限制，寻找可替代催化剂的研究正在进行。

③ 轻质油水蒸气转化制氢。轻质油水蒸气转化制氢是在催化剂存在的情况下，温度达到 800～820℃ 时进行如下主要反应：

$$C_nH_{2n+2} + nH_2O \longrightarrow nCO + (2n+1)H_2 \tag{9-31}$$

$$CO + H_2O \longrightarrow CO_2 + H_2 \tag{9-32}$$

用该工艺制氢的体积浓度可达 74%，生产成本主要取决于轻质油的价格。我国轻质油价格高，该工艺的应用在我国受到制氢成本高的限制。

④ 重油部分氧化制氢。重油包括常压渣油、减压渣油及石油深度加工后的燃料油。部分重油燃烧提供氧化反应所需的热量并保持反应系统维持在一定的温度，重油部分氧化制氢在一定的压力下进行，可以采用催化剂，也可以不采用催化剂，这取决于所选原料与工艺。催化部分氧化通常是以甲烷和石油脑为主的低碳烃为原料，而非催化部分氧化则以重油为原料，反应温度在 1150～1315℃。重油部分氧化包括烃与氧气、水蒸气反应生成氢气和碳氧化物，典型的部分氧化反应如下：

$$C_nH_m + 0.5nO_2 \longrightarrow nCO + 0.5mH_2 \tag{9-33}$$

$$C_nH_m + nH_2O \longrightarrow nCO + 0.5(n+m)H_2 \tag{9-34}$$

$$H_2O + CO \longrightarrow CO_2 + H_2 \tag{9-35}$$

重油的碳氢比很高，因此重油部分氧化制氢获得的氢气主要来自水蒸气和一氧化碳，其中蒸汽制取的氢气占 69%。与天然气蒸汽转化制氢相比，重油部分氧化制氢需要配备空分设备来制备纯氧，这不仅使重油部分氧化制氢的系统复杂化，而且还增加了制氢的成本。

9.2.1.2　电解水制氢

电解水制氢是目前应用较广且比较成熟的方法之一。纯水是电的不良导体，所以电解时需向水中加入强电解质以提高导电性，但酸对电极和电解槽有腐蚀性，盐会在电解过程中生成副产物，故一般多以氢氧化钾水溶液作为电解液。电解水制氢的过程见图 9-6。

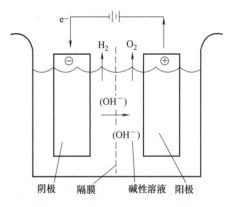

图 9-6　电解水制氢的过程示意图

电极反应为：

阳极反应　　$2e^- + H_2O \longrightarrow H_2 + 2OH^-$ 　(9-36)

阴极反应　　　$4OH^- \longrightarrow O_2 + 2H_2O + 4e^-$

(9-37)

电解水的最理想金属是铂系金属，但这些金属都很昂贵，在实际工作中不宜采用。现在通用的水电解槽都采用镍电极。水电解制氢装置一般需由水电解槽、气液分离器、气体洗涤器、电解液循环泵、电解液过滤器、压力调整器、测量及控制仪表和电源设备等单体设备组成。水电解槽是水电解制氢装置中的主体设备，由若干个电解池（电解小室）组成，每个电解池由阴极、阳极、隔膜及电解液构成。在通入直流电后，水在电解池中被分解，阴极和阳极分别产生氢气和氧气。

电解水制氢过程是氢与氧燃烧化合成水的逆过程，因此只要提供一定形式的能量就可使水分解。电解水制氢的效率一般为 75%～85%，其工业过程简单，无污染，但耗电量大，因而其应用受到一定的限制。为了提高电解效率，可对工艺及设备不断改进。例如采用固体高分子离子交换膜，既可作为电解质，又可作为电解池阴阳极的隔膜。而在电解工艺上采用高温高压有利于电解反应的进行。但目前电解水制氢能耗仍然较高，一般为 $5kW \cdot h/m^3$。

在水力资源丰富的国家或地区，为了充分利用廉价的水力发电，可采用过剩的电力来电解水制氢。电解水制氢在水电和核电资源丰富的国家和地区会发挥巨大作用，但从能量转换的全过程看，如果按照"核能→热能→机械能→电能→氢化学能"的模式进行，因转换步骤多,尤其受热功转换的限制,总效率一般低于20%。即使热功转换效率提高到40%,电解效率达80%,总效率也仅为32%左右。

9.2.1.3 生物及生物质制氢

生物质能的利用主要有热化学转化法和微生物转化法两类。生物质热化学转化法可利用生物质热裂解和气化等过程产氢,具有成本低、效率高的特点,是大规模制氢可行的方式。目前,生物质的生物法制氢主要有两种途径,即利用光合细菌产氢和发酵产氢,与之相对应的有两类微生物菌群——光合细菌和发酵细菌。生物质制氢技术具有清洁、节能和不消耗矿物质资源等突出优点。作为一种可再生资源,生物体又能进行自我复制、繁殖,还可以通过光合作用进行物质和能量的转换,这种转换系统可在常温、常压下通过酶的催化作用而获得氢气。

(1)生物质热化学转化技术 生物质热化学转化制氢是指将生物质通过热化学反应转化为富氢气体。传统的热化学制氢过程一般包括三个部分:生物质原料的热裂解、热解产物的气化和焦油等大分子烃类物质的催化裂解,其流程如图9-7所示。

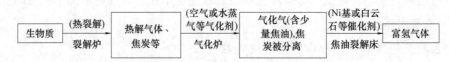

图9-7 生物质热化学转化制氢流程

① 生物质气化制氢。在生物质各种利用方式中,气化由于其高效性和可行性强而受到各国研究人员的关注。生物质气化的产品气体组成包括 H_2、CO、CO_2 以及 CH_4 等,同时也会产生焦油、焦炭等。以氢气或富氢气体为目的生物质气化工艺多以水蒸气为气化剂,通过碳与水蒸气反应、水煤气转化反应以及烃类的水蒸气重整反应等过程,产品气中氢含量达到30%~60%,并且产气热值较高,一般可达 $10\sim16MJ/m^3$。

典型的生物质木屑质量组成为 C(48%)、O(45%)、H(6%)和少量 N、S 及矿物质,其分子式可以写为 $CH_{1.5}O_{0.7}$,以此为依据可计算氢的理论产率。如果生物质与含氢物质(例如水)反应,则氢产率高于生物质最大氢含量6%。生物质水蒸气气化反应方程式可以表示为:

$$CH_{1.5}O_{0.7}+0.3 H_2O \longrightarrow CO+1.05H_2-74kJ/mol \tag{9-38}$$

$$CO+H_2O \longrightarrow CO_2+H_2-42kJ/mol \tag{9-39}$$

根据上述反应方程式可计算出每千克生物质最大产氢量165g。生物质气化制氢过程如图9-8所示。

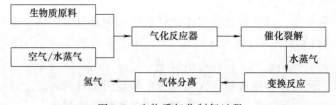

图9-8 生物质气化制氢过程

生物质气化制氢技术具有如下优点:工艺流程和设备比较简单,在煤化工中有较多工程经验可以借鉴;充分利用部分氧化产生的热量,使生物质裂解并分解一定量的水蒸气,能源转换效率较高；有相当宽广的原料适应性；适合于大规模连续生产。

② 生物质热裂解制氢。生物质热裂解制氢是对生物质进行间接加热，使其分解为可燃气体和烃类物质（焦油），然后对热解产物进行第二次催化裂解，使烃类物质继续裂解以增加气体中的氢含量，再经过变换反应产生更多的氢气，然后进行气体的分离提纯。

生物质热裂解制氢流程如图9-9所示，通过控制不同的裂解温度以及物料的停留时间来达到制取氢气的目的。热解反应类似于煤炭的干馏，由于不加入空气，得到的是中热值燃气，燃气体积较小，有利于气体分离。

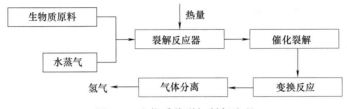

图 9-9　生物质热裂解制氢流程

生物质在隔绝空气的条件下通过热裂解，将占原料70％～75％（质量分数）的挥发物质析出转变为气态；将残炭移出系统，然后对热解产物进行二次高温催化裂解，在催化剂和水蒸气的作用下将分子量较大的重烃（焦油）裂解为氢、甲烷和其他轻烃，增加气体中氢的含量；接着对二次裂解后的气体进行催化重整，将其中的一氧化碳和甲烷转换为氢，产生富氢气体；最后采用变压吸附或膜分离技术进行气体分离，得到纯氢。

该技术路线具有如下优点：过程中不加入空气，避免了氮气对气体的稀释，提高了气体的能流密度，降低了气体分离的难度，减少了设备体积和造价；生物质在常压下进行热解和二次裂解，避免了苛刻的工艺条件；以生物质原料自身能量平衡为基础，不需要用常规能源提供额外的工艺热量；有较宽广的原料适应性。

③ 生物质热解油重整制氢。生物质快速热解制取燃料油的技术在过去的二十多年有了长足的进步，多种工艺得以发展，也为生物质制氢提供了新的途径。目前，该技术的氢气产量达到了70％以上，显示出良好的发展前景。

目前的研究主要集中在工艺条件的确定和催化剂的选择上。生物质热解油重整制氢过程如图9-10所示。

图 9-10　生物质热解油重整制氢过程

水蒸气催化重整生物质热解油制氢的突出优点是作为制氢中间体的裂解油易于储存和运输。目前该方法的研究还不够深入，主要是在实验室中进行探索性的研究，但从技术上讲，以生物质裂解油为原料，采用水蒸气催化重整制取氢气是可行的。

（2）微生物转化技术　微生物转化制氢是利用微生物在常温常压下进行酶催化反应制氢气的方法。该技术可分为厌氧发酵有机物制氢和光合微生物制氢两类。

光合微生物制氢是指微生物（细菌或藻类）通过光合作用将底物分解产生氢气的方法。在藻类光合制氢中，首先是微藻通过光合作用分解水，产生质子和电子并释放氧气，然后藻类通过特有的产氢酶系的电子还原质子释放氢气。在微生物光照产氢的过程中，水的分解才能保证氢的来源，产氢的同时也产生氧气。在有氧的环境下，固氮酶和可逆产氢酶的活性都受到抑制，产氢能力下降甚至停止。因此，利用光合细菌制氢，提高光能转化效率是未来研究的一个重要方向。

厌氧发酵有机物制氢是在厌氧条件下，通过厌氧微生物（细菌）利用多种底物在氮化酶或氢化酶的作用下将其分解制取氢气的过程。这些微生物又被称为化学转化细菌，包括大肠埃希杆菌、拜式梭状芽孢杆菌、产气肠杆菌、丁酸梭状芽孢杆菌、褐球固氮菌等。底物包括甲酸、丙酮酸、CO 和各种短链脂肪酸等有机物、硫化物、淀粉纤维素等糖类，这些底物广泛存在于工农业生产的污水和废弃物之中。厌氧发酵细菌生物制氢的产率一般较低，为提高氢气的产率除选育优良的耐氧菌种外，还必须开发先进的培养技术才能够使厌氧发酵有机物制氢实现大规模生产。

9.2.2　氢气的纯化

无论采用何种原料制备氢气，都只能得到含氢的混合气，需要进一步提纯和精制，以得到高纯氢。目前，用于精制高纯氢的方法主要有冷凝-低温吸附法、低温吸收-吸附法、变压吸附法、钯膜扩散法、金属氢化物法以及这些方法的联合使用。

（1）冷凝-低温吸附法　纯化分两步进行：首先，采用低温冷凝法进行预处理，除去杂质水和二氧化碳等。需在不同温度下进行二次或多次冷凝分离。再采用低温吸附法精制，经预冷后的氢进入吸附塔，在液氮蒸发温度（约196℃）下，用吸附剂除去各种杂质。工艺多采用两个吸附塔交替操作。净化后 H_2 纯度达 99.999%～99.9999%。

（2）低温吸收-吸附法　纯化仍需分两步进行：首先，根据原料氢中杂质的种类，选用适宜的吸收剂，如甲烷、丙烷、乙烯、丙烯等，在低温下循环吸收和解吸氢中的杂质。然后，再经低温吸附法，用吸附剂除去其中的微量杂质，制得纯度为 99.999%～99.9999% 的高纯氢。

（3）变压吸附法（PSA 法）　变压吸附是利用气体组分在吸附剂上吸附特性的差异以及吸附量随压力变化的原理，通过周期性的压力变化过程实现气体的分离。由于 PSA 技术具有能耗低，产品纯度高，工艺流程简单，预处理要求低，操作方便、可靠，自动化程度高等优点，在气体分离领域得到广泛使用。

9.2.3　氢的储存和运输

氢的储存是一个至关重要的技术，储氢问题是制约氢经济的瓶颈之一，储氢问题不解决，氢能的应用则难以推广。氢气是气体，它的输送和储存比固体煤、液体石油更困难。一般而论，氢可以气体、液体、化合物等形态储存。目前，氢的储存方式主要有以下几种。

（1）加压气态储存　氢气可以像天然气一样用低压储存，使用巨大的水密封储罐。该方法适合大规模储存气体时使用。由于氢气的密度太低，所以应用不多。

气态压缩高压储氢是最普通和最直接的储氢方式，通过减压阀的调节就可以直接将氢气释放出。目前国际上已经有 35MPa 的高压储氢罐，我国使用容积为 40L 的钢瓶在 15MPa 储存氢气。为使氢气钢瓶严格区别于其他高压气体钢瓶，我国的氢气钢瓶的螺纹是顺时针方向旋转的，和其他气体的螺纹相反，而且外部涂以绿色漆。上述的氢气钢瓶只能储存 $6m^3$ 氢气，大约 0.5kg 氢气，不到装载器质量的 2%。运输成本太高，此外还有氢气压缩的能耗和相应的安全问题。

（2）液化储氢技术 常压下，液氢的熔点为−253℃，气化潜热为 921kJ/kmol。在常压和−253℃下，气态氢可液化为液态氢，液态氢的密度是气态氢的 845 倍。液氢的热值高，每千克热值为汽油的 3 倍。

液化储氢技术是将纯氢冷却到 20K，使之液化后，装到"低温储罐"中储存。为了避免或减少蒸发损失，储罐做成真空绝热的双层壁不锈钢容器，两层壁之间除保持真空外，还放置薄铝箔，以防止辐射。该技术具有储氢密度高的优点，对于移动用途的燃料电池而言，具有十分诱人的应用前景。然而，首先由于氢的液化十分困难，导致液化成本较高；其次是对容器绝热要求高，使得液氢低温储罐体积约为液氢的 2 倍，因此目前只有少数汽车公司推出的燃料电池汽车样车上采用该储氢技术。

（3）金属氢化物储氢 金属氢化物储氢就是用储氢合金与氢气反应生成可逆金属氢化物来储存氢气。通俗地说，即利用金属氢化物的特性，调节温度和压力，分解并放出氢气后而本身又还原到原来合金的原理。金属是固体，密度较大，在一定的温度和压力下，表面能对氢起催化作用，促使氢元素由分子态转变为原子态而能够钻进金属的内部，而金属就像海绵吸水那样能吸取大量的氢。需要使用氢时，氢被从金属中"挤"出来。利用金属氢化物的形式储存氢气，比压缩氢气和液化氢气两种方法方便得多。需要用氢时，加热金属氢化物即可放出氢。储氢合金的分类方式有很多种：按储氢合金材料的主要金属元素区分，可分为稀土系、镁系、锆系、钙系等；按组成储氢合金金属成分的数目区分，可分为二元系、三元系和多元系；如果把构成储氢合金的金属分为吸氢类用 A 表示、不吸氢类用 B 表示，可将储氢合金分为 AB_5 型、AB_2 型、AB 型、A_2B 型。合金的性能与 A 和 B 的组合关系有关。表 9-5 列出了典型金属氢化物及其主要储氢特性。

表 9-5 典型金属氢化物及其主要储氢特性

类别	金属	氢化物	结构	质量分数/%	平衡压力与温度
单质	Pd	$PdH_{0.6}$	Fm3m	0.56	0.02bar,298K
AB_5	$LaNi_5$	$LaNi_5H_5$	P6/mmm	1.37	2bar,298K
AB_2	ZrV_2	$ZrV_2H_{5.5}$	Fd3m	3.01	0.01bar,323K
AB	FeTi	$FeTiH_2$	Pm3m	1.89	5bar,303K
A_2B	Mg_2Ni	Mg_2NiH_4	P6222	3.59	1bar,555K

注：$1bar=10^5Pa$，后同。

（4）有机化合物储氢 有机化合物储氢是一种利用有机化合物的催化加氢和催化脱氢反应储放氢的方式。某些有机化合物可作为氢气载体，其储氢率大于金属氢化物，而且可以大规模远程输送，适于长期性的储存和运输，也为燃料电池汽车提供了良好的氢源途径。例如苯和甲苯的储氢量分别为 7.14% 和 6.19%。氢化硼钠（$NaBH_4$）、氢化硼钾（KBH_4）、氢化铝钠（$NaAlH_4$）等络合物通过加水分解反应可产生比其自身含氢量还多的氢气，如氢化铝钠在加热分解后可放出总量高达 7.4% 的氢。这些络合物是很有发展前景的新型储氢材料，但是为了使其能得到实际应用，还需探索新的催化剂或将现有的钛、锆、铁催化剂进行优化组合以改善材料的低温放氢性能，处理好回收再生循环的系统。

（5）氢的运输

① 压缩氢气的运输。压缩氢气可采用高压气瓶、拖车或管道输送，气瓶和管道的材质可直接使用钢材。气瓶的最大压力可达 40MPa，容量为 1.8kg，但不便于运输。

采用拖车运输压缩氢气的最大运输量为 6000m³ (标准状态), 并且较低的能量效率限制了运输距离 (不超过 200km)。

管道输送一般用于输送量大的场合, 美国、加拿大及欧洲多个工业地区都有氢气管道, 目前氢气管道总长度已经超过 16000km。法国和比利时之间建有世界最长的输氢管道, 长约 400km, 操作压力一般为 1~3MPa, 输氢量为 310~8900kg/h。德国拥有 210km 输氢管道, 直径为 0.25m, 操作压力为 2MPa, 输氢量为 8900kg/h。

与天然气管道输送相比, 氢气的管道输送成本要高出 50%, 主要原因是压缩含能量相同的氢气所需要的能量是天然气的 3.5 倍。经过压力电解槽或天然气重整中的 PSA 工序, 可获得压力为 2~3MPa 的氢气, 最多可使压缩过程的成本降低到原来的 1/5。

② 液态氢气的运输。运输液态氢气最大的优点是能量密度高 (1 辆拖车运载的液氢相当于 20 辆拖车运输的压缩氢气), 适合于远距离运输 (在不适合铺设管道的情况下)。若氢气产量达到 450kg/h, 储存时间为 1d, 运输距离超过 160km, 则采用液氢的方式运输成本最低, 金属氢化物运输方式也很有竞争力。但运输距离若达到 1600km, 液氢运输的成本是金属氢化物的 1/4, 压缩氢气的 1/7。

液氢可使用拖车 (360~4300kg) 或火车运输 (2300~9100kg), 蒸发速率为 0.3~0.6%/d。目前欧洲使用低温容器或拖车运输的液氢体积 (标准状态) 为 41m³ 或 53m³, 温度为 20K (-253℃)。更大体积的容器 (300~600m³, 标准状态) 仅用于太空计划。

未来的液氢输送方式还可能包括管道运输, 尽管这需要管道具有良好的绝热性能。此外, 未来的液氢输送管道还可以包含超导电线, 液氢 (20K) 可以起到冷冻剂的作用, 这样在输送液氢的同时, 还可以无损耗地传输电力。氢气运输方式对比见表 9-6。

表 9-6 氢气运输方式对比

氢气运输方式	运输量范围	应用情况	优缺点
集装格(气氢)	5~10kg/格	广泛用于商品氢运输	非常成熟,运输量小
长管拖车(气氢)	250~460kg/车	广泛用于商品氢运输	运输量小,不适宜远距离运输
管道(气氢)	310~8900kg/h	主要用于化工厂,未普及	一次性投资成本高,运输效率高
槽车(液氢)	360~4300kg/车	国外应用广泛,国内仅用于航天液氢输送	液化投资大,能耗高,设备要求高
管道(液氢)	—	国外较少,国内没有	运输量大,液化能耗高,投资大
铁路(液氢)	2300~9100kg/车	国外非常少,国内没有	运输量大

9.3 氢能应用技术

氢气除作为化工原料以外, 还用作燃料, 主要使用方式是直接燃烧和电化学转换。氢能在发动机、内燃机内进行燃烧转换成动力, 成为交通车辆、航空的动力源或者固定式电站的一次能源; 应用燃料电池将氢的化学能量通过化学反应转换成电能。燃料电池可用作电力工业的分布式电源、交通部门的电动汽车电源和微小型便携式移动电源等。目前专门以氢气为燃料的燃气轮机正在研发之中, 氢内燃机驱动的车辆也在示范阶段, 氢和天然气、汽油的混合燃烧技术已有示范工程。不同种类的燃料电池处于不同的发展阶段, 质子交换膜燃料电池已有商业示范, 应用于固定电站、电动汽车和便携式电源。磷酸型燃料电池是发展较早的一种燃料电池，全世界已建立几百个固定的分散式电站，为电网提供电力，或作为可靠的后备电源，也有的为大型公共汽车提供了动力。目前，20kW 级的熔融碳酸盐燃料电池电站和10kW 级的固体氧化物燃料电池均有示范装置在运行。碱性燃料电池是最早研发的一种燃料电池，现在处于逐渐退出的状态。

9.3.1 燃料电池技术

燃料电池是氢能利用的最理想方式，它是电解水制氢的逆反应。半个世纪以来，许多国家尤其是发达国家相继开发了第一代碱性燃料电池（AFC）、第二代磷酸型燃料电池（PAFC）、第三代熔融碳酸盐燃料电池（MCFC）、第四代固体氧化物燃料电池（SOFC）和第五代质子交换膜燃料电池（PEMFC）。

9.3.1.1 燃料电池的主要特点

燃料电池的最大特点是反应过程不涉及燃烧，因此其能量转换效率不受卡诺循环限制。能量转换效率可高达 60%～80%，实际使用效率是内燃机的 2～3 倍。

（1）燃料电池的效率 燃料电池中转换为电能的那部分能量占燃料中含有的能量的比值称为燃料电池的效率。不同燃料电池的效率不同，氢氧燃料电池的理论能量转换效率可由氢、氧和水的热力学数据计算出。实际上由于电池内阻和电极工作时产生的极化现象，实际效率在 50%～70% 之间。

（2）燃料电池的特点

① 能量转换效率高。目前汽轮机和柴油机效率为 40%～50%，燃料电池理论能量转换效率可达 80% 以上。

② 减少大气污染。与火电厂相比的最大优势是减少了大气污染。表 9-7 给出燃料电池与火电厂大气污染的比较。

表 9-7　燃料电池与火电厂大气污染的比较

电站燃料污染物	天然气	重油	煤	FCG-1 燃料电池	EPA 燃料电池
SO_x/[kg/(GW·h)]	—	3.35	4.95	0.000046	1.24
NO_x/[kg/(GW·h)]	0.89	1.25	2.89	0.031	0.464
颗粒/[kg/(GW·h)]	0.45	0.42	0.41	0.0000046	0.155

③ 特殊场合使用。氢氧燃料电池发电之后的产物只有水，可用于航天飞机等航天器，兼作宇航员的饮用水。燃料电池无可动部件，因此操作时很安静。

④ 高度的可靠性。燃料电池由多个单个电池堆叠而成，如"阿波罗"登月飞船上的燃料电池由 31 个单个电池串联，电池电压为 27～31V，这种结构使得维护十分方便。

⑤ 燃料电池的比能量高。对于封闭体系的电池，如镍氢电池或锂电池与外界没有物质交换，比能量不会随时间变化。燃料电池由于不断补充燃料，随着时间延长，其输出能量也更多。

⑥ 辅助系统。燃料电池需要不断提供燃料，移走反应生成的水和热量，因此需要复杂的辅助系统，若不采用氢而采用其他含有杂质的燃料，就必须有净化装置或重整装置。

9.3.1.2 燃料电池的分类

燃料电池可按工作温度或电解质分类，也可按使用的燃料分类。电解质决定了电池的操作温度和在电极中使用的催化剂种类以及燃料种类。通常按电解质种类将燃料电池分成碱性燃料电池、质子交换膜燃料电池、磷酸型燃料电池、熔融碳酸盐燃料电池和固体氧化物燃料电池。

(1) 碱性燃料电池　碱性燃料电池（AFC）是最早获得应用的燃料电池。图 9-11 为碱性燃料电池原理。通常用氢氧化钾或氢氧化钠为电解质，导电离子为 OH^-，燃料为氢。AFC 的电极反应为：

阳极反应　　　　$H_2 + 2OH^- \longrightarrow 2H_2O + 2e^-$　　标准电极电位为 $-0.828V$　　(9-40)

阴极反应　$0.5O_2 + H_2O + 2e^- \longrightarrow 2OH^-$　　标准电极电位为 $0.401V$　　(9-41)

电池总反应　　　　$0.5O_2 + H_2 \longrightarrow H_2O$　　理论电动势为 $-1.29V$　　(9-42)

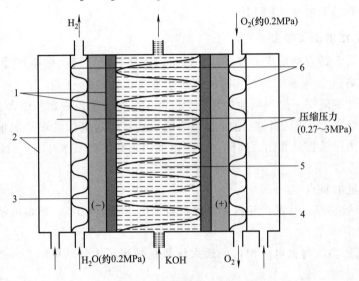

图 9-11　碱性燃料电池原理
1—隔膜；2—连接片；3—阳极；4—阴极；5—电解质；6—支撑网

AFC 通常以 Pt-Pd/C、Pt/C、Ni 或硼化镍等具有良好催化氢电化学氧化反应活性的电催化剂制备的多孔气体电极为氢电极，采用对氧电化学还原反应具有良好催化活性的 Pt/C、Ag、Ag-Au、Ni 等为电催化剂制备的多孔气体扩散电极为氧电极。对于 Bacon 型中温碱性燃料电池，多采用双孔结构的镍电极，即用镍作为电催化剂。对于在航天中应用的碱性燃料电池，由于要求高比功率和高比能量，为达到高电催化活性，多采用高分散的贵金属作电催化剂。中国科学院大连化学物理研究所研制了碱性石棉膜型燃料电池，采用 Pt-Pd/C 作氢电极电催化剂，银为氧电极电催化剂。以无孔碳板、镍板、镀镍或镀银、镀金的各种金属（如铝、镁、铁等）板为双极板材料，在板面上可加工各种形状的气体流动通道构成双极板。使用石棉膜作为隔膜。饱浸碱液的石棉膜的作用有两个：一是利用其阻气功能，分隔氧化剂和还原剂；二是为 OH^- 的传递提供通道。

AFC 的优点如下。

① 效率高，因为氧在碱性介质中的还原反应比在其他酸性介质中高。

② 因为是碱性介质，可以用非铂催化剂。

③ 因工作温度低，且为碱性介质，所以可以采用镍板做双极板。

AFC 的缺点如下。

① 因为电解质为碱性，易与 CO_2 生成 K_2CO_3、Na_2CO_3，严重影响电池性能，所以必须除去 CO_2，这给其在常规环境中应用带来很大的困难。

② 电池的水平衡问题很复杂，影响电池的稳定性。

（2）磷酸型燃料电池（PAFC） PAFC 以磷酸为电解质，使用天然气或者甲醇等为燃料，在约 200℃温度下使氢气与氧气发生反应，得到电力与热，其原理如图 9-12 所示。

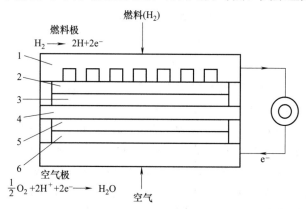

图 9-12　磷酸型燃料电池原理示意图
1—通道板；2—燃料极；3,5—催化剂层；4—电解质；6—空气极

在燃料极，阳极表面的 H_2 在催化剂作用下分解成氢离子与电子，氢离子经过电解质膜到达阴极，与空气中的氧气反应生成水，水随电极尾气排出。PAFC 的电极反应如下：

阳极反应 $$H_2 \longrightarrow 2H^+ + 2e^-$$ (9-43)

阴极反应 $$O_2 + 4H^+ + 4e^- \longrightarrow 2H_2O$$ (9-44)

电池总反应 $$2H_2 + O_2 \longrightarrow 2H_2O$$ (9-45)

酸性电池中，由于酸的阴离子特殊吸附等原因，导致氧的电化学还原速度比在碱性电池中慢得多。因此为减少阴极极化、提高氧的电化学还原速度，不但必须采用贵金属（如铂）作电催化剂，而且反应温度需提高，PAFC 的工作温度一般在 $190 \sim 210$℃。酸的腐蚀性比碱强得多，除贵金属以外，目前开发的各种金属与合金在酸性介质中都发生严重腐蚀。PAFC 的主要技术突破是采用炭黑和石墨作为电池的结构材料，它不仅具有高的电导率，而且成本相对较低，在酸性条件下具有较高的抗腐蚀能力。PAFC 的电极由载体和催化剂层组成。采用化学附着法将催化剂沉积在载体表面，电化学反应就发生在催化剂层上。

在高比表面积的乙炔炭黑上担载纳米级高分散的 Pt 微晶。PAFC 通常采用碳化硅多孔隔膜。在 PAFC 的工作条件下，碳化硅是惰性的，具有良好的化学稳定性。饱浸磷酸的碳化硅一是起到了离子传导作用，为减少其电阻，它必须具有尽可能大的孔隙率，一般为 $50\% \sim 60\%$，为确保浓磷酸优先充满碳化硅隔膜，它的平均孔径应小于氢、氧气体扩散电极的孔径；二是饱浸磷酸的碳化硅隔膜还应起到隔离氧化剂和燃料的作用。通常用模铸工艺由石墨粉和酚醛树脂制备 PAFC 的带流场的双极板。作为 PAFC 的双极板，最重要的是它的电导率、与电极之间的接触电阻和在电池工作条件下的稳定性。

（3）熔融碳酸盐燃料电池（MCFC） 它以碳酸锂（Li_2CO_3）、碳酸钾（K_2CO_3）及碳酸钠（Na_2CO_3）等碳酸盐为电解质，在燃料极（阳极）与空气极（阴极）中间夹着电解质，工作温度为 $600 \sim 700$℃。碳酸盐燃料电池所使用的燃料范围广泛，以天然气为主的碳氢化合物均可。

熔融碳酸盐燃料电池发电时，向燃料极供给燃料气体（氢气、CO），向空气极供给氧气、空气和 CO_2 的混合气。空气极从外部电路接受电子，产生碳酸根离子，碳酸根离子在电解质中移动，在燃料极与燃料中的氢进行反应，在生成 CO_2 和水蒸气的同时，向外部负载放出电子。MCFC 的电极反应为：

阴极反应 $\qquad O_2 + 2CO_2 + 4e^- \longrightarrow 2CO_3^{2-}$ (9-46)

阳极反应 $\qquad 2H_2 + 2CO_3^{2-} \longrightarrow 2H_2O + 2CO_2 + 4e^-$ (9-47)

电池总反应 $\qquad 2H_2 + O_2 \longrightarrow 2H_2O$ (9-48)

由电极反应可知，MCFC 的导电离子为 CO_3^{2-}。与其他类型燃料电池的区别是，在阴极，二氧化碳是反应物；在阳极，二氧化碳是产物。

MCFC 使用 NiO 多孔阴极，这种孔隙既提供气体通路，又能提供电子输送通路。NiO 阴极在熔盐中的溶解是制约 MCFC 商业化的最大障碍，实现 MCFC 工业化的目标之一是使其工作寿命达到 40000h 以上，但在 MCFC 长期运行中，NiO 阴极会在熔融碳酸盐中逐渐溶解生成 Ni^{2+}，扩散到电解质基板，并被阳极端的燃料气还原成金属镍，造成短路，从而缩短电池的使用寿命。为了抑制阴极材料溶解，在阴极中还需添加碱性添加剂。在阳极和阴极中间的电解质板是由 Li_2CO_3 和 K_2CO_3 组成的混合碳酸盐。MCFC 燃料电池对材料的孔隙率、孔径有着较高的要求，其电解质板的平均孔径要小于 $1\mu m$，远远低于阳极、阴极的平均孔径。根据毛细管原理，只有如此，熔盐才能浸满电解质，从而防止电解质两侧气体对穿。

隔膜是 MCFC 的核心部件，它必须具备强度高、耐高温熔盐腐蚀、浸入熔盐电解质后能够阻挡气体通过的优点，并且具有良好的离子导电性能。早期的 MCFC 曾采用氧化镁制备隔膜，这类隔膜容易破裂。

双极板通常用不锈钢或镍基合金钢制成，目前使用最多的为 316L 不锈钢和 310 不锈钢双极板。对于小型电池组，其双极板采用机械加工方法制造；对于大型电池组，其双极板以冲压方法进行加工。

（4）固体氧化物燃料电池（SOFC） 它利用氧化物离子导电的稳定氧化锆（$ZrO_2 + Y_2O_3$）等作为电解质，其两侧是多孔的燃料极和空气极。SOFC 对燃料极（阳极）供给燃料气（氢气、CO、甲烷等），对空气极（阴极）供给氧气、空气，在燃料极与电解质、空气极与电解质的界面处发生化学反应。SOFC 固体电解质在高温下具有传递 O^{2-} 的能力，氧分子在催化活性的阴极上被还原成 O^{2-}，发生反应的方程式为：

$$O_2 + 4e^- \longrightarrow 2O^{2-}$$ (9-49)

氧离子在电池两侧氧浓度差驱动力的作用下，通过电解质中的氧空位定向迁移到阳极上，与燃料进行氧化反应：

$$2O^{2-} - 4e^- + 2H_2 \longrightarrow 2H_2O$$ (9-50)

$$4O^{2-} - 8e^- + CH_4 \longrightarrow 2H_2O + CO_2$$ (9-51)

电池总反应 $\qquad 2H_2 + O_2 \longrightarrow 2H_2O$ (9-52)

$$CH_4 + O_2 \longrightarrow 2H_2O + CO_2$$ (9-53)

SOFC 工作原理如图 9-13 所示。

从电池结构上讲，SOFC 大体可分为三类：管式、平板式、瓦楞式。

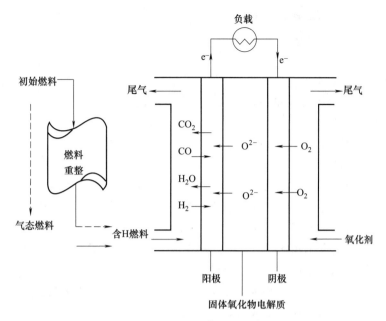

图 9-13 SOFC 工作原理示意图

管式 SOFC 由许多一端封闭的电池基本单元以串、并联形式组装而成。每个电池单元从里到外由多孔 CaO 稳定的 ZrO_2（简称 CSZ）支撑管、锶掺杂的锰酸镧（简称 LSM）空气电极、YSZ 固体电解质膜和 Ni-YSZ 陶瓷阳极组成。CSZ 多孔管起支撑作用并允许空气自由通过到达空气电极。LSM 空气电极、YSZ 电解质膜和 Ni-YSZ 陶瓷阳极通常采用电化学沉积（EVD）、喷涂等方法制备，经高温烧结而成。管式 SOFC 的主要特点是电池单元间组装相对简单，不涉及高温密封这一技术难题，比较容易通过电池单元之间并联和串联组合成大规模电池系统。但是，管式 SOFC 的电池单元制备工艺相当复杂，通常需要采用电化学沉积法制 YSZ 电解质膜和双极连接膜，制备技术和工艺相当复杂，原料利用率低，造价很高。

平板式 SOFC 的空气电极/YSZ 固体电解质/燃料电极烧结成一体，形成夹层平板结构（简称 PEN 平板）。PEN 平板间由开有内导气槽的双极连接板连接，使 PEN 平板相互串联。空气和燃料气体分别从导气槽中交叉流过。为了避免空气和燃料的混合，PEN 平板和双极连接板之间采用高温无机黏结剂密封。平板式 SOFC 结构的优点是电池结构简单，平板电解质和电极制备工艺简单，容易控制，造价也比管式低得多。而且平板式结构由于电流流程短，采集均匀，电池功率密度也较管式高。平板式 SOFC 的主要缺点是要解决高温无机密封的技术难题，否则连最小的电池也无法组装起来。其次，对双极连接板材料也有很高的要求，需同 YSZ 电解质有相近的热膨胀系数、良好的抗高温氧化性能和导电性能。在过去几年内，许多外国公司研制开发出类玻璃和陶瓷的复合无机黏结材料，基本解决了高温密封的问题。由于高温密封问题的解决，近几年平板式 SOFC 迅速发展起来，电池功率规模也大幅度提高。

瓦楞式 SOFC 的基本结构与平板式 SOFC 相同。瓦楞式与平板式的主要区别在于 PEN 不是平板而是瓦楞的。瓦楞的 PEN 本身形成气体通道而不需要用平板式中的双极连接板，更重要的是瓦楞式 SOFC 的有效工作面积比平板式大，因此单位体积功率密度大。主要缺点是制备瓦楞式 PEN 相对困难。由于 YSZ 电解质本身材料脆性很大，瓦楞式 PEN 必须经共烧结一次成型，烧结条件控制要求十分严格。

SOFC 是最理想的燃料电池之一，它除了燃料电池高效、环境友好特点外，还具备以下优点。

① 全固体结构，安全性高。

② 工作温度高，电极反应迅速，不需要贵金属催化剂。

③ 高温余热利用价值高。

④ 燃料适应范围广，不仅可以用 H_2、CO，还可以直接使用天然气、气化煤气、烃以及其他可燃气作为燃料。

（5）质子交换膜燃料电池（PEMFC） PEMFC 的电池反应与磷酸型燃料电池（PAFC）相同，它们的区别主要在于电池中的电解质、材料和工作温度不同。PEMFC 电池工作原理见图 9-14。它不用酸与碱等而用全氟磺酸型固体聚合物为电解质，是一种以离子进行导电的固体高分子电解质膜（阳离子膜）。质子交换膜燃料电池是以氢气或净化重整气为燃料，以空气或纯氧为氧化剂，并以带有气体流动通道的石墨或表面改性金属板为双极板的新型燃料电池。工作时阳极的 H_2 在催化剂作用下形成 H^+，H^+ 通过质子交换膜到达阴极，与经外电路到达的电子以及氧气反应生成水。电极反应如下：

$$H_2 \longrightarrow 2H^+ + 2e^- \tag{9-54}$$

$$0.5O_2 + 2H^+ + 2e^- \longrightarrow H_2O \tag{9-55}$$

电池总反应 $$H_2 + 0.5O_2 \longrightarrow H_2O \tag{9-56}$$

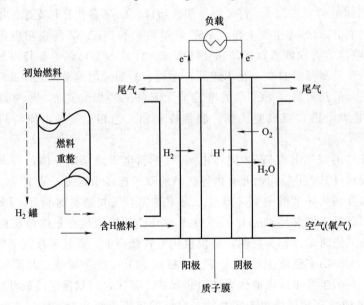

图 9-14 PEMFC 电池工作原理

膜的作用是双重的，作为电解质提供氢离子通道，作为隔膜隔离两极反应气体。优化膜的离子和水传输性能及适当的水管理，是保证电池性能的关键。膜脱水会降低质子电导率，膜水分过多会淹没电极，这两种情况都将导致电池性能下降。

膜电极一般由扩散层和催化层组成。扩散层的作用是支撑催化层、收集电流，并为电化学反应提供电子通道、气体通道和排水通道；催化层则是发生电化学反应的场所，是电极的核心部分。传统的电极制备方法有涂膏法、浇铸法、溅射沉积法和滚压法等，上述工艺大多包括以下基本工序：制备炭载铂催化剂；制备催化剂薄层；质子交换膜的预处理和表面改性；导电网或气体扩散层的制备；催化剂层、扩散层与质子交换膜的结合。采用上述方法均能减少电极的铂载量，提高铂的利用率。

PEMFC 具有高功率密度、高能量转换效率、低温启动、环境友好等优点，最有希望成为电动汽车的动力源。对 PEMFC 的研究已成为目前电化学和能源科学领域内一个热点，许多发达国家都在投巨资发展这一技术。目前的质子交换膜燃料电池一般都以氢作燃料，但由于氢的储存、运输有一定的问题，特别是当质子交换膜燃料电池大规模地在汽车上使用时，如用氢作燃料，现有的加油站设备要完全改变，这要耗费巨大的资金。因此，人们迫切希望能用液体燃料来代替氢作为质子交换膜燃料电池的燃料。

9.3.2 氢在内燃机中的应用

随着世界上汽车保有量的不断增加，预计在 50 年内全球汽车总数量将超过 16 亿辆。目前汽车的能源消费占世界能源总消费的 1/4，中国每年 1/3 的石油消费来源于汽车。汽车的传统燃料——石油将会严重短缺。而且以石油为原料的燃料汽油及柴油，在燃烧时带来 CO、NO_x 等有害废气及 CO_2 温室效应，也将更严重地危害人类生存环境。因此世界上各大汽车公司都在不断进行针对性研究，以解决传统发动机燃料的缺陷。

目前，研究人员所做的针对性研究主要有两大类：一类是从结构上改进发动机，提高发动机效率。目前发动机效率仅为 38% 左右，应用电喷、三元催化等技术可提高其效率、节省燃料、改善废气排放；另一类是改变发动机所用燃料，如使用液化石油气（LPG）、天然气（CNG）、二甲醚（DME）以及氢燃料等，其中使用氢（或氢与其他燃料混合）作为发动机燃料的技术近期发展很快，受到专业人员的普遍重视。这是因为氢在地球上取之不尽，能从多种植物、矿物、有机液体及水中提取氢，氢的热值比较高，可以再生，而且氢燃烧后的大部分生成物是水蒸气，产生的有害废气很少，属于"绿色"燃料。

(1) 氢与汽油、柴油等燃料相比具有的特点。

① 最大火焰速度下的最高火焰温度高达 2110℃，比一般烃类物质的相应值高。质量低热值为 120.17MJ/kg，是汽油的 2.73 倍，柴油的 2.81 倍。

② 自燃温度较高，氢的自燃温度较天然气和汽油都要高，利于提高压缩比，提高氢燃料内燃机的热效率。这一特性也决定了氢燃料内燃机难以像柴油机那样采用压燃点火，而适宜于火花塞点火。

③ 氢气在空气中的扩散系数很大，氢气的扩散系数是汽油的 12 倍，因此氢比汽油更容易和空气混合形成均匀的混合气。但是，高的扩散系数对防止泄漏不利。由于氢气的分子极小，渗透性很强，由此引起的金属表面脆性和存储时的缓慢渗漏也是氢燃料应用中的一个十分棘手的问题。

④ 氢气密度很低，常温常压下，氢的密度只有天然气的 1/8。对于车用燃料来讲，当车辆的续驶里程一定时，氢气所需的储气罐就要比其他燃料大得多。

⑤ 释放单位热量所需的燃料体积极大，如 0.1MPa、20℃ 的氢气需 3130L，20MPa、20℃ 的氢气需 15.6L，即使是液态氢也需 3.6L，而汽油只需 1L。

⑥ 氢燃烧后分子变更系数不是增大，而是缩小，即燃烧后混合气的分子数减少，这是汽油机改烧氢气后功率下降的原因之一。

⑦ 氢与空气燃烧的范围最宽，为 4.2%～74.2%，故氢在汽缸内的燃烧浓限和稀限两侧

都较汽油的相应值宽，它可以在过量空气系数 0.15～9.6 范围内正常燃烧。

⑧ 着火温度为 585℃，在常用燃料中仅次于甲烷（632℃），比优质汽油高 35℃。不能采用压燃点燃，只能采用外点火，相对汽油、空气混合气而言，氢、空气混合气更适合采用火花点火方式。但由于氢的着火温度高，蒸发潜热大，当发动机采用液氢直接喷射时启动性很差。

⑨ 最小点火能量低，仅为 15.1μJ，比一般烃类小一个数量级以上。这种性质，一方面有利于发动机在部分负荷下工作，但另一方面热气体或汽缸壁上的"热点"却容易引起早燃、回火或敲缸。

⑩ 氢与空气混合气燃烧产物中唯一的有害成分是氮氧化物 NO_x，无其他有害排放物。

（2）氢内燃机的几种燃料形式

① 纯氢燃料。可燃气体与汽油的性能有很大区别，一般来说，氢的性能优于碳氢燃料。氢的热值约为汽油的 3 倍，比汽油具有更宽的着火界限。氢的热效率高，点火能量低，最小点火能量仅为汽油最小点火能量的十余分之一，而且氢的火焰传播速度比碳氢燃料快得多，低温下容易启动。将汽油车改装为氢汽车并不困难，氢汽车的排放物主要是水蒸气、氮气、氧气和少量的 NO_x。在常用工况下，低负荷时 NO_x 的排放量也很少，仅在全负荷时接近或少许超过汽油机的 NO_x 排放量，但也可采取措施予以降低。

② 氢气-汽油混合燃料。在氢气-汽油混合燃料发动机中，氢在燃烧时起促进作用。由于氢的点火能量低，稀混合气易于燃烧，发动机可燃用稀混合气；由于氢的活化能低，火焰传播速度快，扩散系数大，混合气的滞燃期缩短，火焰传播速度加快，实际循环比汽油机更接近于等容循环，燃烧时间更短；由于氢是双原子分子，而且可燃用稀混合气，因此双原子含量相对增加。所有这些，都使发动机的热效率得以提高。汽油机中加入 5% 的氢以后，可节省汽油约 30% 以上，故具有节油的优点。由于在燃烧中促进了一氧化碳完全燃烧为二氧化碳，发动机的二氧化碳排放量减少至原汽油机的 1/4 以下；燃用稀混合气时，也能减少 NO_x 排放量。氢气-汽油混合燃料汽车在实际应用时，在常用的中、低负荷工况下，加氢率应高些，以便在很大程度上克服汽油机中、低负荷时油耗高和有害物排放量高的缺点；在高负荷时，应少加氢，以免功率下降，保持其动力性。不过，使用这种燃料，需要在汽油车上再加装一套氢气供应系统，虽然这在技术上可以实现，但在经济上未必合算，因此使用的方便性也大打折扣。

③ 氢气和天然气混合燃料。将氢气按一定比例添加到天然气中混合，混合后的燃气用作汽车的燃料有很大的好处。氢气和天然气可以很容易地以任何比例混合，5%～7%（质量分数）的氢气和天然气混合燃料，具有最低的 NO_x 排放。

天然气作为汽车燃料，虽然可以降低二氧化碳、二氧化硫、铅以及直径≤2.5μm 细颗粒物（PM2.5）等污染物的排放量，但是由于甲烷热值较高，达到 36000kJ/m³，在高温高压下燃烧，燃烧温度可达 2300℃，容易产生 NO_x 气体。因此，在实际使用过程中，和汽油、柴油相比，天然气并没有减少 NO_x 气体的排放。

氢燃料内燃机基于传统的内燃机技术和生产、维修体系，具有良好的生产、使用基础，技术上也具有一定的成熟性，与氢燃料电池相比，氢燃料内燃机在造价上具有明显的优势。在车用燃料电池的成本能够与之相匹敌之前，氢燃料内燃机将具有很强的竞争力。在汽油机中掺烧氢气燃料、在天然气内燃机中掺烧氢气和采用氢气-汽油两用燃料或柔性燃料内燃机是近期在汽车内燃机中推广使用氢气燃料的较现实方法。从长远来看，由于氢燃料内燃机具有高效、环保的突出优点，势必将得到较快的发展；而缸内直喷式氢燃料内燃机具有较高的功率密度、良好的运转平稳性以及极低的 NO_x 排放，必将成为氢燃料内燃机的主要发展方向。

9.4 氢能安全

氢的各种内在特性，决定了氢能系统有不同于常规能源系统的危险特征。与常规能源相比，氢有很多特性：宽的着火范围、低的着火能、高的火焰传播速度、大的扩散系数和浮力。

9.4.1 氢的安全性

9.4.1.1 泄漏性

氢是最轻的元素，比液体燃料和其他气体燃料更容易泄漏。在燃料电池汽车（FCV）中，它的泄漏程度因储气罐的大小和位置的不同而不同。表 9-8 列出了氢气和丙烷相对于天然气的泄漏特性。从表中可以看出，在层流情况下，氢气的泄漏率比天然气高 26%，丙烷泄漏得更快，比天然气快 38%。而在湍流的情况下，氢气的泄漏率是天然气的 2.8 倍。

表 9-8　氢气和丙烷相对于天然气的泄漏率

参数		CH_4	H_2	C_3H_8
流动参数	空气中的扩散系数/(cm²/s)	0.16	0.61	0.10
	0℃ 的黏度/×10⁻⁷Pa·s	110	87.5	79.5
	21℃、101325Pa 下的密度/(kg/m³)	0.666	0.08342	1.858
相对泄漏率	扩散	1.0	3.8	0.63
	层流	1.0	1.26	1.38
	湍流	1.0	2.83	0.6

从高压储气罐中大量泄漏，氢气会达到声速（1308m/s），泄漏得非常快。由于天然气的容积能量密度是氢气的 3 倍多，所以泄漏的天然气包含的总能量要多。众所周知，氢气的体积泄漏率大于天然气，但天然气的泄漏能量大于氢气。

9.4.1.2 氢脆

氢脆是指高压氢气可以渗入容器材料内部，改变材料的力学性能，引起材料脆化的现象。氢脆会导致容器破裂，引发安全事故，从而备受人们关注。氢脆可分为内部氢脆、外部氢脆和氢反应脆化。内部氢脆发生在材料加工时，氢进入材料内部，导致材料结构失效。内部氢脆在温度 173～373K 之间都会发生，但在室温下最为严重。外部氢脆主要发生在材料处在氢环境的情况下，比如储氢瓶，吸收或吸附的氢会修改材料的力学属性，引起脆化。外部氢脆主要取决于氢环境施加在材料上的力（如氢气压力）的大小。外部氢脆同样在室温条件下最为严重。氢反应脆化是指氢与金属中的元素发生反应，生成了新的微观结构相，比如氢与金属中的碳反应生成甲烷气泡，气泡的积累会导致材料力学属性骤变，引起各种失效事件。

9.4.1.3 扩散性

发生泄漏，氢气会迅速扩散。与汽油、丙烷和天然气相比，氢气具有更大的浮力和更大的扩散性。由表 9-9 可以看出，氢气的密度仅为空气的 7%，氢气的扩散系数是天然气的 3.8 倍，丙烷的 6.1 倍，汽油的 12 倍。所以即使在没有风或不通风的情况下，它们也会向上升，在空气中可以向各个方向快速扩散，迅速降低浓度。

表 9-9　气体的浮力和扩散

参数	H_2	天然气	C_3H_8	汽油
浮力(与空气的密度比)	0.07	0.55	1.52	3.4~4.0
扩散系数/(cm^2/s)	0.61	0.16	0.10	0.05

9.4.1.4　爆炸性

氢气是一种最不容易形成可爆炸气雾的燃料，但一旦达到爆炸下限，氢气最容易发生爆燃。氢气火焰几乎看不到，在可见光范围内，燃烧的氢放出的能量也很少。因此，接近氢气火焰的人可能感受不到火焰的存在。此外，氢燃烧只产生水蒸气，而汽油燃烧时会产生烟和灰，增加对人的伤害。

9.4.1.5　可燃性

在空气中，氢的燃烧范围很宽，而且着火能很低。氢-空气混合物燃烧的范围是 4%~75%（体积分数），着火能仅为 0.02MJ。而其他燃料的着火范围要窄得多，着火能也要高得多，因为氢的浮力和扩散性很好，可以说氢是最安全的燃料。

9.4.2　氢的安全排放技术

把氢排放到大气中去，应特别小心，因为排入氢最容易发生火灾或爆炸。目前人们还没有充分掌握氢的安全排放技术，尚有很多问题有待进一步研究。

9.4.2.1　氢气流中的静电积累

氢是一种非导电物质，不论是液氢还是气氢，在导管内流动时，由于存在各种摩擦而使氢产生带电现象。当静电位升高到一定数值后就会产生放电，通常把这种现象称为静电积累。静电位的升高并非简单的仅和氢流动的速度有关，通过对氢排放管道内气流参数和静电位关系的试验研究表明，静电位实际上是气流的热力学状态的函数。如常温的氢气瓶内的压力为 10MPa 时进行泄放试验，测得的气流内的静电位约有 1kV，但电流很小，仅 $280~300\mu A$。液氢储箱内的低温（80K）增压氢气排放时，气流内的静电位竟高达 2 万伏。在发动机试车后，需经常把储箱内剩余氢气进行排放处理，在这种条件下氢气的排放压力较低，气流温度也略高一些，测得的静电位仍有 12000V。为了降低排放气流内的静电位，曾在排放管出口安装消电装置。消电装置用不锈钢材料（无磁化性）制成，虽然可以把氢气流的静电位降低到 5700V，但所有的消电装置都设计成针弧状结构，容易产生全端放电，5700V 的静电位亦很不安全，有时因放电而烧毁了消电装置。试验时采用的静电位测量方法也比较简单，在直径大的排氢管出口没有装消电装置时，气流内的静电位高达 8500V，并没有产生放电着火现象。以上的试验研究还是很初步的，还有待进一步核对这些数据。对这些初步的数据进行分析后可以判定，排氢管内气流中的静电位应和该气流的马赫数有关，气流的马赫数越高，静电位的数值也越高。

9.4.2.2　氢排放系统中的着火事故分析

美国是最早研制氢氧火箭发动机的国家，早期在氢的排放时发生过很多着火事件，文献中报道了 NASA 所属的氢氧火箭发动机和有关液氢使用系统发生过的 96 次排氢着火事故，不仅介绍了着火的现象，亦进行了着火原因的分析。对这 96 次排氢着火事故进行了分类统计，基本上可以归纳如下：由于氢排放到大气中去，从而引起着火的事故占整个事故总数的 62%，其中很可能是由于静电积累引起着火的事故约为 17.2%，还有 36.2% 的事故不能说清楚着火原因。由此可见：排氢系统中引起着火而又无其他点火能源存在的话，都可能和氢气流本身的静电位积累太高有关。因此要防止的排氢系统的着火事故，必须确定排放系统中的静电位的高限值，从而确定一种安全排放氢气的规范的操作程序。

由于氢气流的安全静电位很难落实到操作规范中去，因而测量静电位的误差大。有人建议以气流的马赫数为标准解决氢气的安全排放问题，并建议将该马赫数控制在 $Ma = 0.2$ 以下。氢氧发动机地面试车台上液氢储箱的排放系统、火箭动力系统的低温氢气的排放系统、火箭发射场的加注预冷排氢系统都是按 $Ma = 0.2$ 进行控制的，多年来的实践证明，按这个原则设计的排氢系统都是安全的，从未发生过排放系统内着火、爆炸等事故。

9.5 氢能利用发展现状和趋势

9.5.1 氢能燃料电池利用现状

早在 20 世纪 60 年代，燃料电池就因其体积小、容量大的特点而成功应用于航天领域。进入 70 年代后，随着技术的不断进步，氢燃料电池也逐步被运用于发电和汽车。如今伴随各类电子智能设备的崛起以及新能源汽车的风靡，氢燃料电池主要应用于固定领域、运输领域、便携式领域三大领域。燃料电池因其稳定性和无污染的特质，既适宜用于集中发电，建造大、中型电站和区域性分散电站，也可用作各种规格的分散电源、电动车、不依赖空气推进的潜艇动力源和各种可移动电源，同时也可作为手机、笔记本电脑等供电的优选小型便携式电源。

9.5.1.1 国外技术现状

（1）日本 目前日本在燃料电池各主要技术领域处于绝对的领先地位，而且技术最为全面。2014 年 6 月，日本产业经济省发布了到 2040 年的"氢社会"战略路线图。该路线图指出，日本到 2020 年主要着力于扩大本国固定式燃料电池和燃料电池汽车的使用量，以占据氢燃料电池世界市场的领先地位。到 2030 年，进一步扩大氢燃料的需求和应用范围，使氢加入传统的"电、热"能源而构建全新的二次能源结构。到 2040 年，氢燃料生产采用 CO_2 捕获和封存组合技术，建立起 CO_2 零排放的氢供应系统。2017 年 12 月 26 日，日本政府发布了"氢能源基本战略"，进一步确定了 2050 年氢能社会建设的目标以及到 2030 年的具体行动计划。

（2）美国 美国政府将氢能和燃料电池确定为维系经济繁荣和国家安全的、至关重要的、必须发展的技术之一。美国能源部当前的特定目标主要有 3 个，即从现有的和未来的资源中获取氢能、自由汽车计划、燃料电池研究。美国国防部的研究则主要集中于氢能和燃料电池在军事方面的应用，研究的重点是质子交换膜燃料电池和固体氧化物燃料电池。

（3）德国 目前，全球超过 70% 的氢能和燃料电池示范项目落户欧洲。其中，德国在这项技术的商业化方面处于领先地位。活跃在这一领域的德国公司与科研机构超过 350 家。从燃料电池专利申请数量来看，德国排名第三；从技术细节来看，德国重点关注燃料电堆、燃料制备与存储；从技术分类来看，德国和美国一样比较关注固体氧化物燃料电池技术；从技术应用方面来看，德国更为关注燃料电池在车辆上的应用。

9.5.1.2 国内技术现状

从技术细节方面来看，我国则更为关注电极和催化剂；从技术分类来看，我国关注质子交换膜燃料电池技术。

我国氢燃料电池技术水平与先进国家相比差距较大，主要体现在：氢燃料电池总体尚处于工程化开发阶段，功率特性、冷启动、可靠性等主要技术性指标与世界标杆产品相比还有很大差距；技术标准还未形成体系；成本居高不下；催化剂、双极板等关键材料和高压储氢罐、空压机、氢循环泵等关键零部件基本不具备产业化能力。相比国际氢燃料电池汽车开始商业化起步，我国氢燃料电池汽车大体落后 5～10 年。部分国家燃料电池技术现状见表 9-10。国内外燃料电池整体性能对比见表 9-11。

表 9-10 部分国家燃料电池技术现状

名称	日本	美国	德国	韩国	中国
技术侧重	较全面	燃料制备与存储、燃料电堆	燃料电堆、燃料制备与存储	膜电极组件	电极和催化剂
技术分类侧重	质子交换膜燃料电池、固体燃料电池、直接甲醇燃料电池	固体氧化物燃料电池	固体氧化物燃料电池	直接甲醇、熔融碳酸盐(固体)燃料电池	质子交换膜燃料电池
应用侧重	燃料电池固定发电、燃料电池汽车	便携式燃料电池、燃料电池汽车	燃料电池汽车	便携式燃料电池、燃料电池汽车	燃料电池固定发电、燃料电池汽车

表 9-11 国内外燃料电池整体性能对比

名称	国外现状	国内现状
体积功率密度/(kW/L)	3.0	2.7
质量功率密度/(kW/kg)	2.5	2.2
25%额定功率下的效率/%	65	50
客车车载工况寿命/h	12000	3000
轿车车载工况寿命/h	2500	2000
成本	60 美元/kW	0.5～1.0 万元/kW

注：资料来源于 2016 年 11 月国金证券研究所调研报告。

9.5.1.3 全球应用情况

根据 Fuel Cell Industry Review 2017 的统计数据，2017 年全球燃料电池的出货量约 7.26 万套，同比增长 15%；出货功率为 670MW，同比增长了 30%。全球燃料电池市场出货量见表 9-12。

9.5.2 氢能利用的发展趋势

近年来燃料电池技术——低温的质子交换膜燃料电池（PEMFC）和高温的固体氧化物燃料电池（SOFC）发展迅速，被广泛认为将成为未来人类社会中主要的动力来源，尤其是用于发电和交通工具方面，而燃料电池最适宜的燃料就是氢。因此，21 世纪将是"氢经济"时代，如图 9-15 所示。

表 9-12 全球燃料电池市场出货量

分类	名称	出货量/千件					
		2012 年	2013 年	2014 年	2015 年	2016 年	2017 年
按应用领域	便携式	18.9	13.0	21.2	8.7	4.2	4.9
	固定式	24.1	51.8	39.5	47.0	51.8	55.7
	交通运输	2.7	2.0	2.9	5.2	7.2	12.0
按燃料电池类型	质子交换膜	40.4	58.7	58.4	53.5	44.5	45.5
	直接甲醇	3.0	2.6	2.5	2.1	2.3	2.8
	磷酸	0	0	0	0.1	0.1	0.2
	固体氧化物	2.3	5.5	2.7	5.2	16.2	24
	熔融碳酸盐	0	0	0.1	0	0	0
	碱性	0	0		0	0.1	0.1
按区域	亚洲	28.0	51.1	39.3	44.6	50.6	56.8
	北美洲	6.8	8.7	16.9	6.9	7.7	9.9
	欧洲	9.7	6	5.6	8.4	4.4	5.1
	世界其他	1.2	1.0	1.8	1.0	0.5	0.8
合计		45.7	66.8	63.6	60.9	63.2	72.6

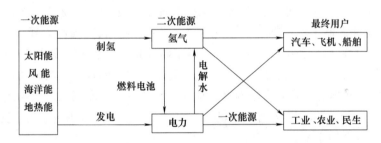

图 9-15　21 世纪能源结构体系

9.5.2.1 加氢站建设加快

欧美日燃料电池汽车进入商业化示范阶段,加氢站建设提速。根据《全球加氢站统计报告》,截至 2017 年 1 月,全球正在运营的 274 座加氢站中,有 106 座位于欧洲、101 座位于亚洲、64 座位于北美、2 座位于南美、1 座位于澳大利亚。其中 188 座加氢站向公共开放,占全球总加氢站的 2/3。2016 年全球新增 92 座加氢站,比 2015 年增加了 70%,创增长新高,其中日本新增 45 座,位列加氢站增长榜首;北美新增 25 座,其中 20 座位于加利福尼亚州;欧洲新增 22 座,其中 6 座位于德国。

未来几年,全球主要国家将加快加氢站建设。到 2020 年,全球加氢站保有量将超过 435 座,2025 年有望超过 1000 座,日本、德国和美国分别有 320 座、400 座和 100 座。挪威、意大利和加拿大等国家均有 5~7 座加氢站处于规划之中。

9.5.2.2 燃料电池系统成本不断下降

受益于技术进步,燃料电池系统成本已大幅度下降。美国能源部氢和燃料电池项目对每年氢燃料电池系统的成本进行了测算,该测算以 80kW 质子交换膜燃料电池为样本,以大规

模生产 (50 万个/年) 为测算条件。测算结果表明, 随着技术的不断进步, 氢燃料电池系统成本已从 2006 年的 124 美元/kW 降至 2015 年的 53 美元/kW, 下降幅度近 60%。随着技术的不断进步, 成本有望在 2020 年降至 40 美元/kW, 相比 2015 年下降幅度达到近 25%。美国能源部的最终目标是实现 30 美元/kW, 约为目前成本的一半。

9.5.2.3 全球燃料电池汽车发展预期

美国汽车媒体预测, 2023 年全球燃料电池汽车年产量将从 2016 年的 2840 辆增加到 5500 辆, 将占届时汽车年产量 1.067 亿辆的 0.005%。预计 2020 年和 2030 年世界燃料电池汽车保有量分别为 30 万辆和 200 万辆, 叉车达到 2 万辆和 4 万辆, 家用燃料电池达到 2 万台和 4 万台, 年耗氢量约分别为 12.7 万吨和 63 万吨。

美国市场研究机构 (Navigant) 预测, 燃料电池汽车将从 2018 年起进入快速发展阶段, 在 2024 年的销量将达到 22.8 万辆, 其中亚太地区占比将达到近 40%, 欧洲地区占比达到约 33%, 北美占比约 25%。到 2030 年全球燃料电池汽车销量将达到 350 万辆, 占电动汽车销量的 10%; 到 2050 年, 纯电动、插电式混合电动、燃料电池汽车销量占比均达到 30%, 形成三分天下之势。

9.5.2.4 我国氢能利用发展预期

(1) 氢能基础设施发展预测 根据全国氢能标准化技术委员会《中国氢能产业基础设施发展蓝皮书 (2016)》, 我国氢能基础设施产业近期、中期、远期发展目标如下。

① 近期。2020 年, 可用于氢能利用的氢气产能规模达到 720 亿立方米/年 (648 万吨/年), 其中可再生能源制氢示范项目和工业副产含氢气体回收氢气产能规模达到 10 亿~15 亿立方米/年; 基本建成与美国、日本等发达国家同等完善水平的标准规范体系; 在京津冀、长三角、珠三角、武汉等氢能与燃料电池产业发达地区率先实现氢能汽车及加氢站的规模化推广应用, 建成小规模的氢基础设施网络, 加氢站总数达 100 座以上; 固定式燃料发电达到 20 万千瓦, 燃料电池运输车辆达到 1 万辆; 在京津冀、长三角等地区, 示范应用用户侧热电联供 (CHP) 氢利用系统。

② 中期。2030 年, 可用于氢能利用的氢气产能规模达到 1000 亿立方米/年 (900 万吨/年), 其中清洁和低碳制氢产能规模达到 200 亿立方米/年; 驰放气等工业副产含氢气体回收利用效率大幅度提高, 产能规模达到 100 亿立方米/年; 累计建成 3000km 以上氢气长距离输送管道; 扩大加氢站覆盖面, 重点构建沿高速公路的加氢站点, 连接重点区域, 加氢站总数达 1000 座以上, 初步形成与燃料电池车辆保有量相匹配的供氢网络; 固定式燃料电池发电规模达到 10000 万千瓦, 其中分布式发电规模达到 5000 万千瓦。

③ 长期。2050 年, 加氢站服务区域覆盖全国氢能产业发达地区, 参照加油站分布状况及要求, 完成高速公路加氢站布局; 燃料电池车辆保有量达到 1000 万辆。我国氢能产业基础设施技术发展路线见表 9-13。

表 9-13 我国氢能产业基础设施技术发展路线

项目	2016 年	2020 年	2030 年	2050 年
制氢	工业副产氢气回收 天然气制氢 煤制氢 电解水	可再生能源制氢 CCS 技术	低碳煤基制氢技术 可再生能源制氢 多元化制氢体系	规模化可再生能源制氢 工业副产氢气回收 规模低碳煤制氢 形成绿色氢能供应体系

续表

项目	2016 年	2020 年	2030 年	2050 年
氢储存与运输	35MPa 气态储存 液氢罐车 长管拖车	70MPa 气瓶技术 安全预测预警技术 高效液态储氢 复合体系储氢	高压储氢设备轻量化技术 安全控制技术 100MPa 级氢安全仪表	掺氢天然气管道输送技术 长距离高压氢气管道技术
氢能利用设施	35MPa 加氢 4 座加氢站	70MPa 加氢 100 座加氢站 20 万千瓦发电 1 万辆车	1000 座加氢站 氢能高速公路 1 亿千瓦发电 200 万辆车 3000km 氢气管线	氢能供给和利用设施 1000 万辆车

（2）氢燃料电池发展趋势　2016 年，国家发改委和能源局印发《能源技术革命创新行动计划（2016—2030 年)》，明确了氢能与燃料电池技术创新目标与路线。技术创新重点在氢的制取、储运及加氢站、先进燃料电池及燃料电池分布式发电。总体目标是到 2020 年，实现燃料电池和氢能的示范运行；2030 年实现大规模推广应用；2050 年实现普及应用。具体目标是到 2030 年，实现以下目标。

① 实现工业和交通部门的革命性减排，并推动战略性新兴产业发展；突破制氢关键技术；开展新一代煤催化气化制氢和甲烷重整/部分氧化制氢技术。

② 电池寿命超过 5000h，实现数十立方米每小时的可再生能源电解水制氢示范和推广应用；实现可再生能源大规模制氢、存储、运输、应用一体化，实现加氢站现场储氢、制氢模式的标准化和推广应用。

③ 接近质子膜燃料电池操作温度、储氢容量高于 5％的储氢材料技术，实现长距离、大规模液态氢储存与运输技术。

④ PEMFC 电源系统额定输出功率 50～100kW，系统比能量≥300W·h/kg，使用寿命5000h 以上，其中电堆比功率≥3kW/L。

⑤ MFC 电源系统额定输出功率 5～10kW，系统比能量≥345W·h/kg，使用寿命3000h 以上。

⑥ PEMFC 系统使用寿命 10000h 以上、SOFC 系统使用寿命 40000h 以上、MeAFC 系统使用寿命 10000h 以上，实现千瓦至百千瓦级 PEMFC 系统推广应用；实现百千瓦至兆瓦级 SOFC发电分布式能源系统示范应用，发电效率 60％以上；实现 MeAFc 系统示范运行或规模应用。

我国氢能与燃料电池技术创新路线见表 9-14。

表 9-14　我国氢能与燃料电池技术创新路线

名称	2020 年	2030 年
大规模制氢技术	示范	应用推广
分布式制氢技术	示范	应用推广
氢储运技术	研发	应用推广
氢气/空气聚合物电解质膜燃料电池技术	研发	应用推广
甲醇/空气聚合物电解质膜燃料电池技术	研发	应用推广
固体氧化物燃料电池技术	研发	应用推广
金属/空气燃料电池技术	示范	应用推广
质子交换膜燃料电池技术	示范	应用推广

注：资料来源于《能源技术革命创新行动计划（2016—2030 年)》。

思考题

1. 简述氢气的化学性质。
2. 简述常见的工业制氢方法和特点。
3. 氢气是如何储存的？简述常见的氢气储存方式及特点。
4. 我国是产煤大国，简述煤炭气化制氢的原理。
5. 举例说明氢能在现代工业中的应用。
6. 氢能燃料电池是如何分类的？简述各类燃料电池的工作原理、特点。
7. 氢能利用技术现状和发展趋势如何？

在线试题

参考文献

[1] 毛宗强，毛志明.氢气生产及热化学利用.北京：化学工业出版社，2015.
[2] 刘柏谦，洪慧，王立刚.能源工程概论.北京：化学工业出版社，2009.
[3] 翟秀静，刘奎仁，韩庆.新能源技术.北京：化学工业出版社，2010.
[4] 张国昀.电动汽车产业研究.北京：中国石化出版社，2016.
[5] 刘荣厚.新能源工程.北京：中国农业出版社.2006.
[6] 中国标准化研究院，全国氢能标准化委员会.中国氢能产业基础设施发展蓝皮书（2016).北京：中国质检出版社，中国标准化出版社，2016.
[7] 卢平.能源与环境概论.北京：中国水利水电出版社，2011.
[8] 潘相敏，林瑞，李昕，马建新.氢能与燃料电池的研发及商业化进展.科技导报，2011，29（27）：73-79.
[9] 程一步.氢燃料电池技术应用现状及发展趋势分析.石油石化绿色低碳，2018，3（2）：5-13.
[10] Chai Hongli，Geng Fan，Wu Xuan. Numerical investigation of gas-liquid two-phase flow in a quench chamber of an entrained flow gasifier. International Journal of Hydrogen Energy，2017，42（9）：5873-5885.
[11] 范清帅，唐浩东，韩文锋，等.氨分解制氢催化剂研究进展.工业催化，2016，24（8）：20-28.
[12] Vandyshev A B，Kulikov V A. Energy and resource efficiency in industrial systems for production and use of high-purity hydrogen. Chemical and Petroleum Engineering，2017，53（3/4）：166-170.